U0220189

大数据
技术基础
基于 Hadoop 与 Spark

BIG DATA TECHNOLOGY:
HADOOP AND SPARK

◎ 罗福强 李瑶 陈虹君 编著

人民邮电出版社
北京

图书在版编目（CIP）数据

大数据技术基础：基于Hadoop与Spark / 罗福强，
李瑶，陈虹君编著. -- 北京：人民邮电出版社，2017.6
（大数据创新人才培养系列）
ISBN 978-7-115-45410-2

Ⅰ. ①大… Ⅱ. ①罗… ②李… ③陈… Ⅲ. ①数据处
理软件 Ⅳ. ①TP274

中国版本图书馆CIP数据核字(2017)第073225号

内 容 提 要

　　大数据处理系统必须关注存储、计算与容错问题。本书以此为起点，系统地介绍了 Hadoop 和 Spark 技术原理以及应用编程方法。本书主要内容包括：大数据概述、Hadoop 和 Spark 原理、HDFS 与 HDFS API 编程与应用、YARN 与 MapReduce API 编程与应用、Spark Streaming 和 Spark SQL 编程等。

　　本书旨在帮助初学者迅速掌握Hadoop 和 Spark 原理及其应用，提升读者的大数据应用与开发能力，同时本书极强的系统性、可操作性以及大量精心设计的案例对于有一定基础的中高级读者有非常好的参考价值。

◆ 编　著　罗福强　李　瑶　陈虹君
　　责任编辑　刘　博
　　责任印制　杨林杰

◆ 人民邮电出版社出版发行　　北京市丰台区成寿寺路 11 号
　　邮编　100164　　电子邮件　315@ptpress.com.cn
　　网址　http://www.ptpress.com.cn
　　大厂聚鑫印刷有限责任公司印刷

◆ 开本：787×1092　1/16
　　印张：18.75　　　　　　　　2017 年 6 月第 1 版
　　字数：494 千字　　　　　　 2017 年 6 月河北第 1 次印刷

定价：49.80 元
读者服务热线：(010)81055256　印装质量热线：(010)81055316
反盗版热线：(010)81055315
广告经营许可证：京东工商广登字 20170147 号

前　言

随着互联网应用的井喷式发展，人类进入了信息大爆炸和海量信息处理时代，大数据成为近几年来国内外最热门的话题之一。但是，究竟什么是大数据，大数据有什么意义，什么是大数据技术，有哪些大数据技术，大数据技术发展状况如何，如果升级现有的信息系统又该从何处入手，应该采用哪一种大数据解决方案……所有这些问题都令每一个关注大数据话题的人感到困惑。

四川大学图像信息研究所创始人、四川大学锦城学院电子信息学院院长陶德元教授很早以前就敏锐地察觉到，要解决这些问题就必须大量培养掌握大数据技术的人才。为此，当大家还在争论要不要在本科开设大数据专业时，陶教授于 2013 年已率先在四川大学锦城学院的高年级本科生中引入了大数据课程，依托物联网工程专业在本科生层次建立了大数据专业方向的人才培养试点。没有他山之石可采，只能摸着石头过河，不断地总结经验和教训，一路走来甚为艰辛。我们深知，在众多国内大数据专家、学者面前，我们的水平仍显得不足，因此深怕因技术水平浅薄，所汇集的文字材料漏洞百出而贻笑大方。

如今，从四川大学锦城学院已经走出了 3 届初步掌握大数据技术的学生，还有 3 个年级的在校生正在接受大数据技术的洗礼。经过 3 年的摸索，大数据专业方向的相关课程和内容已逐步稳定下来。特别是连续 3 届学生的成功就业，让我们有了写作本书的勇气。

Spark 刚出道时，有人预言 Hadoop 终将被 Spark 所淘汰，从而走向消亡。事实果却非如此。实际上，自 2007 年被推出以来，Hadoop 一直在不断发展和演化，如今已经发展成一个由 60 多个技术组件组成的庞大生态系统，核心组件包括 HDFS、MapReduce、YARN、HBase、Hive、Spark 等。其中，HDFS 用于实现数据的分布式存储。MapReduce 用于实现数据的分布式计算，其计算任务的输入和输出是依靠文件读写操作来实现的，由于大量的磁盘 I/O 操作会影响系统性能，因此它常常满足不了实时处理数据的需求。Spark 改进了 MapReduce 的计算模式，它在减少磁盘 I/O 操作的同时把数据缓存在内存中，从而提升数据的处理性能，理论上要比 MapReduce 的速度快 100 倍。但是，Spark 没有提供分布式存储解决方案。可见，Hadoop 和 Spark 可以做到优势互补。也正是基于这一点，本书将 Hadoop 和 Spark 技术组合起来进行剖析，目的也是希望能够向读者呈现一个比较完整的大数据技术解决方案。

本书以大数据处理系统所关注的三大要求——"存储""计算"与"容错"为起点，全面介绍了它们所代表的大数据技术的原理以及应用编程方法。全书分为 4 个部分，共 10 章。第 1 部分只包括第 1 章，主要介绍大数据概念与特征、大数据技术的发展、大数据存储与计算模式、大数据的典型应用等；第 2 部分包括第 2~4 章，重点介绍了 Hadoop 平台的部署方法、HDFS 的分布式存储原理及其 Shell 操作、HDFS API 编程与应用；第 3 部分包括第 5~7 章，主要介绍了 MapReduce v2（YARN）

的分布式计算原理、MapReduce API 基本编程与高级编程方法及应用；第 4 部分为最后 3 章，主要介绍了 Spark 组成和原理、Spark Streaming 和 Spark SQL 编程与应用方法等。

本书具有 4 个鲜明特点：第一，重点突出，避免因面面俱到而缺乏技术深度；第二，内容结构完整，文字流畅，循序渐进，符合人的认知规律；第三，案例丰富，可操作性强，有助于快速培养大数据开发能力；第四，全书配备了丰富的、符合初学者习惯的思考和实践任务。

本书旨在帮助大数据技术的初学者快速掌握 Hadoop 和 Spark 原理及其应用，提升读者的大数据应用与开发能力。同时本书极强的系统性、可操作性以及大量精心设计的案例对于有一定基础的中高级读者有非常好的参考价值。

参与本书编写工作的有四川大学锦城学院的罗福强、李瑶、陈虹君、熊永福等老师。其中，熊永福编写了第 1 章，罗福强编写了第 2～4 章，李瑶编写了第 5～7 章，陈虹君编写了第 8、9、10 章。本书由罗福强负责主编工作。本书获得了科研项目资助，也获得了四川大学锦城学院和人民邮电出版社各级领导的重视与支持，特别得到了电子信息学院陶德元教授的支持和大量帮助。在此，我们对支持本书编写并提供过帮助的所有人表示诚挚的感谢！

由于作者水平有限，本书虽经多次校对，仍难免有疏漏之处，我们殷切地期望读者提出中肯的意见，联系方式：LFQ501@sohu.com。

编　者
2017 年 1 月

目　录

第 1 章
大数据技术概述

本章目标：

- 了解大数据的发展过程以及大数据对国内外各行各业的影响。
- 掌握大数据的概念及其特征。
- 了解大数据的来源，理解大数据在技术、安全等方面面临的挑战和研究大数据的意义。
- 掌握大数据的存储与计算模式的相关概念，了解其中的关键技术及基本思想。
- 了解大数据的典型应用场景，学会用创新性思维来看待大数据。
- 了解 Hadoop 的发展过程和优势。
- 熟悉 Hadoop 的生态系统以及其中的基本概念。
- 了解 Hadoop 的版本发行状况。

本章重点和难点：

- 大数据的概念与特征。
- 大数据的存储与计算模式及其相关技术。
- Hadoop 的生态系统及其基本概念。

我们生活在一个数据大爆炸的时代，很难估算全球电子设备中存储的数据总共有多少。根据中国最大的企业级 IT 网站 ZDNET（至顶网）的年度技术报告——《数据中心 2013：硬件重构与软件定义》，2013 年中国产生的数据总量超过 0.8ZB（相当于 8 亿 TB），2 倍于 2012 年中国的数据总量，相当于 2009 年全球的数据总量。该报告预计，到 2020 年，中国产生的数据总量将是 2013 年的 10 倍，超过 8.5ZB。本章将深入介绍大数据的发展、概念、特征、典型应用，以及 Hadoop 大数据平台的发展、基本概念及体系结构。

1.1　大数据技术的发展背景

大数据，即 Big Data，一个如今人们已经耳熟能详的概念，其实早在 2008 年就已经被提出来了。2008 年，在 Google 成立 10 周年之际，世界著名杂志《自然》出版了一期专刊，专门讨论与未来的大数据处理相关的一系列技术问题和挑战，其中就提出了 "Big Data" 的概念。

大数据的概念能广为人知其实要归功于以下两件事情：2011 年麦肯锡全球研究院发布的研究报告《大数据：下一个创新、竞争和生产力的前沿》，该报告系统地阐述了大数据概念，并详细列举了大数据的核心技术。之后，经 Gartner 新兴技术成熟度曲线（见图 1-1 和图 1-2）和 2012 年维克托·迈尔-舍恩伯 格《大数据时代：生活、工作与思维的大变革》的宣传推广，大数据概念开始风靡全球。

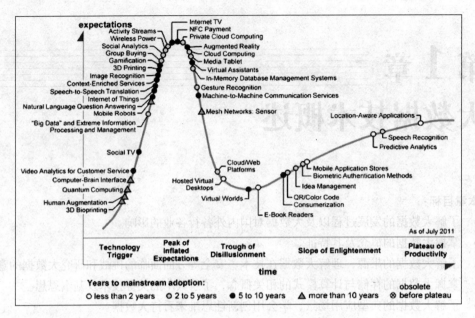

图 1-1　Gartner 曲线 2011 年针对 Big Data 的预测情况

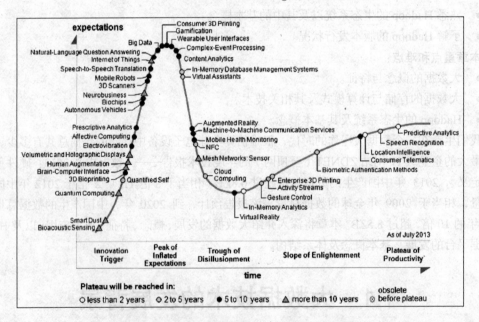

图 1-2　Gartner 曲线 2013 年针对 Big Data 的预测情况

1.1.1　大数据技术的发展过程

大数据技术的出现比大数据的概念被正式提出要早得多，到目前为此已经历了多个不同的发展阶段。

1. 萌芽阶段

20 世纪 90 年代至 21 世纪初，是大数据技术发展的萌芽期。在此阶段，数据库技术已逐步成熟，数据挖掘理论也不断完善，因此也被称为数据挖掘技术阶段。在这期间，一批商业智能工具和知识管理技术开始被应用，如数据仓库、专家系统、知识管理系统等。此时，对于大数据处理的研究主要集中于算法（algorithms）、模型（model）、模式（patterns）、标识（identification）等领域。

2. 突破阶段

2003 至 2006 年是大数据技术发展的突破期。在此阶段，学术界和企业界开始从多角度对数据处理系统、数据库架构进行重新思考。以 2004 年 Facebook 的创立为标志，Web 2.0 应用（如社交网络、电子商务等）的流行，直接导致了非结构化数据的大量涌现，使得传统数据库处理方法难以应对，从而导致了大数据技术的异军突起。该阶段也被称为非结构化数据阶段。此时，非结构化数据处理得到了广泛而深入的探索和研究，但仍然没有形成共识。

3. 成熟阶段

2006 至 2009 年，是大数据技术发展的成熟阶段。首先，在 2003 年和 2004 年，Google 公司先后公开发表了两篇论文——*The Google File System*（《谷歌文件系统》）、*MapReduce: Simplified Data Processing on Large Clusters*（《基于集群的简单数据处理：MapReduce》），公开了 Google 搜索引擎基于大数据处理的解决方案。其核心技术包括分布式文件系统 GFS、分布式计算系统框架 MapReduce、分布式锁机制 Chubby 以及分布式数据库 BigTable 等。以此为基础，从 2006 年开始，Apache 基金会的开源社团和企业纷纷推出了各种各样的 Google 大数据技术的开源实现，从而推动大数据技术逐渐走向了成熟。在此期间，大数据技术研究的焦点是性能（performance）、云计算（cloud computing）、大规模数据集并行运算算法（MapReduce）以及开源分布式系统基础架构（Hadoop）等。

4. 应用阶段

2009 年至今，大数据技术架构和大数据技术生态系统越来越完善，尤其是 Hadoop 大数据技术平台的成熟，标志着大数据技术的发展正式进入了落地应用阶段。学术界和企业界纷纷开始从大数据技术的基础性研究转向大数据技术的应用研究。到 2013 年时，大数据技术开始向商业、科技、医疗、政府、教育、经济、交通、物流、人文以及社会的其他领域进行全面深入渗透，从而引起了整个社会的变革。因此，2013 年被称为"大数据元年"。如今，大数据正在影响社会的方方面面，并已成长为一种能催生各行各业变革的巨大力量。

1.1.2　大数据技术的影响

近年来，大数据不断向社会各行各业渗透，使得大数据的技术领域和行业边界越来越模糊，应用创新已超越技术本身而受到更多青睐。大数据技术已经为每一个领域带来了变革性影响，并且正在成为各行各业颠覆性创新的原动力和助推器。

1. 大数据技术在国外

由于大数据处理需求的迫切性和重要性，近年来大数据技术已经得到全球各行业的高度关注和重视，掀起了一个可与 20 世纪 90 年代的信息高速公路相提并论的研究热潮。美国和欧洲一些发达国家政府都从国家科技战略层面提出了一系列的大数据技术研究计划，以推动政府机构、重大行业、学术界和工业界对大数据技术的研究和应用。

早在 2010 年 12 月，美国总统办公室下属的科学技术顾问委员会和信息技术顾问委员会就向奥巴马和国会提交了一份《规划数字化未来》的战略报告，把大数据收集和使用的工作提升到了体现国家意志的战略高度。该报告列举了 5 个贯穿各个科技领域的共同挑战，而第一个最重大的挑战就是"数据"问题。该报告指出："如何收集、保存、管理、分析、共享正在呈指数增长的数据是我们必须面对的一个重要挑战"。该报告建议："联邦政府的每一个机构和部门，都需要制定一个'大数据'的战略"。2012 年 3 月，美国总统奥巴马签署并发布了一个"大数据研究发展创新计划"(Big Data R&D Initiative)，由美国国家自然基金会、卫生健康总署、能源部、国防部等 6 大部门联合，投资 2 亿美元启动大数据技术研发，这是美国政府继 1993 年宣布"信息高速公路"计划后的又一次重大科技发展部署。美国白宫科技政策办公室还专门支持建立了一个大数据技术论坛，鼓励企业和组织机构间的大数据技术交流与合作。

2012 年 7 月，联合国在纽约发布了一本关于大数据政务的白皮书《大数据促发展：挑战与机遇》，全球大数据的研究和发展进入了前所未有的高潮。该白皮书总结了各国政府如何利用大数据响应社会需求，指导经济运行，更好地为国民服务，并建议成员国建立"脉搏实验室"，挖掘大数据的潜在价值。

2013 年 5 月，麦肯锡全球研究院（McKinsey Global Institute）发布了一份名为《颠覆性技术：技术进步改变生活、商业和全球经济》的研究报告。该报告指出未来的 12 种新兴技术有望在 2025 年带来 14 万亿至 33 万亿美元的经济效益。出人意料的是，在这份报告中最为热门的大数据技术却未被列入其中。麦肯锡的解释是，大数据已成为 12 种技术中许多技术的基石，包括移动互联、知识工作自动化、物联网、云计算、机器人、自动汽车、基因组学等。

2014 年 5 月，美国政府发布了 2014 年全球大数据白皮书的研究报告《大数据：抓住机遇、守护价值》。该报告提出要使用数据来推动社会进步，特别是在市场与现有的机构并未以其他方式来支持这种进步的领域；同时，也需要相应的框架、结构与研究来保护个人隐私、公平以及反歧视的社会信仰。

2014 年 4 月，世界经济论坛也以"大数据的回报与风险"为主题发布了《全球信息技术报告（第 13 版）》。该报告认为，在未来几年中针对各种信息通信技术的政策甚至会显得更加重要。

2. 大数据技术在我国

为了紧跟全球大数据技术发展的浪潮，我国政府、学术界和工业界对大数据也予以了高度关注。中央电视台分别于 2013 年 4 月 14 日和 21 日邀请了《大数据时代——生活、工作与思维的大变革》作者维克托·迈尔-舍恩伯格，以及美国大数据存储技术公司 LSI 总裁阿比分别做客《对话》节目，做了两期大数据专题谈话节目《谁在引爆大数据》《谁在掘金大数据》。国家央视媒体对大数据的关注和宣传，充分体现了大数据技术已经成为国家和社会普遍关注的焦点。

国内的学术界和企业界也都迅速地行动了起来，广泛地开展了对大数据技术的研发。为了推动我国大数据技术的研究发展，2012 年中国计算机学会发起并组织了大数据专家委员会，该委员会还特别成立了一个"大数据技术发展战略报告"撰写组，撰写发布了《2013 年中国大数据技术与产业发展白皮书》。2013 年以后，国家自然科学基金、973 计划、核高基、863 等重大研究计划都已经把大数据研究列为重大研究课题。

2015 年 9 月，国务院印发《促进大数据发展行动纲要》，系统部署了大数据发展工作。该纲要明确提出要推动大数据发展和应用，在未来 5~10 年打造精准治理、多方协作的社会治理新模式，建立运行平稳、安全高效的经济运行新机制，构建以人为本、惠及全民的民生服务新体系，开启大众创业、万众创新的创新驱动新格局，培育高端智能、新兴繁荣的产业发展新生态。该纲要部署了三方面主要任务。一要加快政府数据开放共享，推动资源整合，提升治理能力。大力推动政府部门数据共享，稳步推动公共数据资源开放，统筹规划大数据基础设施建设，支持宏观调控科学化，推动政府治理精准化，推进商事服务便捷化，促进安全保障高效化，加快民生服务普惠化。二要推动产业创新发展，培育新兴业态，助力经济转型。发展大数据在工业、新兴产业、农业农村等行业领域应用，推动大数据发展与科研创新有机结合，推进基础研究和核心技术攻关，形成大数据产品体系，完善大数据产业链。三要强化安全保障，提高管理水平，促进健康发展。健全大数据安全保障体系，强化安全支撑。

2016 年 3 月 17 日，国家"十三五"规划纲要发布。该纲要明确指出：一是加快政府数据开放共享。全面推进重点领域大数据高效采集、有效整合，深化政府数据和社会数据关联分析、融合利用，提高宏观调控、市场监管、社会治理和公共服务的精准性和有效性。依托政府数据统一共享交换平台，加快推进跨部门数据资源共享。加快建设国家政府数据统一开放平台，推动政府信息系统和公共数据互联开放共享。制定政府数据共享开放目录，依法推进数据资源向社会开放。统筹布局建设国家大数据平台、数据中心等基础设施。研究制定数据开放、保护等法律法规，制定政府信息资源管理办法。二是促进大数据产业健康发展。深化大数据在各行业的创新应用，探索与传统产业协同发展新业态新模式，加快完善大数据产业链。加快海量数据采集、存储、清洗、分析发掘、可视化、安全与隐私保护等领域关键技术攻关。促进大数据软硬件产品发展。完善大数据产业公共服务支撑体系和生态体系，加强标准体系和质量技术基础建设。

1.1.3　大数据发展的重大事件

2005 年 Hadoop 项目诞生。Hadoop 最初只是雅虎公司用来解决网页搜索问题的一个项目，后来因其技术的高效性，被 Apache 基金会引入并成为开源应用。Hadoop 本身不是一个软件产品，而是由多个软件产品组成的一个生态系统，这些产品共同实现了功能全面和灵活的大数据分析。Hadoop 由两个核心构成：HDFS 和 MapReduce。HDFS 是 Hadoop 分布式文件系统，用于提供可靠数据存储服务。MapReduce 则用于提供高性能的并行数据处理服务。

2008 年年末，"大数据"得到部分美国知名计算机科学研究人员的认可，业界组织计算社区联盟（Computing Community Consortium），发表了一份有影响力的白皮书《大数据计算：在商务、科学和社会领域创建革命性突破》，使人们的思维不再局限于进行数据处理的机器，并提出"大数据真正重要的是新用途和新见解，而非数据本身"。

2009 年，印度政府建立了用于身份识别管理的生物识别数据库，而联合国全球脉冲项目也已研究了如何利用手机和社交网站的数据源来分析预测从螺旋 CT 价格到疾病暴发之类的问题。

2009 年，美国政府通过启动 data.gov 网站的方式进一步开放了数据的大门，这个网站向公众提供了 4 万多个各种各样的政府数据集，这些数据集可以面向一些智能手机应用程序，提供从航班到产品召回再到特定区域内失业率的跟踪信息。这一行动推动从肯尼亚到英国范围内的政府相继推出了类似举措。

2009 年，欧洲一些领先的研究型图书馆和科技信息研究机构建立了伙伴关系，致力于改善在互联网上获取科学数据的简易性。

2010 年 2 月，肯尼斯·库克尔在《经济学人》上发表了长达 14 页的大数据专题报告《数据，无所不在的数据》。库克尔在报告中提到：世界上有着无法想象的海量数字信息，并以极快的速度增长。从经济界到科学界，从政府部门到艺术领域，很多方面都已经感受到了这种海量信息的影响。科学家和计算机工程师已经为这个现象创造了一个新词："大数据"。库克尔也因此成为最早洞见大数据时代趋势的数据科学家之一。

2011 年 2 月，IBM 最新研发的沃森超级计算机每秒可扫描并分析 4TB（约 2 亿页文字量）的数据量，并在美国著名智力竞赛电视节目《危险边缘》上击败两名人类选手而夺冠。后来纽约时报认为这一刻是一次"大数据计算的胜利"。

2011 年 5 月，全球知名咨询公司麦肯锡全球研究院（MGI）发布了一份报告——《大数据：创新、竞争和生产力的下一个新领域》，大数据开始备受关注，这也是专业机构第一次全方面地介绍和展望大数据。该报告指出，大数据已经渗透到当今每一个行业和业务职能领域，成为重要的生产因素。人们对于海量数据的挖掘和运用，预示着新一波生产率增长和消费者盈余浪潮的到来。报告还提到，"大数据"源于数据生产和收集的能力和速度的大幅提升——由于越来越多的人、设备和传感器通过数字网络连接起来，产生、传送、分享和访问数据的能力也得到了彻底变革。

2011 年 11 月，工业和信息化部发布了《物联网"十二五"发展规划》，在关键技术创新工程部分，信息处理技术作为四项之一被提出来，其中的核心内容是海量数据存储、数据挖掘、图像视频智能分析，而这些都是大数据的重要组成部分。

2012 年 1 月，在瑞士达沃斯举办的世界经济论坛上，大数据是主题之一，会上发布的报告《大数据，大影响》（*Big Data, Big Impact*）宣称，数据已经成为一种新的经济资产类别，就像货币或黄金一样。

2012 年 3 月，美国奥巴马政府在白宫网站上发布了《大数据研究和发展倡议》，这一倡议标志着大数据已经成为重要的时代特征。2012 年 3 月 22 日，奥巴马政府宣布将 2 亿美元投资于大数据领域，是大数据技术从商业行为上升到国家科技战略的分水岭。在 23 日的电话会议中，美国政府将数据比喻为"未来的新石油"，并表示大数据技术领域的竞争事关国家安全和未来，即：国家层面的竞争力将部分体现为一国拥有数据的规模、活性以及解释、运用的能力，国家数字主权体现为对数据的占有和控制。数字主权将是继边防、海防、空防之后，另一个大国博弈的空间。

2012 年 4 月，美国软件公司 Splunk 于 19 日在纳斯达克成功上市，成为第一家上市的大数据处理公司。鉴于美国经济持续低靡、股市持续振荡的大背景，Splunk 股份在首日就暴涨了一倍多的突出交易表现尤其令人们印象深刻。Splunk 是一家领先的提供大数据监测和分析服务的软件提供商，成立于 2003 年。Splunk 成功上市促进了资本市场对大数据的关注，同时也促使 IT 厂商加快了大数据布局。

2012 年 7 月，联合国在纽约发布了一份关于大数据政务的白皮书，总结了各国政府如何利用大数据更好地服务和保护人民。这份白皮书举例说明了在一个数据生态系统中，个人、公共部门和私人部门各自的角色、动机和需求。例如，通过对价格关注和更好服务的渴望，个人提供数据和众包①信息，并对隐私和退出权力提出需求；公共部门出于改善服务、提升效益的目的，提供了诸如统计数据、设备信息、健康指标及税务和消费信息等，并对隐私和退出权力提出需求；私人部门出于提升客户认知和预测趋势的目的，提供汇总数据、消费和使用信息，并对敏感数据所有权和商业模式更加关注。白皮书还指出，人们如今可以使用丰富的数据资源，包括旧数据和新数据，来对社会人口进行前所未有的实时分析。联合国还以爱尔兰和美国的社交网络活跃度增长可以作为失业率上升的早期征兆为例表明，政府如果能合理分析所掌握的数据资源，将能"与数俱进"，快速应变。

2012 年 7 月，为挖掘大数据的价值，阿里巴巴集团在管理层设立"首席数据官"一职，负责全面推进"数据分享平台"战略，并推出大型的数据分享平台——"聚石塔"，为天猫、淘宝平台上的电商及电商服务商等提供数据云服务。随后，阿里巴巴董事局主席马云在 2012 年网商大会上发表演讲，称从 2013 年 1 月 1 日起将转型重塑平台、金融和数据三大业务。马云强调："假如我们有一个数据预报台，就像为企业装上了一个 GPS 和雷达，你们出海将会更有把握。"因此，阿

---

① 众包指的是一个公司或机构把过去由员工执行的工作任务，以自由自愿的形式外包给非特定的大众网络的做法。

里巴巴集团希望通过分享和挖掘海量数据，为国家和中小企业提供价值。此举是国内企业最早把大数据提升到企业管理层高度的一个重大里程碑。阿里巴巴也是最早提出通过数据进行企业数据化运营的企业。

2013 年 1 月 24 日，英国商业、创新和技能部宣布，英国政府将注资 6 亿英镑（1 英镑约合 1.57 美元），发展大数据、合成生物等 8 类高新技术。其中，1.89 亿英镑用来发展大数据技术。同年 7 月，中国上海市发布了《上海推进大数据研究与发展三年行动计划》（2013—2015 年）。2016 年 9 月，上海市又发布了《上海市大数据发展实施意见》，并于同年 10 月获批成立国家大数据示范综合试验区。

2014 年 4 月，世界经济论坛以"大数据的回报与风险"为主题发布了《全球信息技术报告（第 13 版）》。报告认为，在未来几年中针对各种信息通信技术的政策甚至会显得更加重要。报告表示，接下来将针对数据保密和网络管制等议题展开积极讨论。全球大数据产业的日趋活跃，技术演进和应用创新的加速发展，使各国政府逐渐认识到了大数据在推动经济发展、改善公共服务、增进人民福祉，乃至保障国家安全方面的重大意义。

2014 年 5 月，美国白宫发布了 2014 年全球大数据白皮书的研究报告《大数据：抓住机遇、守护价值》。报告鼓励使用数据以推动社会进步，特别是在市场与现有的机构并未以其他方式来支持这种进步的领域；同时，也需要相应的框架、结构与研究，来帮助保护美国人对于保护个人隐私、确保公平或是防止歧视的坚定信仰。

2015 年 9 月，国务院正式印发《促进大数据发展行动纲要》，以推动大数据发展和应用。

2016 年 3 月 17 日，国家"十三五"规划纲要发布。该纲要提出要实施国家大数据战略，把大数据作为基础性战略资源，全面实施促进大数据发展行动，加快政府数据开放共享，促进大数据产业健康发展。

2016 年 7 月 14 日，首届中国大数据应用大会在成都拉开帷幕，国内外行业专家、龙头企业、行业用户及主流媒体云集成都，共商大数据应用之道。该大会以"大数据与智能时代"为主题，围绕智能制造、大数据核心技术、地理信息与大数据、大数据与健康医疗、大数据与互联网金融、宏观经济大数据等当前热点领域展开了讨论。

1.2　大数据的概念、特征及意义

1.2.1　什么是大数据

随着大数据概念的普及，人们常常会问，多大的数据才叫大数据？其实，关于大数据，不同的机构或个人有不同的理解，难以有一个非常定量的定义。

美国咨询公司——麦肯锡公司是研究大数据的先驱。该公司在其报告《大数据：创新、竞争和生产力的下一个前沿领域》中针对大数据给出的定义是：大数据指的是大小超出常规的数据库工具能获取、存储、管理和分析的数据集。该报告同时强调，并不是说一定要超过特定 TB 值的数据集才能算是大数据。

国际数据公司（IDC）从 4 个特征定义大数据，即海量的数据规模（volume）、快速的数据流转和动态的数据体系（velocity）、多样的数据类型（variety）和巨大的数据价值（value）。

亚马逊公司的大数据科学家 John Rauser 给出了大数据的简单定义：Big data is any amount of data that's too big to be handled by one computer（大数据是任何超出了一台计算机处理能力的数据量）。

维基百科对大数据的定义是：大数据指的是所涉及的资料量规模巨大到无法通过目前主流软件工具，在合理时间内达到撷取、管理、处理并整理成为帮助企业经营决策实现更积极目的的信息。

《大数据时代的历史机遇》一书的作者认为：大数据是"在多样的或者大量数据中，迅速获取信息的能力"。

可见，大数据是一个宽泛的概念，见仁见智，有些人可能强调数据的规模，即"大"字；有些人则可能强调大数据的作用，即大数据能帮助人们做什么；甚至有些人更强调新数据处理技术的应用。综合而言，本书采用"百度百科"的定义：大数据是指无法在一定时间范围内用常规软件工具进行捕捉、管理和处理的数据集合，是需要新处理模式才能具有更强的决策力、洞察发现力和流程优化能力来适应海量、高增长率和多样化的信息资产。

1.2.2 大数据的特征

大数据是一种数据量增长速度极快，用传统的数据处理方法或工具无法在用户所要求的时间内完成采集、处理、存储和计算的数据集合，它具有以下五大特征。

1. 数据量大（volume）

大数据的第一个特征是数据量大，包括采集、存储和计算的量都非常大。大数据的起始计量单位至少是 PB，也可采用更大的单位 EB 或 ZB。相关信息单位的换算关系如下。

1 Byte = 8 bit

1 KB = 1 024 Bytes = 8192 bit

1 MB = 1 024 KB = 1 048 576 Bytes

1 GB = 1 024 MB = 1 048 576 KB

1 TB = 1 024 GB = 1 048 576 MB

1 PB = 1 024 TB = 1 048 576 GB

1 EB = 1 024 PB = 1 048 576 TB

1 ZB = 1 024 EB = 1 048 576 PB

2. 类型繁多（variety）

大数据的第二个特征是种类和来源多样化。大数据可以是结构化、半结构化和非结构化的数据，具体表现为网络日志、音频、视频、图片、地理位置信息等，多类型的数据对数据的处理能力提出了更高的要求。

3. 价值密度低（value）

大数据的第三个特征是数据价值密度相对较低。有人把大数据比喻成金矿，金矿只有经过反复清洗与筛查，才能获取其中的黄金，大数据是浪里淘沙却又弥足珍贵。特别是，随着互联网以及物联网的广泛应用，智能感知无处不在，信息海量，但价值密度较低，如何结合业务逻辑并通过强大的数据挖掘与机器学习算法来挖掘数据价值，是大数据时代最需要解决的问题。

4. 速度快时效高（velocity）

大数据的第四个特征数据增长速度快，处理速度也快，时效性要求高。比如搜索引擎要求几分钟前的新闻能够被用户查询到；个性化推荐算法尽可能要求实时完成推荐。这是大数据区别于传统数据挖掘的显著特征。

5. 永远在线（online）

大数据时代的数据是永远在线的，是随时能引用和计算的，这是大数据区别于传统数据的最大特征。大数据不仅仅是规模大，更重要的是在线。数据只有在线（即数据与产品用户或者客户产生连接）的时候才有意义。例如，对于滴滴打车软件，只有客户的数据和出租车司机的数据都是实时在线的，他们的数据才有意义。在一个互联网应用系统中，一个用户行为及时地传送给数据使用方后，数据使用方通过有效数据加工（数据分析或者数据挖掘），还可以进行数据优化，最终把用户最想看到的内容推送给用户，显然将有助于用户体验的提升。

1.2.3　大数据来自哪儿

随着互联网、物联网、移动互联技术的发展，以电子商务（如京东、阿里巴巴等）、社交网络（微信、微博等）为代表的新型 Web 应用迅速普及，从而涌现了各种各样的大数据。目前，大数据主要来源于以下几大领域。

1. 搜索引擎服务

国内的搜索引擎服务商以百度为典型代表，百度的数据总量目前已经达到 1000PB，网页多达几千亿。百度每天需要响应来自 138 个国家和地区的数十亿次请求，每日新增数据 10TB，每日要处理超过 100PB 的数据。

2. 电子商务

在电子商务行业，大量在线交易数据，包括支付数据、查询行为、物流运输、购买喜好、点击顺序、评价行为等，汇聚起来构成大数据。以阿里巴巴为例，2013 年该公司的电子商务数据总量就达到了 30PB。目前，阿里巴巴拥有近 5 亿注册用户，面向全球提供电子商务服务，使用了大约 30 万台服务器来保证电子商务的正常运营，并保存在线交易数据、用户浏览和点击网页数据、购物数据等。在这些数据中，需要长期保存的数据量已达数百 PB。

3. 社交网络

现在社会人际交往已经全面进入社交网络的时代。大量的社交网络平台，如新浪微博、知乎、豆瓣、人人网、QQ 空间、微信、开心网、人人分享等，为人与人之间的沟通与交流提供了越来越便捷的服务。社交网络是互联网中人人都可以参与、创造、分享、传播的信息互动平台。大量的互联网用户创造出海量的社交行为数据，这些数据是过去未曾出现的，其中包含了大量的语音、图片、视频、短信等数据，数据规模之大前所未有。以腾讯 QQ 为例，它拥有 8.5 亿用户，使用4400 台服务器来存储用户产生的数据信息，经压缩处理以后的数据总量达 100PB，并且这一数据还在以每日新增 200~300TB，月增加 10%数据量的速度不断增长。

4. 音视频在线服务

如今在线听音乐或看电影已经成为一种主流的休闲娱乐方式。对于优酷网、爱奇艺、百度视频、土豆网、搜狐视频、乐视网、PPS、迅雷看看、腾讯视频、新浪视频、56 网视频、CNTV 视频、PPTV、风行网等音视频在线网站来说，新的音视频数据本身、高并发的在线播放请求以及用户操作记录都在源源不断地产生。

5. 个人数据业务

随着智能手机的普及，集传感器、GPS、录音、拍照、录相、短信等多功能为一体的移动设备成为互联网中个人数据的爆发点。例如，已知 iPhone 手机有 3 个传感器，三星手机有 6 个传感器。它们每天会产生大量的点击数据，形成海量用户行为数据。这些数据会通过智能手机自动上传到公司后台的服务器中。

6. 地理信息数据

电子地图（如高德地图、百度地图、Google 地图）及其应用的涌现，也产生了大量的数据流数据。与代表一个属性或一个度量值的传统数据所不同的是，这些数据流数据不仅仅是经纬度、道路和地理标识之间的关联，更代表着一个特定用户的行为和习惯，这些数据流数据经过分析就会产生巨大的商业价值。

7. 传统企业

传统企业，包括电信、金融、保险、电力、石化系统等，随着产业升级、信息化建设的深入推进，将会爆发对大数据技术的需求。

电信运营商拥有大量的用户通话、短信、地理位置、3G/4G 上网记录等数据，总量至少在 PB 级，而且每年新增的数据也在 PB 级。

目前，全国仅"银联"银行卡发行量就已接近 40 亿张，每天有近 600 亿人民币的交易额通过银联的银行卡交易，虽然单张卡片数据量不大，但汇总起来就是一个非常庞大的数据量。目前国内银行和金融系统每年产生的数据也能达到 PB 级，保险系统生成的数据量也会接近 PB 级别。

截至 2013 年年底，国家电网累计安装智能电能表 1.82 亿只，实现采集 1.91 亿户，采集覆盖率 56%，自动抄表核算率超过 97%。智能电网正在产生大数据。例如，国网信通在北京 5 个小区的 353 个采集点采集 1.2 万个参数，包括频率、电压、电流等，如果每 15min 采集一次，一天就能产生 34GB 的数据。

同样，石油化工、智能水表等领域每年产生和保存下来的数据量也可达到 PB 级别。

8. 公共机构

公共事业机构，包括政府、医疗、交通、教育、气象等，也是大数据的重要来源。

随着平安城市、智慧城市等工程的推进，安防监控对高清化、智能化、网络化、数字化的要求越来越高，数据量自然也会不断地迅速增加。例如，一个 1080P 的高清网络摄像机一个月产生的视频文件就可达 1.8TB，而一个大城市的摄像头可能多达 50 万个，每天采集的视频数据量就可以达到 3PB。尽管出于成本考虑，很多监控视频具备定期清除循环的特点，但整个视频监控系统每年能够保存下来的数据至少有数百 PB。

与此相关的交通方面，航班、列车、水陆路运输产生的各种视频、文本类数据，每年都可达到 PB 级别。例如，北京市交通运行监测调度中心通过整合行业内外 27 个应用系统、6000 多项静动态数据、6 万多路视频，每天新增数据量达 30GB 左右，这些数据为政府决策、行业监管、企业运营、百姓出行等提供了服务支持。

有统计表明，中国一个中等城市（1000 万人口）50 年所积累的医疗数据量可达到 10PB。以此推算，整个医疗卫生行业，一年能够保存下来的数据就可以达到数百 PB。

目前，中国气象系统所保存的全部数据在 4~5PB，每年大约新增数百 TB 的数据，包含了地面观测、卫星、雷达和数据预报产品等几大类的观测数据。除了常规的地面观测站之外，以气象卫星和多普勒天气雷达为代表的遥感遥测业务领域在近 30 年来取得了飞速发展，这些领域每天都会产生 TB 级的观测数据。

1.2.4　大数据的挑战

大数据的挑战是全方位的，必将对技术、运营商、安全、企业运营与管理等带来全面的挑战。

1. 大数据对技术的挑战

虽然大数据的相关技术正在日渐成熟，但是目前仍然存在着许多问题，以及以下严重不足。

互联网运营商的带宽能力以及对大数据爆炸式增长的适应能力将面临前所未有的挑战。

- 大数据处理与分析的能力远未达到人们心中的理想水平，人们既需要高速信息传输，也需要大数据系统能对低密度低价值数据进行快速分析和处理。

- 物联网实时数据（包括传感器和摄像头等的自动采集）的快速增长，对现在的存储解决方案提出了全新的挑战。

- 大数据技术产品在快速的发展中如何保持系统兼容性和保证已投入资源的价值将面临挑战。

- 现有的软件工程模式，无论是思想、方法，还是工具，在大数据环境中都将面临新的挑战，特别是大数据的可视化还没有达到人们的需求水平。

- 大数据的快速发展导致大数据人才的匮乏，无论是人才培养模式、教学内容、教学方法，还是实验室建设等，都面临巨大挑战。

2. 大数据对信息安全的挑战

大数据技术与应用在快速发展的同时也带来了更多安全风险。

（1）大数据系统将成为网络攻击的主要目标之一。在 Internet 中，大数据将是更容易被"发现"的目标。一方面，大数据常常包含了更复杂、更敏感的数据，这些数据会吸引更多的潜在攻击者。另一方面，汇集起来的大数据使得黑客成功攻击一次就能获得更多数据，无形中降低了黑客的进攻成本。

（2）大数据加大了隐私泄露风险。大量私人数据的汇集不可避免地加大了个人隐私泄露的风险。一方面，如何保证集中存储之后的大数据信息不被泄露、不被滥用，本身就是一个亟待解决的大问题；另一方面，一些敏感数据的所有权和使用权并没有明确的法律界定，出于成本控制的需要，那些基于大数据的分析产品可能在设计之初就没有考虑个体隐私保护问题，甚至无法排除犯罪份子恶意使用大数据分析结果的可能。例如，若将个人手机的 GPS 功能与地理信息和日常出行结合进行大数据分析，则可以预测出一个人在下一时间段将在何地做何事，这将成为个人的最大人身安全隐患。

（3）大数据威胁现有的存储和安防措施。大数据存储带来新的安全问题。例如，企业的生产数据与经营数据很可能会汇聚并存储在一起，这将导致企业安全管理出现问题。大数据的规模也会影响到安全控制措施能否正确运行。特别是，当安全防护手段的更新升级速度无法跟上数据量非线性增长的步伐时，系统就会暴露大数据安全防护的漏洞。

（4）大数据技术本身也会成为黑客的攻击手段。在企业用数据挖掘和数据分析等大数据技术获取商业价值的同时，黑客也在利用这些大数据技术向企业发起攻击。黑客会最大限度地收集更多的有用信息，比如邮件、微博、微信、电子商务交易与支付、电话和家庭住址等信息，然后进行大数据分析，从而使黑客的攻击更加精准。另外，大数据也为黑客攻击提供了更多机会。例如，利用大数据技术，黑客可能同时控制上百万台互联网中的服务器，然后发起僵尸网络攻击。

（5）大数据成为高级可持续攻击的载体。传统的安全检测是基于单个时间点进行的基于安全特征的实时匹配检测，而高级可持续攻击是一个实施过程，无法被实时检测。此外，大数据的价值低密度性，使得安全检测工具很难聚焦在价值点上，黑客可以将攻击隐藏在大数据中，给安全服务提供商制造障碍。黑客设置的任何一个会误导安全厂商目标信息提取与检索的攻击，都会导致安全监测偏离应有方向。

3. 大数据对运营商的挑战

大数据对运营商将从技术和业务两个层面带来挑战。

前者所面临的主要挑战是数据的管理、采集、分析不足。数据量的增加使得运营商传统的处理和存储数据的平台压力增大，数据类型的多样化使得传统数据处理平台难以处理。另外，运营商知道用户访问过哪些网站，但是不知道用户究竟看了哪些内容；或者知道用户在哪个地址，但是不知道用户在哪个地点。

后者所面临的挑战有 3 条最为紧迫。一是法律环境的缺失和民众不客观的情绪。在西方，什么是信息隐私、什么是信息安全是有明确规定的。但是在中国，相关法律是缺失的，甚至可以说是空白。民众对待数据带来的便利和不利的态度，也会影响到大数据的应用。因此大数据应用首先需要更加宽容，更加清晰、明确的法制和用户理性认知与评价的环境。二是行业的快速洗牌会对既有市场秩序产生很大的影响。三是内部体制的挑战。数据获取需要不同部门协同，电信运营商内部还缺乏统一的认识。同样，电信运营商与数据运营商的区别是什么，目前也缺乏统一的认识，这将导致一个电信运营商可能会干类似数据运营商的事情。

4. 大数据对企业经营与管理的挑战

大数据对企业的经营与管理将带来诸多挑战。

（1）大数据将改变企业的营销手段。企业的传统营销手段是集中推销和各种广告宣传，更原始的办法是用大量的人力来分发宣传单以推销产品。在大数据的时代，企业可以充分利用大数据进行精准高效的低成本营销，例如国内各电子商务网站的广告推送服务。

（2）大数据将为企业拓展广阔的新型服务与渠道。例如，日本先进工业技术研究所的科学家通过在汽车座椅下部安装压力传感器来采集人体臀部特征数据，做成了能识别车主的防盗系统，该系统只要发现驾驶员不是车主，就会要求司机输入密码，如密码不对，汽车会自动熄火。

（3）大数据成为企业管理决策的重要依据。例如，美国网飞公司（Netflix）在推出全球首部网络剧《纸牌屋》之前，将其庞大的用户数据库作为科学决策的依据，依靠数据分析抓住观众的喜好，最终确定了剧本、导演以及演员。《纸牌屋》推出之后，迅速成为美国各大社交网站的热门话题，其明星效应使得该剧大获成功。《纸牌屋》进入中国后，首先在美剧迷中掀起交流高潮，继而由美剧迷在网络中发起的分享行为得以扩散。所有这些都是对传统影视公司商业模式的一种颠覆，也成就了一个网站主导、数据先行的商业神话。

（4）大数据对公共部门的服务与管理也将带来极大的变革。事实表明，大数据在政府和公共服务领域的应用，可有效推动政务工作开展，提高政府部门的决策水平、服务效率和社会管理水平，产生巨大社会价值。2009 年，谷歌公司通过把 5000 万条美国人最频繁检索的词条和美国疾控中心在 2003 至 2008 年间季节性流感传播时期的数据进行比较，成功预测了当年甲型 H1N1 流感的爆发及传播源头，远早于官方的疾控中心。

1.2.5　研究大数据的意义

大数据在带来巨大技术挑战的同时，也带来了巨大的技术创新与商业机遇。不断积累的大数据包含着很多在小数据量时不具备的深度知识和价值，大数据分析挖掘将能为行业/企业带来巨大的商业价值，实现各种高附加值的增值服务，进一步提升行业/企业的经济效益和社会效益。由于大数据隐含着巨大的深度价值，美国政府认为大数据是"未来的新石油"，将对未来的科技与经济发展带来深远影响。因此，在未来，一个国家拥有数据的规模和运用数据的能力将成为综合国力的重要组成部分，对数据的占有、控制和运用也将成为国家间和企业间新的争夺焦点。

（1）大数据计算提高数据处理效率，增加人类认知盈余。大数据技术就像其他的技术革命一样，是从效率提升入手。大数据技术平台的出现提升了数据处理效率。其效率的提升是成几何级数增长的，过去需要几天或更多时间处理的数据，现在可能在几分钟之内就会完成。大数据的高效计算能力，为人类节省了更多的时间。我们都知道效率提升是人类社会进步的典型标志，可以推断大数据技术将带领人类社会进入下一个阶段。通过大数据计算节省下来的时间，人们可以去消费、娱乐和创造。未来大数据计算将释放人类社会巨大的产能，增加人类认知盈余，帮助人类更好地改造世界。

（2）全局的大数据让人类了解事物背后的真相。相对于过去的样本代替全体的统计方法，大数据将使用全局的数据，其统计出来的结果更为精确，更接近真实事物，能够帮助科学家了解事物背后的真相。大数据带来的统计结果将带来全新的认知。纠正过去人们对事物错误的认识，影响过去人类行为、社会行为的结论，有利于政府、企业、科学家了解人类社会各种历史行为的真正原因。大数据统计将纠正样本统计误差，为统计结论不断纠错。大数据可以让人类更加接近和了解大自然，增加对自然灾害原因的了解。

（3）大数据有助于了解事物发展的客观规律，有利于科学决策。大数据收集了全局的、准确的数据，通过对大数据的分析和统计，可找出事物发展过程中的真相（例如，分析出人类社会的发展规律、自然界的发展规律等），利用大数据提供的分析结果来归纳和演绎出事物的发展规律，通过掌握事物发展规律来帮助人们进行科学决策。

（4）大数据提供了同事物的连接，客观了解人类行为。在没有大数据之前，我们了解人类行为的数据往往来源于一些被动的调查表格及滞后的统计数据。拥有了大数据技术之后，人类日常行为将通过手机 APP、摄像头、分享的图片和视频等与大数据技术实现对接，从而收集到人类的行为数据，再经过一定的分析，就可以统计或预测人类行为，进而可以更加客观地观察人类的行为。实际上，实现人类行为数据汇聚和分析，不仅有助于了解人类行为特点，而且这些数据最终将聚集成为一个巨大的"矿藏"。大数据技术的一个重要作用就是从中挖掘出重要商业价值。

（5）大数据改变过去的经验思维，帮助人们建立数据思维。人类社会的发展一直都在依赖着数据，无论是工农业的发展与规划，还是军事战役的谋划，更多的是依靠经验。但是出现大数据之后，我们将会面对着海量的数据，多种维度的数据、行为的数据、情绪的数据、实时的数据。这些数据是过去无法获取，甚至是无法想象的，通过大数据计算和分析人们将会得到更可靠的结果。依靠这些结果，人们将会发现决定一件事、判断一件事、了解一件事不再困难。例如，政府可借助于大数据来了解民众需求，抛弃过去的经验思维和惯性思维，掌握社会的客观规律，达到社会"良治"。

1.3 大数据的存储与计算模式

大数据时代的出现，简单地说，是海量数据同完美计算能力结合的结果；准确地说，则是移动互联网、物联网产生了海量的数据，大数据计算技术完美地解决了海量数据的收集、存储、计算、分析的问题。本节将详细介绍大数据的存储与处理模式。

1.3.1 大数据的存储模式

1. 大数据存储问题与挑战

大数据存储系统面临的挑战主要来自以下 3 个方面。

- 存储规模大，通常达到 PB（1 000 TB）甚至 EB（1 000 PB）量级。

- 存储管理复杂，需要兼顾结构化、非结构化和半结构化的数据。
- 数据服务的种类和水平要求高。换言之，上层应用对存储系统的性能、可靠性等指标有不同的要求，而数据的大规模和高复杂度放大了达到这些指标的技术难度。

这些挑战在存储领域并不是新问题，但在大数据背景下，解决这些问题的技术难度成倍提高，数据的量变终将引起存储技术的质变。

大数据环境下的存储与管理软件栈，需要对上层应用提供高效的数据访问接口，存取 PB 甚至 EB 量级的数据，并且能够在可接受的响应时间内完成数据的存取，同时保证数据的正确性和可用性；对底层设备，存储软件栈需要高效的管理存储资源，合理地利用设备的物理特性，以满足上层应用对存储性能和可靠性的要求。在大数据带来的新挑战下，要完成以上这些要求，需要更进一步地研究存储与管理软件技术。

2. 大数据存储的关键技术

大数据存储的关键技术有以下 4 个。

（1）分布式文件系统

分布式文件系统所管理的数据存储在分散的存储设备或节点上，存储资源通过网络连接形成存储集群。其核心技术主要有以下 5 个。

① 高效元数据管理技术。在大数据应用中，元数据的规模也非常大，元数据的存取性能是整个分布式文件系统性能的关键。常见的元数据管理可以分为集中式和分布式元数据管理架构。集中式元数据管理架构采用单一的元数据服务器，其优点是实现简单，但存在单点故障等问题。分布式元数据管理架构则将元数据分散在多个节点上，从而解决了元数据服务器性能瓶颈问题，提高了可扩展性，但实现复杂，同时还要解决元数据一致性的问题。此外，还有一种无元数据服务器的分布式架构，使用在线算法组织数据，不需要专用的元数据服务器。但是该架构对数据一致性的保证很困难，实现复杂。另外，文件目录遍历操作的效率低下，并且缺乏文件系统全局监控管理功能。

② 系统弹性扩展技术。在大数据环境下，数据规模和复杂度的增加往往非常迅速，因此其存储系统必须提供按需扩展的功能。实现存储系统的高可扩展性首先要解决两个方面的重要问题，即元数据的分配和数据的透明迁移。前者主要通过静态子树划分和动态子树划分技术实现，后者则侧重数据迁移算法的优化。此外，大数据存储系统规模庞大，节点失效率高，因此还需要实现一定程度上的自适应管理功能。系统必须能够根据数据量和计算的工作量估算所需的节点个数，并动态地将数据在节点间迁移，以实现负载均衡；同时，节点失效时，数据必须可以通过副本等机制进行恢复，不能对上层应用产生影响。

③ 存储层级内的优化技术。在构建存储系统时，需要基于成本和性能来考虑，因此存储系统通常采用多层不同性价比的存储器件组成存储层次结构。大数据由于规模大，因此构建高效合理的存储层次结构，可以在保证系统性能的前提下，降低系统能耗和构建成本。利用数据访问局部性原理，可以从两个方面对存储层次结构进行优化。从提高性能的角度，可以通过分析应用特征，识别热点数据并对其进行缓存或预取，通过高效的缓存预取算法和合理的缓存容量配比来提高访问性能。从降低成本的角度来看，采用信息生命周期管理方法，将访问频率低的冷数据迁移到低速廉价存储设备上，可以在小幅牺牲系统整体性能的基础上，大幅降低系统的构建成本和能耗。

④ 针对应用和负载的存储优化技术。传统数据存储模型需要支持尽可能多的应用，因此需要具备较好的通用性。大数据具有大规模、高动态及快速处理等特性，通用的数据存储模型通常并不是最能提高应用性能的模型，而大数据存储系统对上层应用性能的关注远超过对通用性的追

求。针对应用和负载来优化存储，就是将数据存储与应用耦合，简化或扩展分布式文件系统的功能，根据特定应用、特定负载、特定的计算模型对文件系统进行定制和深度优化，使应用达到最佳性能。

⑤ 针对存储器件特性的优化技术。随着新型存储器件的发展和成熟，Flash、PCM 等逐渐开始在存储层级中占据一席之地，存储软件栈也随之开始逐渐发生变化。以 Flash 为例，起初各厂商通过闪存转换层 FTL 对新型存储器进行封装，以屏蔽存储器件的特性，适应存储软件栈的现有接口。但是随着 Flash 的普及，产生了许多针对应用对 FTL 进行的优化，以及针对 Flash 特性进行定制的文件系统，甚至有去掉 FTL 这层冗余直接操作 Flash 的存储解决方案。传统的本地文件系统，包括分布式文件系统，是否能够与新型存储器件耦合，最大程度地利用这些存储器件新特性上的优势，需要存储软件开发者重新审视存储软件栈，去除存储软件栈的冗余，甚至需要修改一些不再合适的部分。

（2）分布式数据库

大数据时代，企业对数据的管理、查询及分析的需求变化促生了一些新技术的出现。需求的变化主要集中在数据规模的增长，吞吐量的上升，数据类型以及应用多样性的变化。数据规模和吞吐量的增长需求对传统的关系型数据库管理系统在并行处理、事务特性的保证、互联协议的实现、资源管理以及容错等各个方面带来了很多挑战。为此，在分布式文件系统的基础之上发展出了分布式数据库技术。

① 事务性数据库技术。这种技术以 NoSQL（即 Not Only SQL）为代表。NoSQL 系统通过放弃对事务 ACID 语义的方法来增加系统的性能以及可扩展性，具有以下几个特征。

- 支持非关系数据模型，例如采用键值存储等。
- 简单操作往往不支持 SQL。
- 具备在多个节点中分割和复制数据的能力。
- 用最终一致性机制解决并发读操作与控制问题。
- 充分利用分布式索引和内存提高性能。

采用 NoSQL 技术的代表性系统包括 BigTable、Dynamo、HBase、Cassandra、MongoDB。

② 分析型数据库技术。自从 MapReduce 被 Hadoop 开源实现之后，Hadoop 广受欢迎。目前，在大数据领域涌现出了很多针对 Hadoop 的 SQL 分析引擎，代表性系统包括 Hive、Impala 等。其中，Hive 是一个基于 MapReduce 的 SQL 引擎。Hive 提供了一个类似 SQL 的查询语言（称为 HQL）。Hive 的基本原理是接受 HQL，解析 HQL，然后把 HQL 语句翻译成多个 MapReduce 的任务，通过 MapReduce 来实现基本的类似 SQL 操作。

（3）大数据索引和查询技术

随着数据量、数据处理速度和数据多样性的快速发展，大数据存储系统不但要处理已有的大数据，还要能快速地处理新数据，这就催生了满足大数据环境需要的索引和查询技术。分布式是处理大数据的一个基本思路，这同样适用于大数据索引和查询。分布式索引把全部索引数据水平切分后存储到多个节点上，这样可以有效避免单个节点构建索引的效率瓶颈问题。当业务增长，需要索引更多的数据或者更快地索引数据时，可以通过水平扩展增加更多的节点来解决。切分索引数据时要注意数据分布的均匀性，要避免大量索引数据分布到一个或者几个节点上，否则无法达到负载均衡的目的。与分布式索引对应的就是大数据的分布式查询。所有节点或者部分节点的查询结果由主节点或者查询节点进行汇总，然后得到最终结果。

（4）实时流式大数据存储与处理技术

实时流式大数据的处理与分布式系统在原理上有很多相似之处，但也有其独特需求。

① 数据流加载。实时流式大数据系统中，数据通常以流的方式进入系统，如何高效且可靠地将数据加载到大数据存储系统，成为了流式大数据系统实现低延迟处理的基础。此外，能够重新处理数据流中的数据也是一个很有价值的特性。

② 复杂事件处理。数据流中的数据源是多种多样的，数据的格式也是多种多样的，而数据的转换、过滤和处理逻辑更是千变万化，因而需要强大而又灵活的复杂事件处理引擎来适应各种场景下的需求。

③ 高可用性。数据通过复杂处理引擎和流计算框架时，通常会经过很多步骤和节点，而其中任何一步都有出错的可能，为了保证数据的可靠性和精准投递，系统需要具有容错和去重能力。

④ 流量控制和缓存。整个流系统可能有若干个模块，每个模块的处理能力和吞吐量差别很大，为了实现总体高效的数据处理，系统需要具备对流量进行控制和动态增加和删除节点的能力。当数据流入大于流出的速度时，还需要有一定的缓存能力，如果内存不足以缓存快速流入的数据时，需要能够持久化到存储层。

1.3.2　大数据的计算模式

1. 大数据计算问题与挑战

人们总是希望有统一的、标准的大数据计算模式，因为有了它，将更加有力地推动大数据技术的应用与发展。所谓大数据计算模式，就是根据大数据的不同数据特征和计算特征，从多样性的大数据计算问题和需求中提炼并建立的各种抽象或模型（model）。然而，现实世界中的大数据处理问题复杂多样，难以用一种单一的计算模式来满足所有不同的大数据计算需求。例如，MapReduce 更适合进行线下大数据批处理，而不适合解决低延迟和具有复杂数据关系与复杂计算的大数据问题。

传统的并行计算方法主要从体系结构和编程语言的层面定义了一些较为底层的并行计算模型，但由于大数据处理问题具有很多高层的数据特征和计算特征，因此传统的并行计算方法面临挑战，其必须结合这些高层特征来定义更高层的并行计算模式。

（1）数据结构特征。从数据结构来看，大数据的数据结构可分为结构化的大数据、半结构化的大数据和非结构化的大数据。在实际应用中，以非结构化为主（如大量的 Internet 站点的日志数据）。

（2）并行计算体系结构特征。由于大数据的存储通常采用基于集群的分布式存储，与之对应的大数据的计算处理则必须采用并行计算体系结构。目前，大数据的并行计算结构主要有两种：一种是以分布式文件系统为基础的并行计算模式（以 Hadoop 的 MapReduce 为代表）；另一种是以分布式内存缓存为基础的并行计算模式（以 Spark 为代表）。

大数据的上述两种高层特征决定了不同的大数据处理方式，主要有以下 5 种分类方法。

（1）数据获取处理方式。按照数据获取方式，大数据处理可分为批处理与流式计算。

（2）数据处理类型。从数据处理类型来看，大数据处理可分为传统的查询分析计算和复杂的数据挖掘分析计算。

（3）实时响应性能。根据数据计算的响应速度，大数据处理可分为实时计算和非实时计算，有些地方又分为联机计算（online）和脱机计算（offline）。

（4）迭代计算。根据任务的执行流程，大数据处理可分顺序计算和迭代计算。现实的数据处理中有很多计算问题需要大量的迭代计算,为此所采用的计算模式必须具有高效的迭代计算能力。

（5）数据关联性。当数据关系比较简单时,可使用 MapReduce 先进行映射转换（即 map）再进行合并汇总（即 reduce）的计算模式。但是对于社会网络应用场景,数据关系异常复杂,此时必须采用图结构的计算模式。

2. 大数据计算的关键技术

不同的大数据的计算模式产生了不同的大数据计算技术,见表 1-1。

表 1-1　　　　　　　　　　　　典型大数据计算模式与系统

典型大数据计算模式	典 型 系 统
大数据查询分析计算	HBase、Hive、Cassandra、Impala 等
批处理计算	Hadoop MapReduce、Spark 等
流式计算	Scribe、Flume、Storm、Spark Steaming 等
图计算	Pregel、Giraph、Trinity、PowerGraph、GraphX 等
内存计算	Dremel、Hana、Spark

（1）大数据查询分析计算模式与技术

当数据规模的增长已大大超过了传统的关系数据库的承载和处理能力时,可以使用分布式数据存储管理和并行化计算方法,大力发展大数据查询分析计算技术。这种技术提供了面向大数据存储管理和查询分析的能力。为了满足企业日常的经营管理需求,大数据查询分析计算技术必须解决在数据量极大时如何提供实时或准实时的数据查询分析能力这一难题。能否达到关系数据库处理中小规模数据时那样的秒级响应性能,将决定大数据查询分析计算技术的成败。目前,具备大数据查询分析计算模式的典型系统有 Hadoop 下的 HBase 和 Hive,Facebook 开发的 Cassandra,Google 公司的 Dremel,Cloudera 公司的实时查询引擎 Impala。此外,为了实现更高性能的数据查询分析,还出现了基于内存的分布式数据存储管理和查询系统,包括 Berkeley AMPLab 的 Spark 数据仓库 Shark,SAP 公司的 Hana 等。

（2）批处理计算模式与技术

最适合于完成大数据批处理的计算模式是 MapReduce。MapReduce 是一个单输入、先映射转换（map）后合并汇总（reduce）的数据处理过程。首先,MapReduce 对具有简单数据关系、易于划分的大规模数据采用分而治之的并行处理思想;然后将大量重复的数据记录处理过程总结成 map 和 reduce 两个抽象的操作;最后,MapReduce 提供了一个统一的并行计算框架,把并行计算所涉及的诸多系统层细节都交给计算框架去完成,因此大大简化了程序员进行并行化程序设计的负担。

MapReduce 的简单易用性使其成为了目前大数据处理领域最为成功、最广为接受和使用的主流并行计算模式。在开源社区的努力下,目前包含 MapReduce 的 Hadoop 系统已发展成为非常成熟的大数据处理平台,已构建起了一个包括众多数据处理工具和环境的完整的生态系统。目前国内外的主要 IT 企业都在使用 Hadoop 平台进行企业内大数据的计算处理。

（3）流式计算模式与技术

流式计算是一种高实时性的计算模式,需要在规定的时间窗口内完成新数据的实时计算与处理,避免造成数据堆积和丢失。对于诸如电信、电力、道路监控等行业应用,以及互联网行业的日志处理来说,它们都同时具有高流量的流式数据和大量积累的历史数据,因此在提供批处理计算的同时,系统还需要具备高实时性的流式计算能力。流式计算的一个显著特点是数据在流动而运算不能移动,不同的运算节点常常绑定在不同的服务器上。目前,具备流式计算模式的典型系统有 Facebook 的 Scribe 和 Apache 的 Flume(它们可实现日志数据流处理)。更通用的流式计算系统是 Twitter 公司的 Storm 和 Berkeley AMPLab 的 Spark Steaming。

（4）迭代计算模式与技术

为了克服 Hadoop MapReduce 难以支持迭代计算的缺陷,人们对 Hadoop MapReduce 进行了改进。例如,Hadoop 把迭代控制放到 MapReduce 作业执行的框架内部,并通过循环敏感的调度器保证前次迭代的 reduce 输出和本次迭代的 map 输入数据在同一台物理机上,以减少迭代间的数据传输开销;MapReduce 在这个基础上保持 map 和 reduce 任务的持久性,规避启动和调度开销;而 Twister 在前两者的基础上进一步引入了可缓存的 Map 和 Reduce 对象,利用内存计算和 pub/sub 网络进行跨节点数据传输。

目前,一个具有快速和灵活的迭代计算能力的典型系统是 Berkeley AMPLab 的 Spark,它采用了基于分布式内存的弹性数据集模型来实现快速的迭代计算。

（5）图计算模式与技术

社交网络、Web 链接关系图等都包含大量具有复杂关系的图数据,这些图数据规模常达到数十亿的顶点和上万亿的边数。这样大的数据规模和非常复杂的数据关系,给图数据的存储管理和计算分析带来了很大的技术障碍。为此,需要引入图计算模式。

大规模图数据处理首先要解决数据的存储管理问题,通常大规模图数据也需要使用分布式存储方式。但是,由于图数据的数据关系很强,分布存储就带来了一个重要的图分区问题。在有效的图分区策略下,大规模图数据得以分布存储在不同节点上,并在每个节点上对本地子图进行并行化处理。与任务并行和数据并行的概念类似,由于图数据并行处理的特殊性,人们提出了一个新的"图并行"的概念。目前,提供分布式图计算的典型系统包括 Google 公司的 Pregel,Facebook 对 Pregel 的开源实现 Giraph,微软的 Trinity,Berkeley AMPLab 的 Spark 的 GraphX,CMU 的 GraphLab 以及由其衍生出来的目前性能最好的图数据处理系统 PowerGraph。

（6）内存计算模式与技术

Hadoop 的 MapReduce 是为大数据脱机批处理而设计的,它在分布式的文件系统之上实现大数据处理,它的主要缺陷是由于频繁的磁盘 IO 读写操作而降低了计算性能。随着大量需要高响应性能的大数据查询分析计算问题的出现,MapReduce 往往难以满足要求。随着内存价格的不断下降以及服务器可配置的内存容量的不断提高,用内存计算完成高速的大数据处理已经成为大数据计算的一个重要发展趋势。Spark 则是分布内存计算的一个典型的系统,SAP 公司的 Hana 就是一个全内存式的分布式数据库系统。

1.4　大数据的典型应用

大数据正在成为一座待挖掘的潜能无限的"金矿",它既包含了互联网企业所无法获取的有关人的数据,例如用户上网行为、网上交易,也包含了物联网系统自动感知的有关物的数据,包括地理位置、设备运营状态、监控视频等信息。从大数据这个"金矿"中最大可能地发掘出其商业价值是大数据应用的终极目标。因此,大数据及其技术将越来越广泛地应用到社会的各行各业,并发挥重大作用。本节将简单介绍几种大数据的典型应用场景。

1.4.1　智慧医疗的应用

智慧医疗是医疗信息化的升级发展，通过与大数据、云计算技术的深度融合，以医疗云数据中心为载体，为各方提供医疗大数据服务，实现医生与病人、医疗与护理、大医院与社区医院、医疗与保险、医疗机构与卫生管理部门、医疗机构与药品管理之间的六个协同，逐步构建智慧化医疗服务体系。如图 1-3 所示。

图 1-3　智慧化医疗服务体系

我国医疗大数据主要由医院临床数据、公共卫生数据和移动医疗健康数据三大部分组成，各数据端口均呈现出了多样化且快速增长的发展趋势。如图 1-4 和图 1-5 所示。

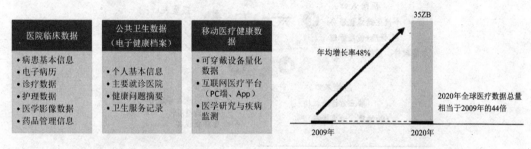

图 1-4　医疗大数据来源多样化　　　　图 1-5　医疗大数据快速增长

根据 2016 年 1 月北京"中国信息化百人会"年会所发布的《智慧医疗与大数据 2015 年度报告》，近几年我国医院信息化发展迅猛，为智慧医疗发展奠定了坚实基础。

（1）个人医疗健康服务需求快速增长。我国卫生总费用和人均卫生费用迅速增长，卫生总费用从 2004 年的 7590.29 亿元，到 2014 年的 35312.40 亿元，10 年内增长近 4 倍，但与发达国家相比仍较低。老龄化日趋严重和亚健康问题，健康医疗服务供不应求的矛盾加剧。截至 2014 年年底，中国 60 周岁以上人口达到 2.12 亿，占总人口的 15.5%，亚健康人群占比已超过 70%。

（2）企业对医疗大数据的应用需求强劲迸发。药企、险企、医疗硬件厂商、互联网平台等企业急需借助大数据应用降低成本并提升经营利润。

（3）医疗资源分布不均、过度医疗等问题，导致医患矛盾日益突出，医疗机构急需以医疗大数据重构医患关系，有效解决医患双方信息不对称及挂号、候诊、收费队伍长，看病时间短的"三长一短"问题。

为此，2014 年、2015 年医改政策频出，国务院医改办以及卫计委积极推进分级诊疗、远程诊疗、社会办医、医药电商的进程，目标是破除以药养医，解除看病难、看病贵的难题。

在智慧医疗中，我们所面对的数目及种类众多的病菌、病毒，以及肿瘤细胞，都处于不断进化的过程中。在发现和诊断疾病时，疾病的确诊和治疗方案的确定是最困难的。借助于大数据平台我们可以收集不同病例和治疗方案，以及病人的基本特征，据此建立针对疾病特点的大数据库。如果未来基因技术发展成熟，可以根据病人的基因序列特点进行分类，建立医疗行业的病人分类大数据库。在医生诊断病人时可以参考病人的疾病特征、化验报告和检测报告，参考疾病数据库来快速帮助病人确诊，明确定位疾病。在制定治疗方案时，医生可以依据病人的基因特点，调取相似基因、年龄、人种、身体情况相同的有效治疗方案，快速制定出适合病人的治疗方案，帮助更多人及时进行治疗。同时这些数据也有利于医药行业开发出更加有效的药物和医疗器械。医疗行业的数据应用一直在进行，但是数据没有打通，都是孤岛数据，没有办法形成大规模应用。未来需要将这些数据统一收集，纳入统一的大数据平台。这样，各类企业以医院、医生、患者、医药、医险、医检等为入口，纷纷布局智慧医疗与大数据，促进医院信息化、可穿戴设备、在线医疗咨询服务、医药电商等行业的蓬勃发展，从而打造出完整的智慧医疗产业链条（见图 1-6），最终将造福于社会每个人。

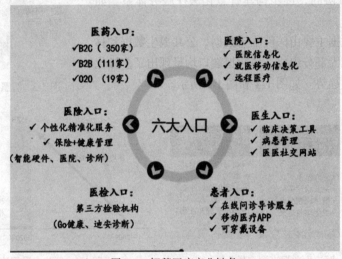

图 1-6　智慧医疗产业链条

1.4.2　智慧农业的应用

大数据在农业中的应用主要是指依据未来商业需求的预测来进行农牧产品生产，降低菜贱伤农的概率。同时大数据的分析将会更加精确地预测未来的天气，帮助农牧民做好自然灾害的预防工作。大数据同时也会帮助农民依据消费者消费习惯来决定增加哪些品种农作物的种植，减少哪些品种农作物的生产，提高单位种植面积的产值，同时有助于快速销售农产品，完成资金回流。牧民可以通过大数据分析来安排放牧范围，有效利用牧场。渔民可以利用大数据安排休渔期、定位捕鱼范围等。

在 2015 年 4 月召开的"2015 中国农业展望大会"期间，农业大数据也成为这届大会的六大热点问题之一。会议专家一致认为，由于涉农数据的大量涌现，我国急需开展以下技术研究。

（1）针对耕地、育种、播种、施肥、植保、收获、储运、畜牧业生产等多个环节，将数字、文字、音视频等不同格式、不同业务载体的海量数据整合成标准统一的多元数据的标准融合技术。

（2）完成海量数据的存储、索引、检索和组织管理，突破农业异质数据转换、集成与调度技术，实现海量数据快速查询和调用的数据组织管理技术。

（3）加强适农大数据分析挖掘技术。围绕病虫害综合防治、粮食产量预测等重点领域，开展并行高效农业数据挖掘算法，建立智能机理预测分析模型；围绕农产品品种、气象、环境、生产履历、产量、空间地理、遥感影像等数据资源建立农业协同推理和智能决策模型；围绕农产品市场信息开展多品种市场关联预测技术和农产品市场预警多维模拟技术研究。

由于我国农业信息化起步较晚，而且基础薄弱，与一些发达国家相比，我国"三农"领域的信息化水平还比较滞后，所以应该抓住大数据发展的机遇，在缩小城乡数字鸿沟、把大数据及其基础设施的建设作为新农村建设重要经济增长点的同时，着重加强以下工作。

（1）加强数据学科体系建设，丰富数据科学理论方法。国内外实践表明，农业信息学科的新概念、新理论、新方法的创新，是引领农业信息技术重大变革、促使农业生产发生巨大飞跃的重要引擎。数据密集型科学将加速信息技术与现代农业相关学科的融合发展。但数据要形成一门科学还需要更加注重大数据基础理论研究和科学方法创新，更加注重大数据学科体系建设。应在大数据生命周期、演化与传播规律，数据科学与农业相关学科之间的互动融合机制，以及大数据计算模型、作物模型与模拟、智能控制理论与技术、农业监测预警技术、大数据可视化呈现与精准化推送等方面加强研究，形成系统、全面、深入的理论支撑。

（2）要构建农业基准数据，夯实农业发展基础支撑。目前，我国尚存在农业基准数据资源薄弱、数据结构不合理、数据标准化水平差等问题。应结合农业部门现有的监测系统，建立现代农业自然资源、生产、市场、农业管理等基准数据，并对数据采集、传输、存储和汇交等制定标准和规范，为现代农业发展决策提供坚实的基础支撑。

（3）加强智能模型系统研发，推动农业智能转型。数据的处理和分析能力是大数据技术的核心。应针对农业领域数据因海量、分散、异构等现象而难以集成、不能挖掘其巨大潜在价值的现状，重点开展农业大数据智能学习与分析模型系统关键技术研究，利用人工智能、数据挖掘、机器学习、数学建模等技术，针对农业领域所要解决的实际问题，建立有效的数学模型对数据进行处理，并利用最终形成的模型对海量数据进行处理分析，辅助农业决策，实现决策的智能化、精确化和科学化。

（4）倡导数据开放，服务和引领农业发展。数据的应用是大数据的最终目的，数据的公开开放有助于我国农业的健康发展。为此，应加强数据立法，为农业信息公开提供法律保障；形成数据开发的体制和机制，保证在数据会商、开放标准、发布规范等方面的切实可行；以召开中国农业展望大会和发布中国农业展望报告为契机，形成具有中国特色的农产品监测预警和信息发布制度，最终为生产决策、市场监测、农业管理提供信息支撑，引领现代农业发展。

1.4.3 金融行业的应用

大数据在金融行业应用范围较广，主要分为以下 5 个方面。

- 精准营销。依据客户消费习惯、地理位置、消费时间进行推荐。
- 风险管控。依据客户消费和现金流提供信用评级或融资支持，利用客户社交行为记录实施信用卡反欺诈。
- 决策支持。利用决策树技术进行抵押贷款管理，利用数据分析报告实施产业信贷风险控制。
- 效率提升。利用金融行业全局数据了解业务运营薄弱点，利用大数据技术加快内部数据处理速度。
- 产品设计。利用大数据计算技术为财富客户推荐产品，利用客户行为数据设计满足客户需求的金融产品。

1. 银行大数据应用

国内不少银行已经开始尝试通过大数据来驱动业务运营。例如，中信银行信用卡中心使用大数据技术实现了实时营销，光大银行建立了社交网络信息数据库，招商银行则利用大数据发展小微贷款。总的来看，银行大数据应用可以分为以下四大方面。

（1）客户画像

客户画像主要分为个人画像和企业画像。个人客户画像包括人口统计学特征、消费能力数据、兴趣数据、风险偏好等；企业客户画像包括企业的生产、流通、运营、财务、销售和客户数据，以及相关产业链上下游数据等。需要注意的是，由于银行拥有的客户信息并不全面，因此基于这些数据得出结论有时候可能是完全错误的。例如，如果一个信用卡用户月均刷卡 15 次，平均每次刷卡金额 300 元，平均每年打 6 次客服电话，从未有过投诉，按照传统的数据分析，该客户就是一位满意度较高、流失风险较低的客户。但是如果看到该客户的微信，真实情况可能是：由于工资卡和信用卡不在同一家银行，还款不方便，拨打客服电话经常没有接通，因此客户多次在微信上抱怨，实际上是一位流失风险较高的客户。可见，不能仅仅考虑银行自身业务所采集到的数据，更应考虑外部系统更多的数据，这些数据包括：社交媒体上的行为数据、在电商网站的交易数据、企业客户的产业链上下游数据以及其他有利于扩展银行对客户兴趣爱好的数据。

（2）精准营销

在客户画像的基础上，银行可以有效地开展精准营销。精准营销的形式有实时营销、交叉营销、个性化推荐和客户生命周期管理等。其中，实时营销就是根据客户的实时状态来进行营销，例如，在客户采用信用卡采购孕妇用品时，可以通过建模来推测怀孕的概率并推荐孕妇群体喜欢的业务。客户生命周期管理包括新客户获取、客户防流失和客户赢回等。例如，招商银行通过构建客户流失预警模型，对流失率等级前 20% 的客户发售高收益理财产品予以挽留，使得金卡和金葵花卡客户流失率分别降低了 15 个和 7 个百分点。

（3）风险管控

风险管控手段包括中小企业贷款风险评估、欺诈交易识别与反洗钱分析等。

其中，通过中小企业贷款风险评估，银行可通过企业的生产、流通、销售、财务等相关信息结合大数据挖掘方法进行贷款风险分析，量化企业的信用额度，更有效地开展中小企业贷款。

所谓实时欺诈交易识别与反洗钱分析，就是银行利用持卡人基本信息、卡基本信息、交易历史、客户历史行为模式、正在发生的操作诸如转账等，结合智能规则引擎（例如，从一个不经常出现的国家为一个特有用户转账，或从一个不熟悉的位置进行在线交易）进行实时的交易反欺诈分析。例如，摩根大通银行利用大数据技术追踪盗取客户账号或侵入自动柜员机(ATM)系统的罪犯。

（4）运营优化

运营优化包括市场和渠道分析优化、产品和服务优化、舆情分析等。其中，市场和渠道分析优化的重点是通过监控网络渠道推广的质量来优化渠道推广策略。产品和服务优化的重点是通过用户需求的智能化分析，实现产品创新和差异化的服务优化。舆情分析的重点是通过爬虫技术，抓取社区、论坛和微博上关于银行以及银行产品和服务的负面信息，及时发现和处理问题。

2. 保险行业大数据应用

保险行业过去一般是通过保险代理人（保险销售人员）开拓保险业务，代理人的素质及人际关系网往往是业务开拓的关键因素。随着互联网和智能手机的普及，网络营销、移动营销和个性化的电话销售的作用越来越明显。保险行业大数据应用可以细分为以下三个方面。

（1）客户细分和精细化营销

客户细分和精细化营销包括客户细分和差异化服务、潜在客户挖掘及流失用户预测、客户关联销售和客户精准营销。

营销保险业务需要首先了解客户的真实需求，而风险偏好是确定客户需求的关键。风险喜好者、风险中立者和风险厌恶者对于保险需求有不同的态度。一般来讲，风险厌恶者有更大的保险需求。在客户细分的时候，除了风险偏好数据外，要结合客户职业、爱好、习惯、家庭结构、消费方式偏好数据，利用机器学习算法来对客户进行分类，并针对分类后的客户提供不同的产品和服务策略。

保险公司可以利用关联规则找出最佳险种销售组合，利用时序规则找出顾客生命周期中购买保险的时间顺序，从而把握保户提高保额的时机，建立既有保户再销售清单与规则，从而促进保单的销售。此外，借助大数据，保险业可以直接锁定客户需求。

在网络营销领域，保险公司可以通过收集互联网用户的各类数据，如地域分布等属性数据，搜索关键词等即时数据，购物行为、浏览行为等行为数据，以及兴趣爱好、人脉关系等社交数据，在广告推送中实现地域定向、需求定向、偏好定向、关系定向等定向方式，实现精准营销。

（2）欺诈行为分析

基于企业内外部交易和历史数据，实时或准实时预测和分析欺诈等非法行为，包括医疗保险欺诈与滥用分析以及车险欺诈分析等。

其中，医疗保险欺诈与滥用通常可分为两种，一种是非法骗取保险金，即保险欺诈；另一种则是在保额限度内重复就医、虚报理赔金额等。保险公司能够利用过去数据，寻找影响保险欺诈最为显著的因素及这些因素的取值区间，建立预测模型，并通过自动化计分功能，快速将理赔案件依照滥用欺诈可能性进行分类处理。

同样，利用大数据实现车险欺诈分析，保险公司能够利用过去的欺诈事件建立预测模型，将理赔申请分级处理，从而在很大程度上解决车险欺诈问题，包括车险理赔申请欺诈侦测、业务员及修车厂勾结欺诈侦测等。

（3）精细化运营

精细化运营包括产品优化、保单个性化、运营分析、代理人甄选等。

3. 证券行业大数据应用

目前国内外证券行业的大数据应用大致有以下三个方向。

（1）股价预测

2011 年 5 月，英国对冲基金 Derwent Capital Markets 建立了规模为 4000 万美金的对冲基金，该基金是首家基于社交网络的对冲基金。该基金通过分析 Twitter 的数据内容来感知市场情绪，从而指导投资。利用 Twitter 的对冲基金 Derwent Capital Markets 在首月的交易中确实盈利了，其以1.85% 的收益率，让平均数只有 0.76% 的其他对冲基金相形见绌。

麻省理工学院的学者，根据情绪词将 Twitter 内容标定为正面或负面情绪。结果发现，无论是如"希望"的正面情绪，或是"害怕""担心"的负面情绪，其占 Twitter 内容总数的比例，都预示着道琼斯指数、标准普尔 500 指数、纳斯达克指数的下跌。

美国佩斯大学的一位博士则采用了另外一种思路，他追踪了星巴克、可口可乐和耐克 3 家公司在社交媒体上的受欢迎程度，同时比较它们的股价。他发现，Facebook 上的粉丝数、Twitter 上的听众数和 Youtube 上的观看人数都和股价密切相关。另外，品牌的受欢迎程度，还能预测股价在 10 天、30 天之后的上涨情况。

但是，Twitter 情绪指标，仍然不可能预测出会冲击金融市场的突发事件。例如，在 2008 年10 月 13 号，美国联邦储备委员会突然启动一项银行纾困计划，令道琼斯指数反弹，而 3 天前的Twitter 相关情绪指数毫无征兆。而且，研究者自己也意识到，Twitter 用户与股市投资者并不完全重合，这样的样本代表性有待商榷，但这仍无法阻止投资者对于新兴的社交网络倾注更多的热情。

（2）客户关系管理

客户关系管理包括客户细分、流失客户预测。通过分析客户的账户状态、账户价值、交易习惯、投资偏好以及投资收益，来进行客户聚类和细分，可以发现客户交易模式类型，找出最有价值和盈利潜力的客户群，以及他们最需要的服务，从而更好地配置资源和政策，改进服务，抓住最有价值的客户。此外，可以根据客户历史交易行为和流失情况来建模，从而预测客户流失的概率。

（3）投资景气指数

2014 年 9 月 12 日，南方新浪大数据 100 指数发布。该指数将南方基金的专业股票研究优势与大数据结合，在南方基金量化投资研究平台的基础上，先从 A 股市场中遴选出 100 只股票组成样本股，再通过新浪财经大数据定性和定量分析，找出股票热度预期、成长预期、估值提升预期与股价表现的同步关系，选出具有超额收益预期的股票，建构、编制并发布策略指数。为了突破传统的基于财务数据、价值成长因子、指数指标因子的多因子模型研究框架，该指数根据新浪财经频道下股票页面点击量、关注度等方面刻画投资者情绪，衡量投资者对单个股票的评价，综合评价并精选出具有超额收益预期的股票，组成指数的 100 只样本股。该指数将新闻事件、公司事件对股价的影响也纳入研究范围，成功地找到了一种有效连接用户情绪和股价表现的关系，从而弥补了新闻事件所带来的互动信息数据研究的空白。同时，为了及时反映股市热点变化，大数据 100 指数样本股实施月度定期调整。

1.4.4 零售行业的应用

零售行业的大数据应用有两个层面，一个层面是零售行业可以了解客户消费喜好和趋势，进行商品的精准营销，降低营销成本；另一个层面是依据客户购买的产品，为客户提供可能购买的其他产品，扩大销售额，也属于精准营销范畴。另外，零售行业可以通过大数据掌握未来消费趋势，有利于热销商品的进货管理和过季商品的处理。零售行业的数据对于产品生产厂家是非常宝贵的，零售商的数据信息将会有助于资源的有效利用，降低产能过剩。厂商依据零售商的信息按实际需求进行生产，可以减少不必要的生产浪费。

1.4.5 电子商务行业的应用

电子商务是最早利用大数据进行精准营销的行业。除了精准营销，电子商务可以依据客户消费习惯来提前为客户备货，并利用便利店作为货物中转点，在客户下单 15 分钟内将货物送上门，提高客户体验。马云的菜鸟网络宣称的 24 小时完成在中国境内的送货，以及刘强东宣传的未来京东将在 15 分钟完成送货上门，都是基于客户消费习惯的大数据分析和预测。

电子商务可以利用其交易数据和现金流数据，为其生态圈内的商户提供基于现金流的小额贷款，电子商务行业也可以将此数据提供给银行，同银行合作为中小企业提供信贷支持。由于电子商务的数据较为集中，数据量足够大，数据种类较多，因此未来电子商务数据应用将会有更多的想象空间，包括预测流行趋势、消费趋势、地域消费特点、客户消费习惯、各种消费行为的相关度、消费热点、影响消费的重要因素等。依托大数据分析，电子商务的消费报告将有利于品牌公司产品设计，生产企业的库存管理和计划生产，物流企业的资源配置，生产资料提供方产能安排等，有利于精细化社会化大生产和精细化社会的出现。

1.4.6 电子政务的应用

通过大数据，政府可以实现精细化管理。政府过去一直都在利用数据来进行管理，但是由于过去没有高效的数据处理平台，造成了很多数据只是被收集，而没有体现其社会价值。由于缺少全局的数据和完善的数据，数据本身没有体现其应用的价值，所以在过去政府并不重视数据价值。依托于大数据和大数据技术，政府可以及时得到更加准确信息，利用这些信息，政府可以更加高效地管理国家这部机器，实现精细化资源配置和宏观调控。

1. 交通管理

交通的大数据应用主要体现在两个方面：一方面，可以利用大数据传感器数据来了解车辆通行密度，合理进行道路规划包括单行线路规划；另一方面，可以利用大数据来实现即时信号灯调度，提高已有线路运行能力。科学地安排信号灯是一个复杂的系统工程，必须利用大数据计算平台才能计算出一个较为合理的方案。科学的信号灯安排将会提高 30%左右已有道路的通行能力。在美国，政府依据某一路段的交通事故信息来增设信号灯，降低了 50%以上的交通事故率。机场的航班起降依靠大数据将会提高航班管理的效率，航空公司利用大数据可以提高上座率，降低运行成本。铁路利用大数据可以有效安排客运和货运列车，提高效率，降低成本。

2. 天气预报

借助于大数据技术，天气预报的准确性和实效性将会大大提高，预报的及时性也会大大提升。同时对于重大自然灾害，例如龙卷风，通过大数据计算平台，人们能够更加精确地了解其运动轨迹和危害的等级，这有利于帮助人们提高应对自然灾害的能力。天气预报的准确度的提升和预测周期的延长将会有利于农业生产的安排。

3. 医药卫生管理

食品安全问题一直是国家的重点关注问题，它关系着人们的身体健康和国家安全。最近几年外国旅游者减少了到中国旅游，进口食品大幅度增加，食品安全问题是其中的一个重要原因。在数据驱动下，采集人们在互联网上提供的举报信息，国家可以掌握部分乡村和城市的死角信息，挖出不法加工点，提高执法透明度，降低执法成本。国家可以参考医院提供的就诊信息，分析出涉及食品安全的信息，及时进行监督检查，第一时间进行处理，降低已有不安全食品的危害；可以参考个体在互联网的搜索信息，掌握流行疾病在某些区域和季节的爆发趋势，及时进行干预，降低其流行危害。此外，政府可以提供不安全食品厂商信息和不安全食品信息，帮助人们提高食品安全意识。

4. 宏观调控和财政支出

政府利用大数据技术可以了解各地区的经济发展情况、各产业发展情况、消费支出和产品销售情况，依据数据分析结果，科学地制定宏观政策，平衡各产业发展，避免产能过剩，有效利用自然资源和社会资源，提高社会生产效率。大数据还可以帮助政府进行自然资源的监控与管理，包括国土资源、水资源、矿产资源、能源等。大数据通过各种传感器来提高其管理的精准度。同时大数据技术也能帮助政府进行支出管理，透明合理的财政支出将有利于提高公信力和监督财政支出。大数据及大数据技术带给政府的不仅仅是效率提升、科学决策、精细管理，更重要的是数据治国、科学管理的意识改变，未来大数据将会从各个方面来帮助政府实施高效和精细化管理。政府运作效率的提升、决策的科学客观、财政支出的合理透明，都将大大提升国家整体实力，成为国家竞争优势。大数据带给国家和社会的益处将会具有极大的想象空间。

5. 社会群体自助及犯罪管理

国家正在将大数据技术用于舆情监控，其收集到的数据除了了解民众诉求、降低群体事件之外，还可以用于犯罪管理。大量的社会行为正逐步走向互联网，人们更愿意借助于互联网平台来表述自己的想法和宣泄情绪。社交媒体和朋友圈正成为追踪人们社会行为的平台，正能量的东西有，负能量的东西也不少。一些好心人通过微博来帮助别人寻找走失的亲人或提供可能被拐卖人口的信息，这些都是社会群体互助的例子。国家可以利用社交媒体分享的图片和交流信息，来收集个体情绪信息，预防个体犯罪行为和反社会行为。最近，警方就曾通过微博信息抓获了聚众吸毒的人，处罚了虐待小孩的家长。

1.5 初识 Hadoop 大数据平台

1.5.1 Hadoop 的发展过程

Hadoop 是毕业于美国斯坦福大学的道格·卡廷（Doug Cutting）（见图 1-7）创建的。1997 年年底，Doug Cutting 开始研究如何用 Java 来实现全文文本搜索，最终开发出了全球第一个开源的全文文本搜索系统函数库——Apache Lucene。之后，Cutting 再接再厉，在 Lucene 的基础上将开源的思想继续深化。2004 年，Doug Cutting 和同为程序员出身的迈克·卡法雷拉 Mike Cafarella 决定开发一款可以代替当时的主流搜索产品的开源搜索引擎，这个项目被命名为 Nutch。Hadoop 就起源于这个开源的网络搜索引擎——Apache Nutch。因此，Hadoop 开始本身也是 Lucene 项目的一部分。

图 1-7　Hadoop 之父——道格·卡廷（Doug Cutting）

1. Hadoop 名字的来历

Hadoop 这个单词并不是一个缩略词，它完全是一个虚构的名字。有关 Hadoop 名称的来历，请大家看一下创始人 Doug Cutting 是如何解释的："这个名字是我的孩子给一头吃饱了的棕黄色大象取的。我的命名标准是简短，容易发音和拼写，没有太多的含义，并且不会被用于别处。小孩子是这方面的高手。Google 就是小孩子起的名字。"

有趣的是，Hadoop 的子项目及后续模块所使用的名称也往往与其功能不相关，通常也以大象或其他动物为主题命名，如 "Pig" "Hive" "Impala" 等，就连一些较小的组件的名称通常也比较通俗。这意味着我们可以通过它的名字大致猜测它的功能，例如，JobTracker 就是一款用于跟踪 MapReduce 作业的程序。

从头开始构建一个网络搜索引擎是一个雄心勃勃的计划，不仅是因为编写一个爬取并索引网页的软件比较复杂，更因为这个项目包含许多需要随时修改的组件，必须有一个专门的团队来实现。同时，构建这样一个系统的代价非常高（据道格·卡廷和迈克·卡法雷拉估计，一个支持 10 亿网页的索引系统单是硬件上的投入就高达 50 万美元，另外每月运行维护费用也高达 3 万美元）。不过，他们仍然认为这项工作是值得的，因为它开创了优化搜索引擎算法的平台。

2. Hadoop 的诞生

Nutch 项目开始于 2002 年，一个可以运行的网页爬取工具和搜索引擎系统很快 "浮出水面"。但后来，开发者认为这一架构可扩展性不够，无法应对数十亿网页的搜索问题。2003 年和 2004 年，Google 先后发表了 *The Google File System*、*MapReduce: Simplified Data Processing on Large Clusters* 两篇论文。这两个创新性的思路点燃了道格·卡廷和迈克·卡拉雷拉的激情与斗志，他们花了 2 年的业余时间实现分布式文件系统 DFS 和 MapReduce 机制。2005 年，他们将 Nutch 的所有主要算法均改造为用 DFS 和 MapReduce 来运行，并且使 Nutch 可以在 20 台机器上支持几亿的数据规模。

2006 年，当雅虎在考虑构建一个高度利用硬件资源、并且维护和开发都非常简易的软件架构时，道格·卡廷的 Nutch 进入了雅虎的视野。2006 年 1 月，道格·卡廷加入雅虎，雅虎为此组织了一个专门的团队和资源，将 Hadoop 发展成了一个能够处理 Web 数据的系统。2006 年 2 月，Hadoop 从 Nutch 项目中独立出来，并且正式成为 Apache 组织中一个专注于 DFS 和 MapReduce 的开源项目。作为一个分布式系统基础架构，Hadoop 使用户可以在不了解分布式底层细节的情况下，充分利用集群的威力，开发分布式程序，实现分布式计算和存储。

2008 年 1 月，Hadoop 发展成为 Apache 的顶级项目。2008 年 4 月，Hadoop 打破世界纪录，成为最快的 TB 级数据排序系统。通过一个 900 节点的群集，Hadoop 在 209s 内完成了对 1 TB 数据的排序，击败了 2007 年的 297s 冠军。这标志着 Hadoop 取得了成功。

自 2007 年推出后，Hadoop 很快在工业界获得普及应用，同时获得了学术界的广泛关注和研究。在短短的几年中，Hadoop 很快成为到现在为止最为成功、最广泛接受使用的大数据处理主流技术和系统平台，而且成为了大数据领域事实上的一种工业标准。

10 年来，Hadoop 的主要发展历程如下。

- 2008 年 6 月，Hadoop 的第一个 SQL 框架——Hive 成为了 Hadoop 的子项目。
- 2009 年 7 月，MapReduce 和 HDFS 成为 Hadoop 项目的独立子项目。
- 2010 年 5 月，Avro 脱离 Hadoop 项目，成为 Apache 顶级项目。
- 2010 年 5 月，HBase 脱离 Hadoop 项目，成为 Apache 顶级项目。
- 2010 年 9 月，Hive 脱离 Hadoop，成为 Apache 顶级项目。
- 2010 年 9 月，Pig 脱离 Hadoop，成为 Apache 顶级项目。
- 2011 年 1 月，ZooKeeper 脱离 Hadoop，成为 Apache 顶级项目。
- 2011 年 12 月，Hadoop 1.0.0 版本发布。
- 2012 年 5 月，Hadoop 2.0.0-alpha 发布，YARN 成为 Hadoop 子项目。
- 2012 年 10 月，Impala 加入到了 Hadoop 生态圈。
- 2013 年 10 月 15 日，Hadoop 2.2.0 版本发布，标志着 Hadoop 正式进入 MapReduce v2.0 时代。
- 2014 年 2 月，Spark 开始代替 MapReduce 成为 Hadoop 的默认执行引擎，并成为 Apache 顶级项目。
- 2015 年 4 月 21 日，Hadoop 2.7.0 版本发布。
- 2016 年 7 月 26 日，Spark 2.0.0 版本发布。

1.5.2　Hadoop 的优势

Hadoop 是一个能够对大数据进行分布式处理的软件框架。经过 10 年的快速发展，Hadoop 已经形成了以下 4 点优势。

1. 高可靠性

Hadoop 是可靠的，因为它假设计算元素和存储会失败，因此它维护多个工作数据副本，确保能够针对失败的节点重新分布处理。

2. 高扩展性

Hadoop 是在可用的计算机集群之间分配数据并完成计算任务的，整个集群包含的节点规模可以方便地扩展到数以千计。

3. 高效性

Hadoop 是高效的，因为它以并行的方式工作，通过大规模的并行处理加快数据的处理速度。它还能够在节点之间动态地移动数据，并保证各个节点的负载动态平衡，因此保证了集群的整体处理速度。

4. 高容错性

Hadoop 能够自动保存数据的多个副本，并且能够自动将失败的任务重新分配。Hadoop 带有用 Java 语言编写的框架，因此运行在 Linux 生产平台上是非常理想的。Hadoop 上的应用程序也可以使用其他语言编写，比如 C++。

1.5.3 Hadoop 的生态系统

2006 年，Hadoop 还只是 HDFS 和 MapReduce 的代名词，但是 10 年来，它已经发生了脱胎换骨的变化。它已经从传统的三驾马车——HDFS、MapReduce 和 HBase 社区发展为 60 多个相关组件组成的庞大生态系统。其中，包含在各大发行版中的组件就有 25 个以上，包括数据存储、执行引擎、编程和数据访问框架等。

现在，构成 Hadoop 的整个生态系统的所有组件可划分为 4 个层次。如图 1-8 所示。

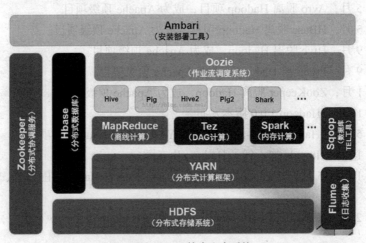

图 1-8　Hadoop 技术生态系统

Hadoop 的底层是存储层，核心组件是分布式文件系统 HDFS；中间层是资源及数据管理层，核心组件是 YARN 以及 Sentry 等；上层是计算引擎，核心组件是 MapReduce、Impala、Spark 等；顶层是基于 MapReduce、Spark 等计算引擎的高级封装及工具，如 Hive、Pig、Mahout 等。

在 Hadoop 的生态系统之中，HDFS 是分布式存储系统，即 Hadoop Distributed File System。HDFS 提供了高可靠性、高扩展性和高吞吐率的数据存储服务，它源自于 Google 的 GFS 论文，是 GFS 克隆版。

YARN 是 Hadoop 的资源管理系统，原意是 Yet Another Resource Negotiator（另一个资源管理系统），负责集群资源的统一管理和调度，是 Hadoop 2.0 新增加的系统组件，它允许多种计算框架运行在一个集群中。

MapReduce 是分布式计算框架，具有易于编程、高容错性和高扩展性等优点。MapReduce 源自于 Google 的 MapReduce 论文，是 Google MapReduce 的克隆版。

特别要注意的是，很多人把 YARN 理解成了升级版的 MapReduce。实际上，YARN 并不是下一代 MapReduce（即 MRv2）。下一代 MapReduce 与第一代 MapReduce（MRv1）在编程接口、数据处理引擎（MapTask 和 ReduceTask）上是完全一样的，可认为 MRv2 重用了 MRv1 的这些模块。二者有所不同的是资源管理和作业管理系统，在 MRv1 中资源管理和作业管理都是由 JobTracker 实现的，集两个功能于一身；而在 MRv2 中，将这两部分功能分开了，作业管理由 ApplicationMaster 实现，而资源管理由新增系统 YARN 完成。由于 YARN 具有通用性，因此 YARN 也可以作为其他计算框架（如 Spark、Storm 等）的资源管理系统，而不仅限于 MapReduce。通常而言，我们将运行在 YARN 上的计算框架统称为"X on YARN"，例如"MapReduce On YARN""Spark On YARN""Storm On YARN"等。

Hive 是由 Facebook 开源，基于 MapReduce 的数据仓库，数据计算使用 MapReduce，数据存储使用 HDFS。Hive 定义了一种类 SQL 查询语言——HQL。HQL 类似 SQL，但不完全相同。

Pig 是由 Yahoo!开源的，是构建在 Hadoop 之上的数据仓库。

Mahout 是数据挖掘的 API 库，基于 Hadoop 的机器学习和数据挖掘的分布式计算框架，实现了 3 大类算法：推荐（Recommendation）、聚类（Clustering）、分类（Classification）。

HBase 是一种分布式数据库，源自 Google 的 Bigtable 论文，是 Google Bigtable 克隆版。

Zookeeper 是一个分布式协作服务组件，源自 Google 的 Chubby 论文，是 Chubby 克隆版。它被用于解决分布式环境下的数据管理问题，包括统一命名、状态同步、集群管理、配置同步等。

Sqoop 是数据同步工具，是连接 Hadoop 与传统数据库之间的桥梁。它支持多种数据库，包括 MySQL、DB2 等，本质上是一个 MapReduce 程序。

Flume 是日志收集工具，Cloudera 开源的日志收集系统。

Oozie 是作业流调度系统。通过它，我们可以把多个 Map/Reduce 作业组合到一个逻辑工作单元中，从而完成更大型的任务。

1.5.4　Hadoop 的版本

当前 Apache Hadoop 版本非常多，要理解各版本的特性以及它们之间的联系比较困难。在搞清楚 Hadoop 各版本之前，先要了解 Apache 软件发布方式。

对于任何一个 Apache 开源项目，所有的基础特性均被添加到一个称为"trunk"的主代码线。当项目需要添加一个重要的特性时，Apache 会从主代码线中专门延伸出一个分支（branch），作为一个候选发布版（candidate release）。该分支将专注于实现该特性而不再添加其他新的特性，当 bug 修复之后，经过相关人士投票便会对外公开，成为发布版（release version）。之后，该特性将合并到主代码线中。需要注意的是，有时可能会同时进行多个分支的研发，这样一来，版本高的分支可能先于版本低的分支发布。

由于 Apache 以特性为准延伸新的分支，故在介绍 Apache Hadoop 版本之前，先了解几个独立产生 Hadoop 新版本的重大功能特性。

1. HDFS Append

Append 特性主要完成追加文件内容的功能，也就是允许用户以 Append 方式修改 HDFS 上的文件。HDFS 最初的一个设计目标是支持 MapReduce 编程模型，而该模型只需要写一次文件，之后仅进行读操作而不会对其修改，即 "write-once-read-many"，这就不需要支持文件追加功能。但随着 HDFS 变得流行，一些具有写需求的应用想以 HDFS 作为存储系统，例如，有些应用程序需要往 HDFS 上的某个文件中追加日志信息，HBase 使用 HDFS 的 Append 功能来防止数据丢失等。

2．HDFS RAID

Hadoop RAID 模块在 HDFS 之上构建了一个新的分布式文件系统——DRFS（Distributed Raid File System），该系统采用了纠错码（erasure codes）来增强对数据的保护。有了这样的保护，可以采用更低的副本数来实现同样的可靠性保障，进而为用户节省大量存储空间。

3．Symlink

Symlink 模块让 HDFS 支持符号链接。符号链接是一种特殊的文件，它以绝对或者相对路径的形式指向另外一个文件或者目录（目标文件），当程序向符号链接中写数据时，相当于直接向目标文件中写数据。

4．Security

Hadoop 的 HDFS 和 MapReduce 均缺乏相应的安全机制设计。例如，在 HDFS 中，用户只要知道某个 block 的 blockID，便可以绕过 NameNode 直接从 DataNode 上读取该 block，用户也可以向任意 DataNode 上写 block；在 MapReduce 中，用户可以修改或者杀死任意其他用户的作业等。为了增强 Hadoop 的安全机制，从 2009 年起，Apache 专门抽出一个团队，从事为 Hadoop 增加基于 Kerberos 和删除标记（deletion token）的安全认证和授权机制的工作。

5．MRv1

正如前面所述，第一代 MapReduce 计算框架由 3 部分组成：编程模型、数据处理引擎和运行时环境。其中，编程模型由新旧 API 两部分组成；数据处理引擎由 MapTask 和 ReduceTask 组成；运行时环境由 JobTracker 和 TaskTracker 两类服务组成。

6．MRv2/YARN

MRv2 是针对 MRv1 在扩展性和多框架支持等方面的不足而提出来的，它将 MRv1 中的 JobTracker 包含的资源管理和作业控制两部分功能拆分开来，分别交由不同的进程实现。考虑到资源管理模块可以共享给其他框架使用，MRv2 将其做成了一个通用的 YARN 系统。YARN 系统的引入使得计算框架进入了平台化时代。

7．NameNode Federation

在 Hadoop 1.0 中，一个 Hadoop 集群只有一个 NameNode，因此 NameNode 的内存限制了集群的可扩展性。NameNode Federation 特性解决了 Hadoop 1.0 的扩展性问题，它允许一个集群拥有多个 NameNode，每个 NameNode 分管一部分目录，这不仅使 HDFS 的扩展性得到了增强，也使 HDFS 具备了隔离性。

8．NameNode HA

HDFS 的 NameNode 存在内存约束限制扩展性和单点故障两个问题。其中，第一个问题可以通过 NameNode Federation 方案解决，而第二个问题则可以通过 NameNode HA（High Available）机制实现，该机制实现了 NameNode 的热备份。

到 2013 年 8 月为止，Apache Hadoop 已经出现 4 个大的分支。如图 1-9 所示。

Apache Hadoop 的 4 大分支构成了 3 个系列的 Hadoop 版本。

（1）0.20.X 系列

0.20.2 版本发布后，几个重要的特性没有基于 trunk 而是在 0.20.2 基础上继续研发。值得一提的主要有两个特性：Append 与 Security。其中，包含 Security 特性的分支以 0.20.203 版本发布，而后续的 0.20.205 版本综合了这两个特性。需要注意的是，之后的 1.0.0 版本仅是 0.20.205 版本的重命名。0.20.X 系列版本是最令用户感到疑惑的，因为它们具有的一些特性 trunk 上没有，而 trunk 上有的一些特性 0.20.X 系列版本也没有。

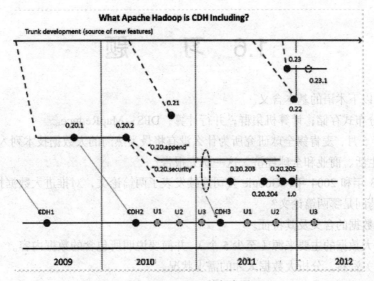

图 1-9　Hadoop 的版本图

（2）0.21.0/0.22.X 系列

这一系列版本将整个 Hadoop 项目分割成了 3 个独立的模块，分别是 Common、HDFS 和 MapReduce。0.22.0 在 0.21.0 基础上修复了一些 bug 并进行了部分优化。HDFS 和 MapReduce 都对 Common 模块有依赖，但是 MapReduce 对 HDFS 并没有依赖，这样，MapReduce 可以更容易地运行在其他的分布式文件系统之上，同时，模块间可以独立开发。各个模块的改进如下。

① Common 模块。最大的新特性是在测试方面添加了 Large-Scale Automated Test Framework 和 Fault Injection Framework。

② HDFS 模块。主要增加的新特性包括支持追加操作与建立符号连接、Secondary NameNode 改进（Secondary NameNode 被剔除，取而代之的是 Checkpoint Node，同时添加了一个 Backup Node 的角色作为 NameNode 的冷备）、允许用户自定义 block 放置算法等。

③ MapReduce 模块。在作业 API 方面，开始启动新 MapReduce API，但仍然兼容老的 API。

（3）0.23.X 系列

0.23.X 是为了克服 Hadoop 在扩展性和框架通用性方面的不足而提出来的，它包括基础库 Common、分布式文件系统 HDFS、资源管理框架 YARN 和运行在 YARN 上的 MapReduce 4 部分。其中，新增的 YARN 可对接入的各种计算框架（如 MapReduce、Spark 等）进行统一管理。该发行版自带 MapReduce 库，而该库集成了迄今为止所有的 MapReduce 新特性。

（4）2.X 系列

同 0.23.X 系列一样，2.X 系列属于下一代 Hadoop。与 0.23.X 相比，2.X 增加了 NameNode HA 和 Wire-compatibility 等新特性。

截至本书编写时，在 Hadoop 的官方网站 http://hadoop.apache.org/releases.html 页面上，供用户下载的最新版本有：Hadoop 2.6.4（于 2016 年 2 月 11 日发布）、Hadoop 2.7.2（于 2016 年 1 月 25 日发布)。本书以 Hadoop 2.7.2 为准，所有示例代码均在 Hadoop 2.7.2 中调试。

1.6　习　　题

1．请指出以下术语的基本含义。

元数据；分布式存储；计算机集群；并行计算；DFS；MapReduce。

2．2013 年 5 月，麦肯锡全球研究所为什么没有将最为热门的大数据技术列入《颠覆性技术：技术进步改变生活、商业和全球经济》这一研究报告？

3．在 2003 年和 2004 年，Google 公司连续发表了两篇论文，对推进大数据技术走向成熟起了关键作用。请问是哪两篇论文？

4．简述大数据的含义及其特征。

5．请列举大数据的主要来源（至少 5 个），并简要说明所包含的数据内容。

6．查阅相关资料，分析大数据人才的需求状况。

7．比较 MapReduce 和 Spark，简述其主要区别。

8．查询相关资料，论述大数据在教育行业中的巨大作用。

9．简述 Hadoop 技术的优势。

10．指出在 Hadoop 平台中以下产品的核心功能。

HDFS、YARN、MapReduce、Hive、HBase、Mahout、Spark、ZooKeeper。

第2章
Hadoop 平台的安装与配置

本章目标：

- 了解 Hadoop 平台对物理硬件的基本要求。
- 理解 Linux、Java、SSH、Hadoop 还有 Eclipse 之间的关系。
- 了解 Hadoop 的运行模式、熟悉 Hadoop 的重要配置参数及其意义。
- 掌握简单的 Hadoop 集群的安装与配置方法，包括 Linux、JDK、SSH、Hadoop 等。
- 掌握 Hadoop 集成开发环境的安装方法。

本章重点和难点：

- Hadoop 的运行模式。
- Hadoop 守护进程、运行环境变量及重要运行参数的作用。
- 构建 Hadoop 集群的各种产品的兼容性。

Hadoop 是一个由 60 多个相关产品组成的庞大生态系统。要想深入学习和掌握 Hadoop 的应用，首要任务是搭建一个属于自己的 Hadoop 实验环境。本章将以 HDFS 和 MapReduce 为核心，深入介绍如何从零开始搭建一个简单 Hadoop 集群。

2.1 安 装 准 备

Hadoop 平台涉及的相关内容比较繁多，有些运行在 Hadoop 之上，有些为 Hadoop 提供基础支持，因此 Hadoop 的安装与配置比较复杂，初学者往往要历经多次失败才能成功。为了避免因反复重装系统而浪费时间，我们建议使用 VMware 的虚拟机来搭建 Hadoop 集群。

2.1.1 硬件要求

Hadoop 对硬件的要求并不高，普通的商业硬件足矣。也就是说，用户只需选择普通硬件供应商生产的标准化的、主流的硬件，就可以满足 Hadoop 商业运行的需要，而无需使用昂贵的、专用的硬件设备。

需要注意的是，商业硬件并不等同于低端廉价硬件。低端廉价硬件常常采用便宜的零（部）件，不仅故障率高，而且大规模应用时（几十台、上百台、甚至几千台机器）的运维与管理成本也高，甚至电源费用也高，因此选择低端廉价硬件并不划算。

那么，究竟什么样的硬件可以满足 Hadoop 的需要呢？Tom White（Hadoop 项目管理委员会的成员之一）在《Hadoop 权威指南》中以 2010 年典型应用为例，建议商业运行的 Hadoop 的机器使用以下规格的刀片式服务器。

（1）处理器：2 颗 4 核 2.0GHz（或更高）的 CPU。

（2）内存：16GB（或更高）的 RAM。

（3）硬盘：4×1TB（或更大）的 SATA 硬盘。

（4）网卡：千兆（或更高）的以太网适配器。

当然，实验用的 Hadoop 硬件规格要低得多。笔者建议使用 VMware 的虚拟主机来搭建 Hadoop 的实验环境，用以下规格的笔记本电脑或台式主机即可满足实验需要。

（1）处理器：1 颗 4 核的 Intel Core i7（或更高）的 CPU。

（2）内存：8GB（或更高）的 DDR 3 内存。

（3）硬盘：1 个 120GB（或更大）的 SSD 硬盘和 1 个 500GB（或更大）SATA 硬盘。

（4）网卡：千兆的以太网适配器。

2.1.2 安装 Linux

Hadoop 是用 Java 语言写成的，能够运行在任意一个安装了 JVM 的平台之上，包括 UNIX 和 Windows 平台。不过，由于仍然有部分代码（例如控制脚本）需要在 Linux 环境下执行，因而 Linux 是 Hadoop 官方指定的唯一支持的产品平台，在其他 UNIX 系统（包括 Mac OS X）和 Windows 平台，建议仅限于体验或作为开发平台。其中，在 Windows 平台上部署 Hadoop，必须首先安装 Cygwin（有关 Cygwin 的详细安装说明，请扫一扫二维码）。

在 VMware 的虚拟主机中安装 Ubuntu Linux 平台的主要操作步骤如下。

1．创建 Linux 虚拟主机

首先，选择 VMware Workstation 的"文件→新建虚拟机"菜单命令，然后根据"新建虚拟机向导"完成 Linux 虚拟机的创建（注意，请提前下载 Ubuntu 14.04 或更高版本的安装程序光盘镜像.iso 文件。可进入 http://www.ubuntu.com/download/desktop 下载）。

在创建虚拟机的过程中，需要注意以下 4 点。

（1）用户名直接设置为 hadoop，密码则自行设置。如图 2-1 所示。

（2）虚拟机名称可设置为 master，表示 Hadoop 平台的主节点。如图 2-2 所示。

图 2-1　设置用户名和密码

图 2-2　设置虚拟机的名称

（3）虚拟机内存建议设置为 4096MB（该值在安装 Hadoop 之后可减少为 2048MB 或 1024MB，请读者根据自己物理主机的物理内存情况进行灵活设置）。如图 2-3 所示。

（4）建议在物理主机的固态硬盘之中创建虚拟硬盘，保持默认大小为 20GB 即可。同时，为了便于通过 U 盘迁移虚拟机，建议选中"<input type="radio" checked> 将虚拟磁盘拆分成多个文件(M)"。如图 2-4 所示。

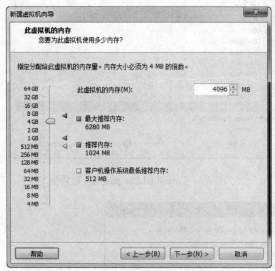

图 2-3　设置虚拟机的内存

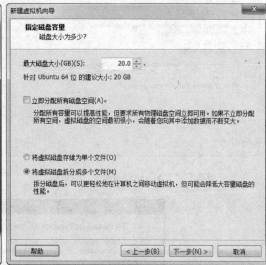

图 2-4　设置虚拟机的硬盘

2. 安装 Ubuntu 操作系统

在 VMware Workstation 中，选择"虚拟机→电源→启动客户端"菜单命令，启动新建的虚拟机。之后，系统将自动完成 Ubuntu 系统的安装。

新安装的 Ubuntu 系统桌面的默认语言为英语，若要更新为中文，可按以下步骤完成操作。

（1）单击桌面右上角的系统控制按钮"⚙"，然后选择"System Settings…"命令，以打开"System Setting"窗口。

（2）在该窗口中单击"Language Support"按钮。当系统提示"The language Support is not installed completely"时，单击"Remind Me Later"按钮，以打开"Language Support"对话框。如图 2-5 所示。

（3）在该对话框的"Language"选项卡中，单击"Install / Remove Language…"按钮，打开"Installed Languages"对话框。

（4）在"Installed Languages"对话框的"Language"列表框中，找到并勾选"Chinese (simplified)"，单击"Apply Changes"按钮，如图 2-6 所示。

（5）当系统弹出"Authenticate"对话框时，在"Password"文本框中输入 hadoop 用户的口令，单击"Authenticate"按钮，如图 2-7 所示。

（6）之后，系统开始自动添加简体中文语言。添加结束之后，返回"Language Support"对话框。在该对话框的"Language for menus and windows"列表中找到"汉语（中国）"选项，将该选项拖到列表的最前面。最后单击"Close"按钮即可完成默认语言的更换。重新启动 Ubuntu 系统，系统桌面自动更新为中文环境。

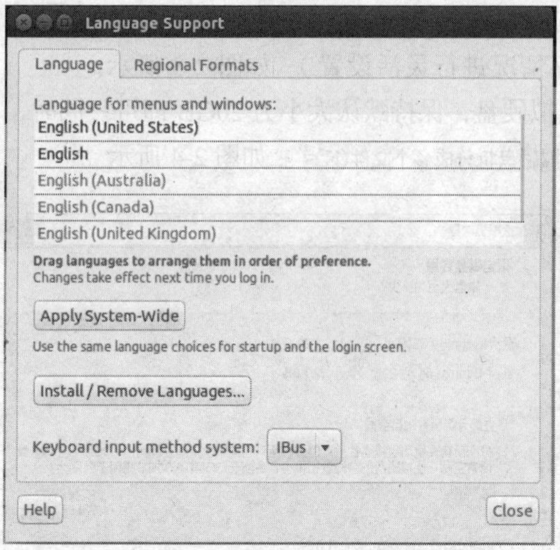

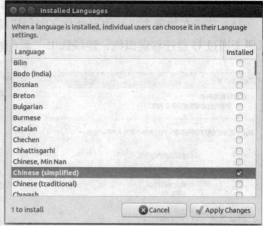

图 2-5 "Language Support" 对话框 　　　　　图 2-6 "Installed Languages" 对话框

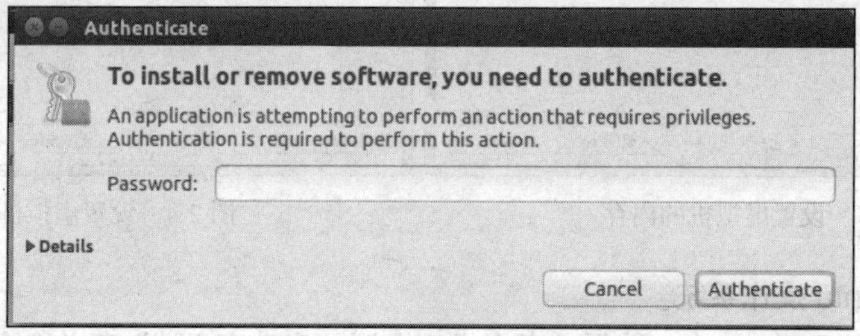

图 2-7 "Authenticate" 对话框

2.1.3　安装 Java

Hadoop 是用 Java 语言构建的。但是，由于 Java 不同版本差异比较大，因此在搭建 Hadoop 平台要注意选择相对应的 Java 版本。例如，运行 Hadoop 2.7（包括之后的版本）至少需要 Java 7 环境，而之前的版本（包括 Hadoop 2.6 及更早的版本）则支持 Java 6。

此外，目前 Java 语言的提供商也不止一个，因此还要注意选择相应提供商的 JDK。根据 Apache 的官方网站，Hadoop 2.7 既可运行在 Open JDK 之上，也可运行在 Oracle 的 JDK 或 JRE 之上。

1.　下载 JDK 1.8

建议从 Oracle 官网下载 JDK。首先，输入以下 URL 打开 JDK1.8 的下载页面：

http://www.oracle.com/technetwork/java/javase/downloads/jdk8-downloads-2133151.html

在下载页面中找到"Java SE Development Kit 8u101"版块，先选中"Accept License Agreement"，然后根据自己的系统下载相应版本，例如选择与操作系统 Ubuntu14.04 64 位匹配的"jdk-8u101-linux-x64.tar.gz"，如图 2-8 所示。

2.　解压并安装 JDK

在 Ubuntu 系统中，FireFox 网络浏览器默认将 JDK 1.8 的压缩包下载并存放到当前用户的"下载"目录中（例如：/home/hadoop/下载）。使用 hadoop 用户登录 Ubuntu 之后，首先按 Ctrl+Alt+T 组合键，打开终端窗口。进入下载目录后，执行以下命令直接将 JDK 解压到/usr/local 目录中。

Java SE Development Kit 8u101

You must accept the Oracle Binary Code License Agreement for Java SE to download this software.

○ Accept License Agreement　　● Decline License Agreement

Product / File Description	File Size	Download
Linux ARM 32 Hard Float ABI	77.77 MB	jdk-8u101-linux-arm32-vfp-hflt.tar.gz
Linux ARM 64 Hard Float ABI	74.72 MB	jdk-8u101-linux-arm64-vfp-hflt.tar.gz
Linux x86	160.28 MB	jdk-8u101-linux-i586.rpm
Linux x86	174.96 MB	jdk-8u101-linux-i586.tar.gz
Linux x64	158.27 MB	jdk-8u101-linux-x64.rpm
Linux x64	172.95 MB	jdk-8u101-linux-x64.tar.gz
Mac OS X	227.36 MB	jdk-8u101-macosx-x64.dmg
Solaris SPARC 64-bit	139.66 MB	jdk-8u101-solaris-sparcv9.tar.Z
Solaris SPARC 64-bit	98.96 MB	jdk-8u101-solaris-sparcv9.tar.gz
Solaris x64	140.33 MB	jdk-8u101-solaris-x64.tar.Z
Solaris x64	96.78 MB	jdk-8u101-solaris-x64.tar.gz
Windows x86	188.32 MB	jdk-8u101-windows-i586.exe
Windows x64	193.68 MB	jdk-8u101-windows-x64.exe

图 2-8　选择 JDK 8u101

```
$ cd ~/下载
$ sudo tar zxvf jdk-8u101-linux-x64.tar.gz -C /usr/local
```

说明，tar 命令的-C 参数指定了文件解压后所在的目录。另外，由于/usr/local 权限默认情况下为 root 所拥有，普通用户无写入权限，因此需要添加 sudo，以超级管理员名义运行 tar 命令。

解压完毕之后，进入/usr/local 目录，查看安装后的效果。

```
$ cd /usr/local
$ ls -lh
```

若输出信息包含以下内容，则表示安装成功。

```
drwxr-xr-x 8 uucp  143 4.0K Jun 22 03:13 jdk1.8.0_101
```

3. 添加 JDK 的环境变量

首先打开当前用户的配置文件.bashrc。

```
$ gedit ~/.bashrc
```

然后在该文件的末尾添加以下内容。

```
export JAVA_HOME=/usr/local/jdk1.8.0_101
export JRE_HOME=${JAVA_HOME}/jre
export CLASSPATH=.:${JAVA_HOME}/lib:${JRE_HOME}/lib
export PATH=${JAVA_HOME}/bin:$PATH
```

之后，运行 source 命令，使配置文件生效。

```
$ source ~/.bashrc
```

4. 配置默认 JDK 版本

Linux 系统允许多个不同的 JDK 版本同时存在，这样一个 Linux 系统完全有可能出现多个 JDK 版本，为此必须将新安装的 JDK 1.8 设置为默认的 JDK。

首先，执行以下终端命令。

```
$ sudo update-alternatives --install /usr/bin/java java /usr/local/ jdk1.8.0_101/bin/java 300
$ sudo update-alternatives --install /usr/bin/javac javac /usr/local/ jdk1.8.0_101/bin/javac 300
$ sudo update-alternatives --install /usr/bin/jar jar /usr/local/ jdk1.8.0_101/bin/jar 300
$ sudo update-alternatives --install /usr/bin/javah javah /usr/local/ jdk1.8.0_101/bin/javah 300
$ sudo update-alternatives --install /usr/bin/javap javap /usr/local/ jdk1.8.0_101/bin/javap 300
```

然后，执行以下命令。

```
$ sudo update-alternatives --config java
```

【注意】若是初次安装 JDK，将显示以下提示信息。

```
There is only one alternative in link group java (providing /usr/bin/java): /usr/local/
jdk1.8.0_101/bin/java
```

这段信息意味着无需配置默认的 JDK 版本，否则将显示不同版本的 JDK 选项。

5. 测试 JDK

在 Ubuntu 的终端命令窗口中，首先输入以下命令。

```
$ java -version
```

之后，系统显示以下内容，则表示 JDK 安装成功。

```
java version "1.8.0_101"
Java(TM) SE Runtime Environment (build 1.8.0_101-b13)
Java HotSpot(TM) 64-Bit Server VM (build 25.101-b13, mixed mode)
```

2.2　Hadoop 的集群安装

Hadoop 能轻易地管理与控制上千台的服务器。这些服务器分别扮演什么角色，又遵循哪些配置规则……这些问题都是在学习大数据技术时无法绕过的问题。本节将以 3 台 VMware 虚拟机为例，详细介绍 Hadoop 集群的安装问题。

2.2.1　Hadoop 的运行模式

Hadoop 有以下 3 种运行模式。

（1）Local（Standalone）Mode（即本地模式，Hadoop 的默认运行模式）。在该模式下，所有程序都运行在同一个 JVM 里，无需任何守护进程。MapReduce 直接使用 Linux 的本地文件系统存储数据，而不使用 HDFS 文件系统。该模式主要用于测试和调试 MapReduce 程序，因此比较适合开发阶段使用。

（2）Pseudo-Distributed Mode（即伪分布模式）。在该模式下，Hadoop 的守护进程运行在本地机器上。该模式模拟一个分布式集群，数据存储于分布式文件系统 HDFS，而不保存于 Linux 的本地文件系统。同时，该模式通过创建不同的 JVM 实例来实现程序的分布式运行。这种模式主要是考虑用户没有足够的机器去部署一个完全分布式的环境。

（3）Fully-Distributed Mode（即完全分布模式）。在该模式下，Hadoop 在集群中的每个节点上启动一个守护进程，系统依靠 HDFS 实现数据的分布式存储，MapReduce 程序中的 Map 任务和 Reduce 任务通过调度机制并发地运行于不同的节点之中，实现数据的就近处理。

由于 Hadoop 的默认运行模式为本地模式，其安装比较简单，下载和解压之后基本上就可以使用，不需要更多的配置操作，因此本书接下来将以 3 个节点（拓扑结构见图 2-9）为例，阐述完全分布模式的 Hadoop 集群的安装与配置方法。

【注意】Hadoop 并不严格区分伪分布模式和完全分布模式。在 Hadoop 环境中，所有服务器节点仅划分为两种不同角色：master（主节点，1 个）和 slaves（从节点，多个）。因此，伪分布模式是完全分布模式的特例，只是将主节点和从节点合二为一罢了。

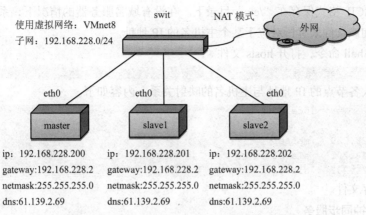

图 2-9　由 3 台 VMware 虚拟主机组成 Hadoop 集群

2.2.2　Linux 系统设置

首先按照上一节介绍的操作方法，分别完成 master、slave1、slave2 共 3 台 VMware 虚拟主机的创建，Ubuntu 14.04 的系统安装以及 JDK 1.8 的安装。接下来，根据图 2-9 修改各虚拟主机的系统设置。

1. 网络配置

在 Linux 系统中，位于/etc/network 目录中的 interfaces 文件被用于保存网卡的 IP 配置信息，包括 IP 地址、子网掩码、网关以及 DNS 域名服务器的 IP 地址等。

执行以下操作步骤可完成网卡的配置。

（1）启动虚拟主机 master 并打开 Ubuntu 的终端窗口。

（2）输入以下 Shell 命令，打开 interfaces 文件。

```
$ sudo gedit /etc/network/interfaces
```

（3）参照图 2-9，在该文件的编辑窗口中录入以下内容并保存。

```
iface lo inet loopback

auto eth0
iface eth0 inet static
address 192.168.228.200
gateway 192.168.228.2
netmask 255.255.255.0
dns-nameservers 61.139.2.69
```

（4）重新加载网卡 eth0。

```
$ sudo ifdown eth0
$ sudo ifup eth0
```

2. 修改主机名

在 Linux 系统中，位于/etc 目录中的 hostname 文件被用于保存主机名称。若需要修改主机名，则执行以下 Shell 命令，以打开 hostname 文件。

```
$ sudo gedit /etc/hostname
```

之后，在文件的编辑窗口中修改主机名，例如把主机名修改为"master"，然后保存。

3. 修改主机 IP 解析表

在 Linux 系统中，hosts 文件被用于保存 IP 地址与主机名的映射列表，在本地实现域名快速解析，它以 ASCII 格式保存在 "/etc" 目录下。在没有域名服务器的情况下，系统上的所有网络程序都通过查询该文件来解析对应于某个主机名的 IP 地址。

输入以下 Shell 命令，打开 hosts 文件。

```
$ sudo gedit /etc/hosts
```

之后，输入各节点的 IP 地址与主机名的映射关系，内容如下。

```
127.0.0.1          localhost

192.168.228.200    master
192.168.228.201    slave1
192.168.228.202    slave2
```

最后，保存文件。

4. 配置时钟同步服务

由于 Hadoop 对集群内各节点的时间同步有较高要求，因此在搭建 Hadoop 集群时需要为每个节点指定一个相同的同步时钟源，例如统一指定为 us.pool.ntp.org 服务器。

在 Ubuntu 中，指定同步时间源可采用以下两种方法之一。

（1）自动配置

首先执行以下命令。

```
$ sudo crontab -e
```

之后显示以下提示信息。

```
no crontab for root - using an empty one

Select an editor.  To change later, run 'select-editor'.
  1. /bin/ed
  2. /bin/nano        <---- easiest
  3. /usr/bin/vim.tiny

Choose 1-3 [2]:
```

按 Enter 键，追加以下代码行。

```
0 1 * * * /usr/sbin/ntpdate us.pool.ntp.org
```

最后，根据提示保存并离开。

（2）手动配置

通过执行 ntpdate 命令来直接手动指定同步时间源。

```
$ sudo /usr/sbin/ntpdate us.pool.ntp.org
```

5. 关闭防火墙

在使用 HDFS 和 MapReduce 时，由于 Hadoop 需要打开许多网络监听端口，才能实现 Hadoop 集群各节点之间的通信，为此需要开放防火墙对应的端口。对于初学者来说，完全搞清楚需要开放哪些防火墙端口是比较困难的。为此，最行之有效的办法就是关闭各节点的防火墙。

若要关闭 Ubuntu 系统的防火墙功能，则执行以下命令。

```
$ sudo ufw disable
```

之后，系统会提示"防火墙在系统启动时自动禁用"。

执行以下命令，重新启动虚拟机。

```
$ sudo reboot now
```

2.2.3 SSH 的安装

SSH（Secure Shell）是一种建立在应用层和传输层基础上的安全协议，专为远程登录会话和其他网络服务提供安全性的协议。传统的网络服务程序，诸如 ftp、pop 和 telnet，在本质上都是不安全的，因为它们使用明文传送口令和数据，攻击者非常容易截获这些口令和数据。而且，这些服务程序很容易受到"中间人"的攻击。所谓"中间人"的攻击，就是"中间人"冒充真正的服务器接收客户端传给服务器的数据，然后再冒充客户端把数据传给真正的服务器，在"中间人"这一转手之间系统就会出现很严重的问题。通过使用 SSH，服务器与客户端之间所传输的数据被 SSH 加密，这样不仅可以有效阻止"中间人"攻击，还能够防止 DNS 欺骗和 IP 欺骗。因此，SSH 为网络应用之间的数据传输提供了一个安全通道。

目前，SSH 提供了两种级别的安全验证。第一种是基于口令的安全验证，第二种是基于密钥的安全验证。其中，第二种安全验证主要依靠 RSA 非对称加密算法的公钥来验证通信请求方的合法性。

Hadoop 支持上述两种安全验证机制，不过我们建议在搭建 Hadoop 集群时采用第二种安全验证机制，其好处是可实现免密码登录。为此，需要为 master 主节点生成登录密钥，再将 master 主节点的公钥复制给其他所有从节点，详细操作步骤如下。

（1）安装 SSH 服务。

```
$ sudo apt-get install openssh-server
```

当系统显示以下提示信息时，按字母键"Y"继续安装。

需要下载 1182 KB 的软件包。

解压缩后会消耗掉 3424 KB 的额外空间。

您希望继续执行吗？ [Y/N] Y

（2）检查 SSH 服务是否启动。

```
$ sudo ps -e | grep sshd
```

当系统显示以下提示信息时，表示已成功启动 SSH 服务。

```
3164 ?        00:00:00 sshd
```

（3）生成 RSA 密钥（包括私钥和公钥）。

```
$ ssh-keygen -t rsa
```

当系统提示 "Enter file in which to save the key (/home/hadoop/.ssh/id_rsa):"时，直接按 Enter 键。同样，当系统提示 "Enter passphrase (empty for no passphrase):"时，也直接按 Enter 键。RSA 密钥的生成过程如图 2-10 所示。

图 2-10　RSA 密钥的生成过程

已生成的密钥将自动保存到当前用户工作目录中的隐藏目录.ssh 之中。

【注意】上面的第 1~3 步操作在 Hadoop 集群的各节点上都要执行。

（4）将公钥文件复制为 Hadoop 能识别的免密码登录的授权文件。

```
$ cd ~/.ssh
$ cat id_rsa.pub >> authorized_keys
$ chmod 600 authorized_keys
```

（5）将主节点上的包含公钥的授权文件复制到各从节点。

```
scp authorized_keys hadoop@slave1:/home/hadoop/.ssh
scp authorized_keys hadoop@slave2:/home/hadoop/.ssh
```

（6）验证 SSH。

在 master 节点中，执行以下操作。

```
$ ssh master
$ ssh slave1
$ ssh slave2
```

若没有要求输入密码登录，表示免密码登录成功。

2.2.4　Hadoop 的安装

1. 下载 Hadoop 2.7.2

Hadoop 是 Apache 基金会面向全球开源的产品之一，任何用户都可以从 Apache Hadoop 的发布页面（http://hadoop.apache.org/releases.html）下载 Hadoop 的安装包。在发布页面中，用户还可以选择最新的发布版本。例如，本书编写时最新的发布版本是 Hadoop 2.7.2。用户也可以使用 wget 命令直接下载安装包，操作命令如下。

```
$ cd ~
$ wget http://mirrors.cnnic.cn/apache/hadoop/common/hadoop-2.7.2/hadoop-2.7.2.tar.gz
```

下载成功后，安装包文件 hadoop-2.7.2.tar.gz 将自动保存在当前用户的工作目录之中。

2. 解压安装

对于商业运营的 Hadoop 平台，建议将 Hadoop 安装到/usr/local 目录中。本书为了方便使用和操作演示，特将 Hadoop 安装到当前用户的工作目录中，操作命令如下。

```
$ tar -xzvf hadoop-2.7.2.tar.gz -C ~/
```

3. 为运行 Hadoop 创建目录

Hadoop 运行在 Linux 操作系统之上，它直接使用 Linux 的本地文件系统来存储 HDFS 的相关信息。因此，必须为 Hadoop 集群的每个节点创建相同的目录结构，操作命令如下。

```
$ mkdir ~/dfs            #在 Linux 文件系统中构建 HDFS 的统一入口位置
$ mkdir ~/dfs/tmp        #创建 tmp 目录，用于保存 HDFS 工作时的临时信息
$ mkdir ~/dfs/data       #创建 data 目录，存储 HDFS 的用户文件的数据块
$ mkdir ~/dfs/name       #创建 name 目录，存储 HDFS 的元数据信息
```

【注意】上述命令必须在每个节点中执行一次。

4. 设置环境变量

首先打开当前用户的配置文件.bashrc。

```
$ gedit ~/.bashrc
```

然后在该文件的末尾添加以下内容。

```
export HADOOP_HOME=/home/hadoop/hadoop-2.7.2
export PATH=$PATH:$HADOOP_HOME/bin
```

最后，执行下面命令，使环境变量生效。

```
$ source ~/.bashrc
```

2.2.5　Hadoop 的配置

Hadoop 运行在 JVM 之中。为了保证 Hadoop 集群的每个节点能协同工作，完成分布式的任务目标，必须进行适当配置。Hadoop 的 Java 配置被划分为以下两种。

一种是只读的默认配置文件，包括 core-default.xml、hdfs-default.xml、yarn-default.xml 和 mapred-default.xml 等文件。

另一种是集群定制的配置文件，包括 etc/hadoop/core-site.xml、etc/hadoop/hdfs-site.xml、etc/hadoop/yarn-site.xml 和 etc/hadoop/mapred-site.xml。

此外，还必须在 etc/hadoop/hadoop-env.sh 和 etc/hadoop/yarn-env.sh 文件中指定能执行 Hadoop 守护进程的 JDK 环境变量。

Hadoop 的守护进程包括 HDFS 和 YARN 的守护进程。HDFS 的守护进程有 NameNode、Secondary NameNode 以及 DataNode；YARN 的守护进程有 ResourceManager、NodeManager 以及 WebAppProxy。如果要使用 MapReduce ，则还需要运行 MapReduce Job History Server。

搭建 Hadoop 集群时，如果有足够的服务器硬件可指定其中一台机器运行 NameNode 进程，另一台机器运行 ResourceManager 进程，这些机器都称为主节点（masters）；剩下的机器既运行 DataNode 进程，也运行 NodeManager 进程，这些机器是从节点（slaves）。

下面我们将重点讲述如何实现图 2-9 所示的 Hadoop 集群的配置。

【注意】在该集群中 NameNode 与 ResourceManager 进程都运行在 master 节点之中。

下面将详细介绍 master 节点的配置。

1. 配置 Hadoop 守护进程的运行环境

在脚本文件 etc/hadoop/hadoop-env.sh、etc/hadoop/mapred-env.sh 和 etc/hadoop/yarn-env.sh 中，我们可制订 Hadoop 守护进程环境。至少要指定 JAVA_HOME 变量，且必须确保该变量在每个节点中被正确定义。

必要时，我们还可以为各个守护进程指定一个环境变量配置。如表 2-1 所示。

表 2-1　　　　　　　　　　　　　　Hadoop 守护进程的环境变量

守护进程名称	环境变量
NameNode	HADOOP_NAMENODE_OPTS
DataNode	HADOOP_DATANODE_OPTS
Secondary NameNode	HADOOP_SECONDARYNAMENODE_OPTS
ResourceManager	YARN_RESOURCEMANAGER_OPTS
NodeManager	YARN_NODEMANAGER_OPTS
WebAppProxy	YARN_PROXYSERVER_OPTS
Map Reduce Job History Server	HADOOP_JOB_HISTORYSERVER_OPTS

例如，若配置 NameNode 进程使用 ParallelGC（即 Paraller Garbage Collection ，Java 语言的一种并行垃圾回收机制），则在 hadoop-env.sh 文件中添加以下表达式。

```
export HADOOP_NAMENODE_OPTS="-XX:+UseParallelGC"
```

可配置的环境变量还包括以下 3 个。

- HADOOP_PID_DIR：设置守护进程 ID 值的存放目录。
- HADOOP_LOG_DIR：设置 Hadoop 守护进程的日志文件的存放目录。当日志文件不存在时，它们将被自动创建。
- HADOOP_HEAPSIZE / YARN_HEAPSIZE：用来定义 Hadoop 守护进程或 YARN 守护进程的可使用堆内存的最大值，如 1024MB。也就是说，如果该变量被设置为 1024，则可用堆内存将最多为 1024MB。默认情况下，该值为 1000。

【注意】在大多数情况下我们只需指定 HADOOP_PID_DIR 和 HADOOP_LOG_DIR 即可。

配置 master 节点的 Hadoop 守护进程的环境变量的操作步骤如下。

（1）配置 hadoop-env.sh。

首先进入 Hadoop 的配置目录并打开 hadoop-env.sh 脚本文件。

```
$ cd ~/hadoop-2.7.2/etc/hadoop
$ gedit hadoop-env.sh
```

然后修改 JAVA_HOME 变量的值并保存。

```
#export JAVA_HOME=${JAVA_HOME}
export JAVA_HOME=/usr/local/jdk1.8.0_101
```

【注意】一定要用"#"注释掉 JAVA_HOME 变量的原始定义，同时确保该变量的值与 JDK 实际安装位置一致。

（2）配置 yarn-env.sh。

首先打开 yarn-env.sh 文件。

```
$ gedit yarn-env.sh
```

然后修改 JAVA_HOME 变量的值并保存。

```
# export JAVA_HOME=/home/y/libexec/jdk1.6.0/
export JAVA_HOME=/usr/local/jdk1.8.0_101
```

2. 配置 Hadoop 守护进程的运行参数

涉及的主要配置文件包括：core-site.xml、hdfs-site.xml、yarn-site.xml 以及 mapred-site.xml 。

（1）etc/hadoop/core-site.xml。

在 core-site.xml 文件中，必须定义 NameNode 进程的 URI、临时文件的存储目录以及顺序文件 I/O 缓存的大小。其重要参数如表 2-2 所示。

表 2-2 core-site.xml 的重要参数

参 数 名 称	作　　用	取值（示例）
fs.defaultFS	NameNode 的 URI	hdfs://master:9000/
io.file.buffer.size	指定顺序文件的读写缓存值	130172
hadoop.tmp.dir	临时文件的存储目录	/home/hadoop/dfs/tmp

操作方法如下。

首先打开 core-site.xml 文件。

```
$ gedit core-site.xml
```

然后在"<configuration>"和"</configuration>"标签之间输入以下内容并保存。

```
<property>
    <name>fs.defaultFS</name>
    <value>hdfs://master:9000</value>
    <description>HDFS 的 URI, master 为主节点的主机名</description>
</property>
<property>
    <name>io.file.buffer.size </name>
    <value>130172</value>
    <description>文件缓存大小</description>
</property>
<property>
    <name>hadoop.tmp.dir</name>
    <value>/home/hadoop/dfs/tmp</value>
    <description>namenode 工作时的临时文件夹</description>
</property>
```

（2）etc/hadoop/hdfs-site.xml。

该文件用来设置 HDFS 的 NameNode 和 DataNode 两大进程的重要参数。这两大进程的重要配置参数分别见表 2-3 和表 2-4。

表 2-3　　　　　　　　　　　　　　　NameNode 的重要配置参数

参 数 名 称	作 用	取值（示例）
dfs.namenode.name.dir	指定 NameNode 在本地文件系统中保存 namespace 和持久性日志的路径	file:/home/hadoop/dfs/name
dfs.hosts /dfs.hosts.exclude	dfs.hosts 指定哪些 Datanode 有权连接 NameNode。该参数默认为所有的 Datanode 都可以连接到 NameNode 上。而 dfs.hosts.exclude 则相反	建议保持默认值
dfs.blocksize	指定 HDFS 的文件块的值，单位为 Bytes	268435456（即 256MB）
dfs.namenode.handler.count	指定来自 DataNode 的用于处理 RPC 的线程数	100（注：默认为 10）

表 2-4　　　　　　　　　　　　　　　DataNode 进程的重要配置参数

参 数 名 称	作 用	取值（示例）
dfs.datanode.data.dir	指定 DataNode 在本地文件系统中保存数据块的路径	file:/home/hadoop/dfs/data
dfs.replication	指定数据块的副本个数，该值应小于 DataNode 节点的数量	默认值为 3。当以伪分布模式运行 Hadoop 时，建议设置为 1

配置 hdfs-site.xml 的操作方法如下。

首先打开 hdfs-site.xml 文件。

```
$ gedit hdfs-site.xml
```

然后在 "<configuration>" 和 "</configuration>" 标签之间输入以下内容并保存。

```
<property>
    <name>dfs.namenode.name.dir </name>
    <value>file:/home/hadoop/dfs/name</value>
    <description>NameNode 上 HDFS 名字空间元数据的存储位置</description>
</property>
<property>
    <name>dfs.datanode.data.dir </name>
    <value> file:/home/hadoop/dfs/data </value>
    <description>DataNode 数据块的物理存储位置</description>
</property>
<property>
    <name>dfs.replication</name>
    <value>3</value>
    <description>副本个数，默认是 3，应小于 DataNode 节点数量</description>
</property>
<property>
    <name>dfs.http.address</name>
    <value>master:50070</value>
    <description>HDFS Web UI 的入口 URL</description>
</property>
<property>
    <name>dfs.namenode.secondary.http-address</name>
    <value>master:50090</value>
```

```
<description>可查看 SecondaryNameNode 守护进程的状态信息</description>
</property>
```

【注意】由于 Hadoop 通常部署在普通商业级物理硬件之中，而不使用专业的 RADI 磁盘阵列，因此势必造成一个 DataNode 节点产生的数据块受限于物理主机硬盘容量的现象。为此，Hadoop 允许使用由位于不同设备的多个目录组成的列表来设置 dfs.datanode.data.dir，目录之间用逗号分隔，这样数据将存储在这些指定目录中并自然跨越多个物理磁盘进行存储。

（3）etc/hadoop/yarn-site.xml。

该文件用来设置 YARN 的 ResourceManager 和 NodeManager 两大进程的重要配置参数。表 2-5 列出的是 ResourceManager 的重要配置参数，表 2-6 列出的则是 NodeManager 的重要配置参数。

表 2-5　　　　　　　　　　　ResourceManager 的重要配置参数

参 数 名 称	作　　用	取值（示例）
yarn.resourcemanager.address	ResourceManager 节点的 URI，NodeManager 将使用该 URI 来提交作业	master:18040
yarn.resourcemanager.scheduler.address	YARN 的资源管理调度器的 URI	master:18041
yarn.resourcemanager.resource-tracker.address	暴露给 NodeManager 的 ResourceManager 节点的 URI	master:18042
yarn.resourcemanager.admin.address	暴露给管理员的 URI	master:18043
yarn.resourcemanager.webapp.address	ResourceManager Web 管理页面的 URI	master:8088
yarn.resourcemanager.hostname	ResourceManager 主机	master
yarn.resourcemanager.scheduler.class	指定调度器的主类：CapacityScheduler、FairScheduler 或 FifoScheduler	默认为 CapacityScheduler
yarn.scheduler.minimum-allocation-mb	每个任务可申请的最小内存资源量	默认为 1024MB
yarn.scheduler.maximum-allocation-mb	每个任务可申请的最大内存资源量	默认为 8192MB
yarn.resourcemanager.nodes.include-path / yarn.resourcemanager.nodes.exclude-path	指定 NodeManager 黑白名单文件的存储路径。若发现某个 NodeManager 存在问题，比如故障率很高，任务运行失败率高，则可以将之加入黑名单中	可忽略

表 2-6　　　　　　　　　　　NodeManager 的重要配置参数

参 数 名 称	作　　用	取 值 示 例
yarn.nodemanager.resource.memory-mb	NodeManager 总的可用物理内存	默认值是 8192MB。一旦设置,其值不可动态修改
yarn.nodemanager.vmem-pmem-ratio	指定每使用 1MB 物理内存时，最多可用的虚拟内存数	默认值为 2.1
yarn.nodemanager.local-dirs	指定中间结果存放位置	默认为 ${hadoop.tmp.ir}/nm-local-dir
yarn.nodemanager.log-dirs	日志存放地址	默认为${yarn.log.dir}/userlogs
yarn.nodemanager.log.retain-seconds	指定 NodeManager 上日志最多存放时间	默认时间为 3 h，即 10800 s
yarn.nodemanager.aux-services	NodeManager 上运行的附属服务	=mapreduce_shuffle 时，可启用 Map Reduce 程序

配置 yarn-site.xml 的操作方法如下。

首先打开 yarn-site.xml 文件。

```
$ gedit yarn-site.xml
```

然后在"<configuration>"和"</configuration>"标签之间输入以下内容并保存。

```
<property>
  <name>yarn.resourcemanager.address</name>
  <value>master:18040</value>
</property>
<property>
  <name>yarn.resourcemanager.scheduler.address</name>
  <value>master:18041</value>
</property>
<property>
  <name>yarn.resourcemanager.resource-tracker.address</name>
  <value>master:18042</value>
</property>
<property>
  <name>yarn.resourcemanager.admin.address</name>
  <value>master:18043</value>
</property>
<property>
  <name>yarn.resourcemanager.webapp.address</name>
  <value>master:8088</value>
</property>
<property>
  <name>yarn.nodemanager.aux-services</name>
  <value>mapreduce_shuffle</value>
</property>
```

（4）etc/hadoop/mapred-site.xml。

该文件用来配置 MapReduce 应用程序以及 JobHistory 服务器的重要配置参数，详细情况如表 2-7 和表 2-8 所示。

表 2-7   MapReduce 应用程序的重要配置参数

参 数 名 称	作 用	取值（示例）
mapreduce.framework.name	为 Hadoop YARN 设置可执行框架	yarn
mapreduce.map.memory.mb	每个 map 任务需要的内存量	默认为 1024
mapreduce.map.java.opts	每个 map 任务的子 JVM 的最大堆内存	-Xmx1024MB
mapreduce.reduce.memory.mb	每个 reduce 任务需要的内存量	默认为 1024
mapreduce.reduce.java.opts	每个 reduce 任务的子 JVM 的最大堆内存	-Xmx2560MB
mapreduce.task.io.sort.mb	任务内部排序缓冲区大小	默认为 100
mapreduce.task.io.sort.factor	一次合并文件流的最大个数	默认为 10
mapreduce.reduce.shuffle.parallelcopies	Reduce Task 启动的并发复制数据的线程数目	默认为 5

表 2-8   MapReduce JobHistory 服务器的重要配置参数

参 数 名 称	作 用	取值（示例）
mapreduce.jobhistory.address	MapReduce JobHistory 服务器的地址	master:10020
mapreduce.jobhistory.webapp.address	MapReduce JobHistory 服务器的 Web UI 地址	master:19888

参 数 名 称	作　　用	取值（示例）
mapreduce.jobhistory.intermediate-done-dir	MapReduce 作业产生的日志存放位置	默认值为/mr-history/tmp
mapreduce.jobhistory.done-dir	MapReduce 管理的日志的存放位置	/mr-history/done

配置 mapred -site.xml 的操作方法如下。

首先打开 mapred -site.xml 文件。

```
$ cp mapred-site.xml.template mapred-site.xml
$ gedit mapred-site.xml
```

然后在"<configuration>"和"</configuration>"标签之间输入以下内容并保存。

```
<property>
    <name>mapreduce.framework.name</name>
    <value>yarn</value>
</property>
<property>
    <name>mapreduce.jobhistory.address </name>
    <value> master:10020</value>
</property>
<property>
    <name>mapreduce.jobhistory.webapp.address </name>
    <value> master:19888</value>
</property>
```

3. 设置从节点

在一个 Hadoop 集群中，除了主节点，其他节点均称为从节点。当然，主节点也可以兼作从节点（因为在伪分布运行模式中只有一台计算机，所以主节点必须兼作从节点）。在整个集群中，所有从节点必须在 etc/hadoop/slaves 文件中定义，也就是说，一个节点是否为从节点，就看 etc/hadoop/slaves 文件是否保存了它的主机名。

设置从节点的操作方法如下。

首先打开 etc/hadoop/slaves 文件。

```
$ gedit slaves
```

将该文件的原始内容修改为以下内容并保存。

```
master
slave1
slave2
```

【注意】在添加从节点列表时，每行只能输入一个主机名，如 slave1。

4. 配置 Hadoop 的日志

Hadoop 使用 Apache log4j 来记录日志，它由 Apache Commons Logging 框架来实现。编辑 conf/log4j.properties 文件可以改变 Hadoop 守护进程的日志配置，包括日志格式等。

作业的历史文件集中存放在 hadoop.job.history.location，这个也可以是在分布式文件系统下的路径，其默认值为${HADOOP_LOG_DIR}/history。

历史文件在用户指定的目录 hadoop.job.history.user.location 下也会记录一份，这个配置的缺省值为作业的输出目录。这些文件被存放在指定路径下的"logs/history/"目录中。因此，默认情况下日志文件会在"mapred.output.dir/_logs/history/"下。如果将 hadoop.job.history.user.location 指定为值 none，系统将不再记录此日志。

用户可使用以下命令在指定路径下查看历史日志汇总。

```
$ bin/hadoop job -history output-dir
```

该命令会显示作业的细节信息，失败和终止的任务细节。

关于作业的更多细节，比如成功的任务，以及对每个任务所做的尝试次数等可以用下面的命令查看。

```
$ bin/hadoop job -history all output-dir
```

2.2.6　Hadoop 的测试

1．传送 Hadoop 到各从节点

首先以用户名 hadoop 登录 master 节点的 Linux 系统，然后打开终端窗口，执行以下 Shell 命令，将安装在 master 节点中的 Hadoop 传送到各从节点。

```
$ cd ~
$ scp -r hadoop-2.7.2 slave1:~/
$ scp -r hadoop-2.7.2 slave2:~/
```

【注意】如果读者只是想搭建一个伪分布模式的 Hadoop 集群，则可跳过上述操作。

2．格式化文件系统

启动 Hadoop 集群需要启动 HDFS 集群和 Map/Reduce 集群。HDFS 的核心进程包括 NameNode 和 DataNode。NameNode 主要被用来管理整个分布式文件系统的命名空间（也就是 HDFS 用户的目录和文件）的元数据信息，同时为了保证数据的可靠性，还加入了操作日志，所以，NameNode 会把这些数据保存到本地的 Linux 文件系统中。在第一次使用 HDFS 时，必须首先执行格式化命令以创建一个新分布式文件系统，然后才能正常启动 NameNode 服务。

格式化 HDFS 文件系统的命令如下。

```
$ hadoop namenode -format
```

正常情况下，执行上面命令之后系统将最终显示图 2-11 所示的提示信息。其中，"Storage directory /home/hadoop/dfs/name has been successfully formatted." 表示 HDFS 格式化成功。若出现类似 "ERROR namenode.NameNode: java.io.IOException: Cannot create directory /root/dfs/name/current"，则表示格式化失败，此时可根据提示信息去排除错误。

```
16/08/07 06:41:22 INFO namenode.FSImage: Allocated new BlockPoolId: BP-180678221
9-192.168.228.200-1470577282605
16/08/07 06:41:22 INFO common.Storage: Storage directory /home/hadoop/dfs/name h
as been successfully formatted.
16/08/07 06:41:23 INFO namenode.NNStorageRetentionManager: Going to retain 1 ima
ges with txid >= 0
16/08/07 06:41:23 INFO util.ExitUtil: Exiting with status 0
16/08/07 06:41:23 INFO namenode.NameNode: SHUTDOWN_MSG:
/************************************************************
SHUTDOWN_MSG: Shutting down NameNode at master/192.168.228.200
************************************************************/
```

图 2-11　HDFS 格式化成功时的提示信息

【注意】在格式化成功之后，执行 "ls ~/dfs/name/current -lh" 命令，即可列出格式化过程中生成的文件信息，其中 fsimage 文件是一个加密的二进制文件，保存了 HDFS 的元数据，如图 2-12 所示。VERSION 文件则记录了 HDFS 的名字空间的 ID、HDFS 集群的 ID 等信息，如图 2-13 所示。

```
hadoop@master:~$ ls ~/dfs/name/current/ -lh
总用量 16K
-rw-rw-r-- 1 hadoop hadoop 353 Aug  7 06:41 fsimage_0000000000000000000
-rw-rw-r-- 1 hadoop hadoop  62 Aug  7 06:41 fsimage_0000000000000000000.md5
-rw-rw-r-- 1 hadoop hadoop   2 Aug  7 06:41 seen_txid
-rw-rw-r-- 1 hadoop hadoop 207 Aug  7 06:41 VERSION
```

图 2-12　HDFS 格式化时生成的文件信息

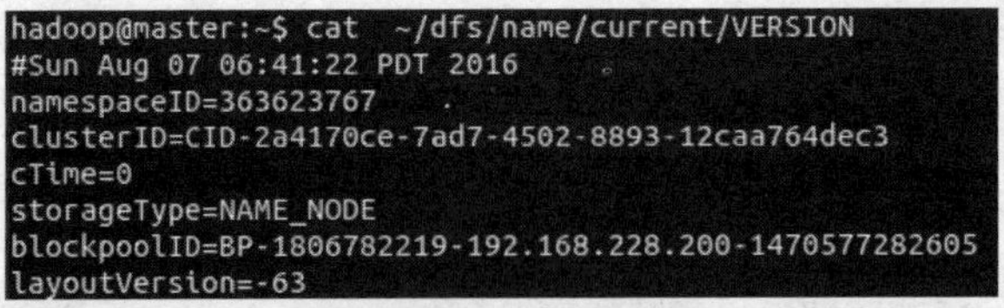

```
hadoop@master:~$ cat ~/dfs/name/current/VERSION
#Sun Aug 07 06:41:22 PDT 2016
namespaceID=363623767
clusterID=CID-2a4170ce-7ad7-4502-8893-12caa764dec3
cTime=0
storageType=NAME_NODE
blockpoolID=BP-1806782219-192.168.228.200-1470577282605
layoutVersion=-63
```

图 2-13　在格式化时生成的 VERSION 文件的内容

3. 启动 Hadoop 集群

运行以下 Shell 命令，可启动 Hadoop 集群。

```
$ cd ~/hadoop-2.7.2/sbin
$ ./start-all.sh
```

4. 查看 master 工作状况

在 master 节点的终端窗口中，输入 jps 命令，若能看到 NameNode、ResourceManager、SecondaryNameNode 等守护进程及其 ID 号，表示 master 启动成功。正在运行中的 Hadoop 的守护进程如图 2-14 所示。

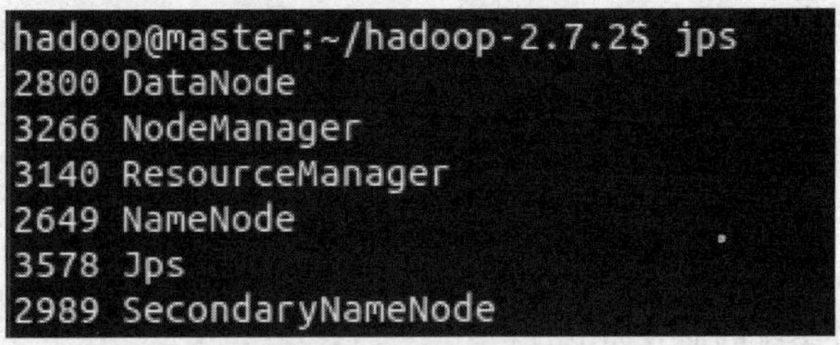

```
hadoop@master:~/hadoop-2.7.2$ jps
2800 DataNode
3266 NodeManager
3140 ResourceManager
2649 NameNode
3578 Jps
2989 SecondaryNameNode
```

图 2-14　正在运行中的 Hadoop 的守护进程

若此时使用 "ls /tmp" 命令，将显示这些进程在/tmp 目录中生成的临时.pid 文件，包括 xxx-datanode.pid 、 xxx-namenode.pid 、 xxx-secondarynamenode.pid 、 xxx-nodemanager.pid 、 xxx-resourcemanager.pid 等文件。

【注意】通常情况下，在 master 节点只能看到 NameNode、ResourceManager、SecondaryName Node 等 3 个守护进程。

5. 查看 slave 工作状况

在 master 节点的终端窗口中，首先用 ssh 登录到从节点 slave1 之中，再输入 jps 命令。

```
$ ssh slave1
$ jps
```

若能看到 DataNode、NodeManager 两个进程及其 PID 号（与图 2-14 类似），则表示从节点启动成功。

```
$ exit
```

执行 "exit" 命令之后，系统从 slave1 节点的远程终端操作状态退出，返回 master 节点的本地终端操作状态。

6. 用 Web UI 查看 Hadoop 集群的工作状态

首先启动浏览器，在地址栏中输入 http://master:50070。之后，若成功则显示 HDFS 集群的工作状态页面（见图 2-15），否则意味着 HDFS 启动失败，需要检查并修改 Hadoop 配置。

7. 关闭 Hadoop 集群

运行以下 Shell 命令，可关闭 Hadoop 集群。

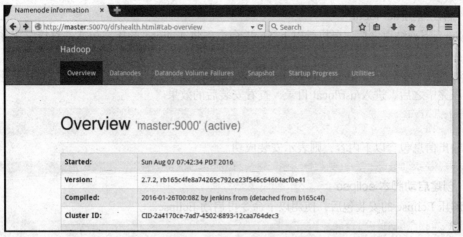

图 2-15　HDFS 集群的 Web UI

```
$ cd ~/hadoop-2.7.2/sbin
$ ./stop-all.sh
```

在运行"stop-all.sh"脚本之后，Hadoop 将通知集群中的每一个节点把所承载的守护进程全部终止运行。

2.3　Hadoop 开发平台的安装

Hadoop 的核心是 HDFS 和 MapReduce。其中，HDFS 提供了数据分布式存储的解决方案，MapReduce 则提供了分布式存储的数据的并行处理框架。Hadoop 虽然是用 Java 语言实现的，但是它也是开放的。目前，Hadoop 常用的集成开发工具 IDE 有 Eclipse、MyEclipse、Hadoop Studio 等，支持的开发语言有 Java、Python、Perl、C++等。本节将以 Eclipse 为例，介绍搭建 Hadoop 开发平台的操作方法。

2.3.1　Eclipse 的安装

经过多年的发展，Eclipse 现在的版本比较多，常用的有 Juno、Kelper、Luna、Mars 和 Neon 等（本书编写时的最新版是 Neon 版）。如果只是单纯开发 Java 应用，则 Eclipse 的版本问题并不是很突出，完全可以随心所欲地使用最新版本。但是由于原生的 Eclipse 并不支持 Hadoop，必须添加集成插件（如 hadoop-eclips-plugin 以及 Spark 的 eclipse-scala-plugin 等）才能开发 Hadoop 应用，遗憾的是这些插件并未做到与 Hadoop 或 Eclipse 的同步更新，因此在搭建 Hadoop 的开发环境时，我们必须慎重考虑并选择合适的 Eclipse 版本。经过反复测试，本书选择 Eclipse Mars 版本作为 Hadoop 的开发工具。

安装 Eclipse Mars 的过程如下。

1. 下载压缩包

首先以用户名 hadoop 登录 master 虚拟机，然后打开终端窗口，执行以下 Shell 命令，下载 Eclipse 的安装包。

```
$ wget http://mirrors.ustc.edu.cn/eclipse/technology/epp/downloads/release/mars/2/
eclipse-java-mars-2-linux-gtk-x86_64.tar.gz
```

2. 解压缩到/usr/local

Eclipse 下载结束之后，再执行以下 Shell 命令，将 Eclipse 的压缩包文件直接解压并安装到 /usr/local 目录。

```
$ sudo tar xzvf eclipse-java-mars-2-linux-gtk-x86_64.tar.gz -C /usr/local
```

解压完毕之后，进入/usr/local 目录，查看安装后的效果。

```
$ cd /usr/local
$ ls -lh
```

若输出信息包含以下内容，则表示安装成功。

```
drwxrwxr-x 8 root users 4.0K Feb 18 00:38 eclipse
```

3. 创建启动脚本 eclipse

在解压 Eclipse 的安装包后，使用以下命令可启动 Eclipse。

```
$ cd /usr/local/eclipse
$ ./eclipse
```

但若每次都这样启动，则显得很不方便。为此，可在/usr/bin 目录下创建一个名为 eclipse 的启动脚本。

首先，执行以下命令，以创建脚本文件 eclipse。

```
$ sudo gedit /usr/bin/eclipse
```

然后，在该文件中添加以下内容并保存。

```
#!/bin/sh
export ECLIPSE_HOME=/usr/local/eclipse
$ECLIPSE_HOME/eclipse $*
```

之后，执行以下命令，打开 eclipse.ini 文件。

```
$ sudo gedit /usr/local/eclipse/eclipse.ini
```

在该文件的开始位置添加下面两行代码并保存。

```
-vm
/usr/local/jdk1.8.0_101/jre/bin/java
```

其中，-vm 参数用于指定运行 Eclipse 程序的 JVM。

执行该命令的目的是在终端下直接输入 eclipse 命令就能启动 eclipse，但此时权限不足，需要继续执行下面步骤的操作。

4. 授予/usr/bin/eclipse 可执行权限

执行以下命令，为/usr/bin/eclipse 脚本添加可执行的脚本。

```
$ sudo chmod +x /usr/bin/eclipse
```

之后，即可通过命令行输入 eclipse 来启动 Eclipse 了。

5. 在桌面上创建启动图标

在桌面上创建启动图标，可使 Eclipse 用起来更加方便和快捷，操作步骤如下。

首先，执行以下命令来创建桌面图标文件。

```
$ sudo gedit /usr/share/applications/eclipse.desktop
```

然后，输入以下文件内容并保存。

```
[Desktop Entry]
Name=eclipse
Comment=Eclipse IDE (v4.5)
Exec=eclipse
Icon=/usr/local/eclipse/icon.xpm
Terminal=false
Type=Application
```

```
Categories=Development;
StartupNotify=true
```

接下来，将此文件复制到桌面并添加可执行权限。

```
$ cp /usr/share/applications/eclipse.desktop ~/桌面
$ chmod +x ~/桌面/eclipse.desktop
```

之后，双击 Ubuntu 的桌面上的 eclipse 图标，即可自由地启动 Eclipse。

2.3.2　下载 hadoop-eclipse-plugin 插件

由于 Hadoop 和 Eclipse 的发行版本较多，不同版本之间往往存在兼容性问题，因此必须注意 hadoop-eclipse-plugin 的版本问题。

（1）访问以下链接，可下载 hadoop-eclipse-plugin-2.7.2.jar 包。

http://download.csdn.net/detail/tondayong1981/9432425

根据上传者"tondayong1981"介绍，该插件通过了 Eclipse Java EE IDE for Web Developers. Version: Mars.1 Release (4.5.1)的测试。在此，作者请求本书的读者首先对上传者的分享精神点赞，因为他们的努力方便了大家的学习。

【注意】当我们确实找不到一个合适的插件时，可通过以下操作方法来获得想要的插件。

① 首先，下载一个包含插件源码的 zip 文件，例如通过 https://github.com/winghc/hadoop2x-eclipse-plugin 下载 hadoop2x.eclipse-plugin-master.zip。解压之后，release 文件夹中的 hadoop. eclipse-kepler-plugin-2.2.0.jar 就是编译好的插件，只是这个文件不是我们想要的插件。

```
$ unzip hadoop2x.eclipse-plugin-master.zip
```

② 进入 hadoop2x-eclipse-plugin/src/contrib/eclipse-plugin 目录。

```
$ cd hadoop2x.eclipse-plugin-maste/src/contrib/eclipse-plugin
```

③ 执行以下命令，重新编译插件的源代码。

```
$ ant jar -Dversion=2.7.2 -Declipse.home=/usr/local/eclipse -Dhadoop.home=/home/
hadoop/hadoop-2.7.2
```

编译之后，即可得到插件的 jar 包文件——hadoop-eclipse-plugin-2.7.2.jar。

【注意】若系统提示"程序 ant 尚未安装"，请输入以下命令安装 ant。

```
$sudo apt-get install ant
```

（2）把插件放到 eclipse/plugins 目录下。

执行以下命令，把已下载的或自己生成的 hadoop-eclipse-plugin-2.7.2.jar 复制到/usr/local/eclipse/plugins 中。

```
$ sudo cp hadoop-eclipse-plugin-2.7.2.jar  /usr/local/eclipse/plugins
```

2.3.3　在 Eclipse 中配置 Hadoop

1. 为 Eclipse 设置 Hadoop 安装目录

设置 Hadoop 安装目录的操作步骤如下。

（1）重新启动 Eclipse，依次单击"Windows→Preferences"菜单命令，打开"Preferences"对话框。

（2）在该对话框的左侧列表中单击"Hadoop Map/Reduce"选项，然后在右侧通过单击"Browse"按钮选择 Hadoop 安装目录"/home/hadoop/hadoop-2.7.2"，最后单击"OK"按钮。如图 2-16 所示。

2. 配置 Map/Reduce Locations

首先启动 Hadoop 集群，再按以下步骤进行操作。

（1）在 Eclipse 的主窗口中，依次单击 "Windows→Perspective→Open Perspective→Other" 菜单命令，打开 "Open Perspective" 对话框。如图 2-17 所示。

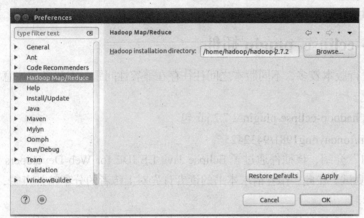 

图 2-16　设置 Hadoop 的安装目录　　　　　图 2-17　"Open Perspective" 对话框

（2）在该对话框的列表中，选择 "📁Map/Reduce"，单击 "OK" 按钮。

（3）在 Eclipse 工作窗口的右下方将显示图 2-18 所示的子窗口。

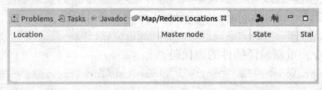

图 2-18　Eclipse 的 "Map/Reduce Locations" 子窗口

（4）选择 Map/Reduce Location 选项卡，单击右边小象🐘图标或者用鼠标右键单击该子窗口中的空白区域再选择 "New Hadoop Location" 快捷菜单命令，打开 "New Hadoop Location" 对话框，如图 2-19 所示。

（5）输入 Location Name，按图 2-19 配置 Map/Reduce Master（V2）和 DFS Mastrer。最后单击 "Finish" 按钮，关闭窗口。

【注意】"Location name" 是一个任意的名字（例如：hadoop）。在 Hadoop 2.x 版本中，"Map/Reduce（V2）Master" 和 "DFS Master" 部分的 Host 和 Port 都必须对应配置文件 core-site.xml 中 fs.de-faultFS 参数的值（例如，master 和 9000）。而在 Hadoop 1.x 时代，"Map/Reduce Master" 部分的 Host 和 Port 必须对应配置文件 mapred-site.xml 中 mapred.job.tracker 的值（例如，master 和 9001）。

3. Eclipse 连接 HDFS 测试

在 Eclipse 主窗口的左侧，用鼠标右键单击 DFSLocations 下面的 hadoop（即在上一步配置的 Location Name），选择 "Reconnect" 命令，若能看到 HDFS 中的目录列表，则表示安装成功。如图 2-20 所示。

如果在连接 HDFS 时出现错误提示，请检查 Hadoop 是否启动以及图 2-19 的配置是否正确。

图 2-19 "New Hadoop Location" 对话框   图 2-20 在 Eclipse 中显示 HDFS 的文件列表

2.4 习　　题

1. 请指出以下产品之间的关系。

VMware Workstation、Linux、JDK、SSH、Hadoop、 Eclipse、hadoop-eclipse-plugin。

2. 简述 Hadoop 的 3 种运行模式的区别。

3. 简述 SSH 在 Hadoop 集群中所起的重要作用。

4. 指出以下环境变量的作用及其取值。

JAVA_HOME、JRE_HOME、CLASSPATH、HADOOP_HOME。

5. Hadoop 的配置文件有多个，其中包含了大量的配置参数。请指出以下参数的意义。

fs.defaultFS、hadoop.tmp.dir、dfs.namenode.name.dir、dfs.datanode.data.dir、dfs.replication、mapreduce.framework.name。

6. 怎样判断 Hadoop 集群已经启动成功?

2.5 实　　训

一、实训目的

1. 熟悉 VMware WorkStation 的操作方法。

2. 熟悉 Linux 系统的安装与使用方法。

3. 熟悉在 Ubuntu 中安装 Java 和 Hadoop 的操作过程。

4. 掌握伪分布模式下的 Hadoop 环境的配置。

二、实训内容

根据以下要求，完成相应操作，观察操作结果。

【注意】将每一步的操作过程截图并添加到 Word 文档中，使用自己的学号保存并提交文件。

1. 打开 http://www.ubuntu.com/download/desktop 网页，下载 Ubuntu 14.04 的安装镜像文件。

2. 启动 VMware Workstation 创建一个 Linux 虚拟主机，要求：虚拟内存至少 2GB，虚拟硬盘至少 10GB。请记录该虚拟机的主机名、用户名和密码。

3. 打开 http://www.oracle.com/technetwork/java/javase/downloads 网页，下载并安装 JDK1.8。

4. 参考教材 2.2.2，分别修改 Ubuntu 系统的 interfaces、hostname 和 hosts 文件，完成系统网络配置、主机名修改和 DNS 快速解析的设置。

5. 安装 openssh-server，验证 SSH 是否正常。

6. 打开 http://hadoop.apache.org/releases.html 网页，下载 Hadoop 2.7。

7. 解压并安装 Hadoop 2.7。

8. 参考 2.2.4 节，创建 Hadoop 运行所必须的目录，配置运行 Hadoop 的系统环境变量。

9. 修改 Hadoop 的配置文件，包括 hadoop-env.sh、yarn-env.sh、core-site.xml、hdfs-site.xml、yarn-site.xml 以及 mapred -site.xml 等文件，使之运行于伪分布模式之下。

10. 格式化 HDFS，启动 Hadoop，查看其工作状态，观察是否启动成功。

第3章
Hadoop 分布式文件系统

本章目标：
- 了解 HDFS 的特点，掌握 HDFS 的基本概念。
- 了解 HDFS 的设计目标，掌握 HDFS 的组成结构，理解 HDFS 读写文件的原理。
- 深入理解 HDFS 的数据组织机制和高可用性机制。
- 了解 HDFS Shell 命令的一般格式，学会使用 HDFS Shell 帮助功能。
- 熟悉常用的 Shell 操作命令，掌握其使用方法。

本章重点和难点：
- HDFS 的组成结构与工作机制。
- HDFS Shell 操作。

Hadoop 的核心是 HDFS 和 MapReduce。其中，HDFS 提供高可用的分布式文件存储功能，MapReduce 在 HDFS 基础之上提供分布式的数据计算与处理功能。本章将详细介绍 HDFS 的相关概念、组成结构与 Shell 操作方法。

3.1　HDFS 概述

3.1.1　HDFS 简介

HDFS 是 Hadoop Distributed File System（Hadoop 分布式文件系统）的缩写，是谷歌公司的 GFS 分布式文件系统的开源实现，同时也是 Apache Hadoop 项目的一个子项目。HDFS 支持海量数据的存储，允许用户把成百上千的计算机组成存储集群，其中的每一台计算机称为一个节点。通过构建一个能跨越计算机或网络系统的单一的文件命名空间（即统一的文件目录结构），HDFS 实现了大数据文件（如 PB 级）的分布式存储。用户通过 HDFS 的终端命令可以操作其中的文件和目录，如同操作本地文件系统（如 Linux）中的文件一样。用户也可以通过 HDFS API 或 MapReduce 来编程访问其中的文件数据。

HDFS 可以运行在低成本的硬件之上，提供高吞吐量的数据访问，非常适合大规模数据集上的应用。HDFS 首先把大数据文件切分成若干个更小的数据块，再把这些数据块分别写入不同节点之中。每一个负责保存文件数据的节点，称为数据节点（DataNode）。当用户需要访问文件时，为了保证能够读取每一个数据块，HDFS 使用集群中的一个节点专门保存文件的属性信息，包括文件名、所在目录以及每一个数据块的存储位置等，该节点称为元数据节点（NameNode）。这样，客户端通过 NameNode 节点可获得数据块的位置，直接访问 DataNode 即可获得数据。

3.1.2 HDFS 的基本概念

1. 数据块

普通文件系统通常以簇为单位分配磁盘的存储空间。例如，Windows 系统的 NTFS 默认以 4KB 为一个簇（4KB=512 Bytes/扇区 × 8 扇区），当文件的字节数大于 4KB 时，该文件将被切分为多个簇进行保存；但当文件的字节数小于 4KB 时（即便只有 1 个字节大小），该文件却必须占据整个簇的存储空间。因此在传统的文件系统中，一个簇就是一个数据块。

HDFS 被设计成支持大文件存储，适用 HDFS 的是那些需要处理大规模的数据集的应用。这些应用都是只写入数据一次，但却读取一次或多次，并且读取速度应能满足流式读取的需要。也就是说，HDFS 支持文件的"一次写入、多次读取"模型。因为默认的数据块大小是 128MB（注意，在 Hadoop-2.2 版本之前，默认为 64MB），所以 HDFS 中的文件总是按照 128MB 被切分成不同的数据块，每个数据块尽可能地存储于不同的 DataNode 中。不同于普通文件系统的是，当文件长度小于一个数据块的大小时，该文件是不会占用整个数据块的存储空间的。

2. 元数据节点

元数据节点（NameNode）的作用是管理分布式文件系统的命名空间，并将所有的文件和目录的元数据保存到 Linux 本地文件系统的目录（由 dfs.namenode.name.dir 参数指定）之中。Namenode 中的相关文件如图 3-1 所示。这些信息采用文件命名空间镜像（namespace image）及编辑日志（edit Log）方式进行保存。此外，NameNode 节点还保存了一个文件，该文件信息中包括哪些数据块分布在哪些 DataNode 之中的信息。但这些信息并不永久存储于本地文件系统，而是在 NameNode 启动时从各个 DataNode 收集而成。

```
hadoop@master:~/hadoop-2.7.2/sbin$ cd ~/dfs/name/current/
hadoop@master:~/dfs/name/current$ ls
edits_0000000000000000001-0000000000000000001
edits_0000000000000000002-0000000000000000003
edits_0000000000000000004-0000000000000000006
edits_0000000000000000007-0000000000000000008
edits_0000000000000000009-0000000000000000010
edits_0000000000000000011-0000000000000000011
edits_0000000000000000012-0000000000000000013
edits_0000000000000000014-0000000000000000016
edits_0000000000000000016-0000000000000000016
edits_0000000000000000017-0000000000000000017
edits_inprogress_0000000000000000018
fsimage_0000000000000000016
fsimage_0000000000000000016.md5
fsimage_0000000000000000017
fsimage_0000000000000000017.md5
seen_txid
VERSION
```

图 3-1　NameNode 中的相关文件

NameNode 中的相关文件说明如下。

（1）VERSION。该文件是 NameNode 进程的 Java 属性文件，它保存了 HDFS 命名空间的 ID、HDFS 集群的 ID 等信息。

（2）seen_txid。用来存放 transactionID，代表一系列 edits 文件的尾数，文件系统格式化成功时初始值为 0。NameNode 重启时会从 0001 开始循环，直到达到 seen_txid 中的数字为止，循环比对该数字是不是 edits 文件的尾数，如果不是，则认为可能有元数据丢失。因此，该文件很重要，不能随意删除或修改其数据值。

（3）fsimage。该文件是一个加密的二进制文件，保存了 HDFS 文件的元数据，内容包含

NameNode 管理的所有 DataNode 中的文件、数据块以及各数据块所在的 DataNode 的元数据信息等。

（4）edits。该文件用来临时存放 HDFS 文件的元数据，即：在客户端向 HDFS 写文件时，文件信息会首先被记录在 edits 文件中，之后当时机成熟时再由 NameNode 将数据合并到 fsimage 文件中。

3.　数据节点

数据节点（DataNode）的作用是保存 HDFS 文件的数据内容。在客户端向 HDFS 写入文件时，大数据文件将被切分为多个数据块，为了保证 HDFS 的高吞吐量，NameNode 将这些数据块的存储任务指派给不同的 DataNode。每一个 DataNode 在接受任务之后直接从客户端接收数据，经加密后写入到 Linux 本地系统的相应目录（由 dfs.datanode.data.dir 参数指定）之中。

DataNode 本身并不知道 HDFS 文件的信息，它把接收到的每个数据块保存为一个单独的 Linux 系统的本地文件。由于在同一个目录中创建所有的本地文件并不是最优的选择，因此 DataNode 不会把所有的文件都创建在同一个目录中，它用试探的方法来确定每个目录的最佳文件数目，并且在适当的时候创建子目录。

当一个 DataNode 启动时，它会扫描 Linux 本地文件系统，产生一个与这些本地文件对应的所有 HDFS 数据块的列表，然后作为报告发送到 NameNode，该报告就是块状态报告。客户端从 HDFS 读文件时，客户端首先访问 NameNode，获得文件的每个数据块所在的 DataNode 信息，再连接这些 DataNode，即可获得文件的数据内容。

4.　辅助元数据节点

辅助元数据节点（Secondary NameNode）的作用是周期性地将元数据节点的镜像文件 fsimage 和日志文件 edits 合并，以防日志文件过大。合并之后，在辅助元数据节点也保存了一份 fsimage 文件，以确保在元数据节点中的镜像文件失败时可以恢复。因此，请读者注意，Secondary NameNode 并不是 NameNode 出现问题时的备用节点。

5.　文件系统的命名空间

HDFS 支持传统的文件目录结构。用户或程序可以创建目录，并在目录中存储文件。整个文件系统的命名空间的结构与普通文件系统类似，有根目录、一级目录、二级目录之分。用户可以创建、删除文件，把文件从一个目录移动到另一个目录，或者重命名文件。不同于传统文件系统的是，HDFS 目前还不支持用户配额和访问权限控制，也不支持 Linux 系统中的硬连接和软连接。

3.1.3　HDFS 的特点

HDFS 与其他分布式文件系统有相同点，也有不同点。一个明显的不同之处是，HDFS 采用"一次写入、多次读取"模型，该模型降低了并发控制的要求，能支持高吞吐量的访问。

由于 Hadoop 的整个生态系统都是开源的，这就使得用户可以在不了解 HDFS 底层细节的情况下开发分布式应用程序，充分利用集群的能力实现高速运算和存储。HDFS 支持数据节点的动态添加和移动，因此 HDFS 集群可以轻松地从几十台服务器扩展到上千台服务器。HDFS 另一个显著的特点是它把数据处理逻辑放置到数据所在的节点，这种特性比通过传输数据到应用程序所在节点要好。

1.　HDFS 的优点

HDFS 的主要优点有以下 3 点。

（1）支持超大文件的存储

这里的超大文件通常是指数据规模在 TB 量级以上的文件。在实际应用中，HDFS 已经能用来存储管理 PB 量级的数据。

（2）支持流式的访问数据

HDFS 的设计建立在"一次写入、多次读取"的基础上，它将数据写入严格限制为一次只能写入一个数据，字节总是被附加到一个字节流的末尾，字节流总是以写入顺序先后存储。这意味着一个数据集一旦由数据源生成，就会被复制分发到不同的数据节点中，然后响应各种各样的数据分析与挖掘任务请求。在多数情况下，数据分析与挖掘任务都会涉及数据集中的大部分数据，也就是说，对 HDFS 来说，请求读取整个数据集要比读取一条记录更加高效。

（3）运行于廉价的商用机器集群上

Hadoop 设计的目标就是要能在低廉的商用硬件环境中运行，无需昂贵的高可用性机器，这样可以降低成本。廉价的商用机也就意味着大型集群中出现节点故障情况的概率非常高。为此，HDFS 把数据块存储为多副本，确保在发生故障时系统能够继续运行且不让用户感觉到明显的中断。

2. HDFS 的缺点

HDFS 的主要缺点有以下 3 点。

（1）不适合低延迟数据访问

如果要处理一些用户要求时间比较短的低延迟应用请求，则 HDFS 不适合。HDFS 是用于处理大规模数据集分析任务的，主要是为了达到高数据吞吐量而设计的，这就可能要求以高延迟作为代价。对于那些有低延时要求的应用程序，HBase 或 Spark 是一个更好的选择，它们使用缓存或多个 master 设计来降低客户端的数据请求压力，以减少延时。

（2）无法高效存储大量的小文件

因为 NameNode 把文件系统的元数据放置在内存中，所以文件系统所能容纳的文件数目是由 NameNode 的内存大小来决定的。此外，由于 map 任务的数量是由数据块的分片数（splits）来决定的，因此在 MapReduce 处理大量的小文件时，就会产生过多的 map 任务，线程管理开销将会增加作业时间。当 Hadoop 处理很多小文件（文件大小小于 128MB）的时候，由于 FileInputFormat 不会对小文件进行分片，所以每一个小文件都会被当作一个分片（split）并分配一个 map 任务，导致效率低下。

例如，一个 1GB 的文件，会被划分成 8 个 128MB 的分片，并分配 8 个 map 任务处理，而 10000 个 1MB 的文件会被 10000 个 map 任务处理。

为此，可以通过采用 SequenceFile、MapFile、Har 等方式来提高 Hadoop 处理小文件的性能。例如，HBase 就将小文件归档起来管理。采用这种方法后，如果想找回原来的小文件内容，那必须先搞清楚小文件与归档文件的映射关系。也可以采用横向扩展 Hadoop 集群来解决这一问题：一个 Hadoop 集群能管理的小文件有限，把几个 Hadoop 集群组合成一个更大的 Hadoop 集群则能管理更多的小文件。此外，还可以采用多 master 设计。例如，Google 公司的 GFS2 就采用了分布式多 master 设计，它支持 master 的 Failover（失效机制），而且将数据块大小改为 1MB，以优化小文件的处理性能。

（3）不支持多用户写入和任意修改文件

在 HDFS 的一个文件中只有一个写入者，而且写操作只能在文件末尾完成，即只能执行追加操作，目前 HDFS 还不支持多个用户对同一文件的写操作，以及在文件任意位置进行修改。

3.2　HDFS 的体系结构

3.2.1　HDFS 设计目标

作为 Hadoop 的分布式文件存储系统，HDFS 和传统的分布式文件系统有很多相同的设计目标，例如在可扩展性及可用性方面。但是，它们也有着明显的区别。HDFS 的主要设计思路和目标如下。

1．能检测和快速恢复硬件故障

HDFS 集群可能由成百上千的服务器组成，每一个服务器都是廉价通用的普通商用硬件，任何一个硬件都有可能随时失效，因此硬件故障是常态，而非异常情况。这就要求错误检测和快速、自动恢复必须是 HDFS 的核心架构目标，同时能够通过自身持续的状态监控快速检测冗余并回复失效的组件。

2．支持流式的数据访问

运行在 HDFS 上的应用和普通的应用不同，需要流式访问其中的数据集。HDFS 的设计中更多地考虑了数据批量处理，而不是用户交互处理。相比数据访问的低延迟，HDFS 应用要求能够高速率、大批量地处理数据，极少有程序对单一的读写操作有严格的响应时间要求，更关键的问题在于数据访问的高吞吐量。由 IEEE 制定的 POSIX 标准（Portable Operating System Interface，便携式操作系统接口）设置的很多硬性约束对 HDFS 应用系统不是必需的。为了提高数据的吞吐量，在实现 HDFS 时必须就一些关键方面对 POSIX 的语义进行适当修改。

3．支持超大规模数据集

在 HDFS 中，一般的企业级的文件大小通常都在 TB 至 PB 级。因此，需要优化 HDFS 以支持大文件存储。同时，HDFS 还应该提供整体较高的数据传输带宽，既支持一个单一的 HDFS 实例能够处理数以千万计的文件，也支持一个集群能根据需要扩展到上千个节点。

4．简化一致性模型

HDFS 应用需要一个"一次写入、多次读取"的文件访问模型。所谓"一次写入、多次读取"就是一个文件经过创建、写入和关闭之后就不需要改变了，以后可以随时反复读取。这一假设简化了数据一致性问题，并且使高吞吐量的数据访问成为了可能。MapReduce 应用或网络爬虫应用都非常适合这个模型。

5．移动计算逻辑代价比移动数据代价低

一个应用请求的计算逻辑，也就是处理程序，离它操作的数据越近就越高效，这在数据达到海量级别的时候更是如此。把计算逻辑移动到数据附近，比之将数据移动到应用所在之处显然更好，HDFS 给应用端提供了这样的接口。

6．具备良好的异构软硬件平台间的可移植性

HDFS 在设计时就考虑了平台的可移植性，这种特性方便了 HDFS 作为大规模数据应用平台的推广。

3.2.2　HDFS 的结构模型

HDFS 采用 Master/Slave(主/从)架构。一个 HDFS 集群是由一个 NameNode 和若干个 DataNode

组成，其组成架构如图 3-2 所示。NameNode 是存储集群的主服务器，负责管理文件系统的命名空间（NameSpace）以及客户端对文件的访问。集群中的 DataNode 负责管理它所在节点上的数据存储。HDFS 为客户端提供与传统文件系统一样的命名空间，采用树状目录结构来管理文件，每个文件都可以保存在根目录或其子目录中。在集群内部，一个文件将被切分成一个或多个数据块，这些块存储在不同的 DataNode 上。从最终用户的角度来看，用户是不知道每个数据块保存在哪一个 DataNode 中的——当然也不需要知道——用户只需通过目录路径即可完成文件的 CRUD（Create、Read、Update、Delete）操作。NameNode 执行文件系统的命名空间操作，比如打开、关闭、重命名文件或目录，也负责确定某个数据块到具体 DataNode 节点的映射。DataNode 负责处理文件系统客户端的读写，在 NameNode 的统一调度下进行数据块的创建、删除和复制。

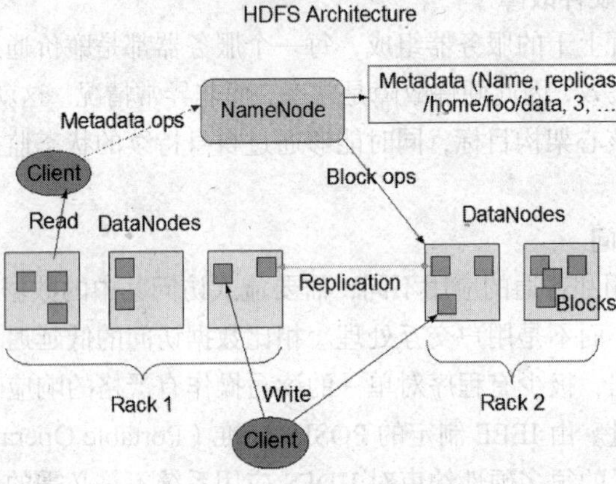

图 3-2　HDFS 的组成架构

NameNode 使用事务日志（edits）来记录 HDFS 元数据的变化，使用镜像文件（fsimage）来存储文件系统的命名空间，包括文件的属性信息、文件的映射等。事务日志和镜像文件都存储在 NameNode 的本地文件系统中。NameNode 启动时，从本地文件系统读取事务日志和镜像文件，把事务日志的事务都合并到内存的镜像文件中，然后将新的元数据刷新到本地文件系统，形成新的镜像文件。这样就可淘汰旧的事务日志，这个过程称为检查点（CheckPoint）操作。HDFS 的辅助元数据节点（Secondary NameNode）辅助 NameNode 处理事务日志和镜像文件。NameNode 启动时合并镜像文件和事务日志，而 Secondary NameNode 则周期性地从 NameNode 复制镜像和事务日志到临时目录，合并生成新的镜像文件并上传到 NameNode，NameNode 更新映射文件并清理事务日志，使得事务日志的大小始终控制在可配置的限制之内。

Secondary NameNode 的合并过程如下。

● Secondary NameNode 请求 NameNode 停止使用 edits，暂时将新的写操作放入一个新的文件中（edits.new）。

● Secondary NameNode 从 NameNode 中通过 HTTP GET 获得 edits，因为要和 fsimage 合并，所以也是通过 HTTP GET 的方式把 fsimage 加载到内存的。

● 把 edits 的内容与 fsimage 的内容合并，生成新的 fsimage。

● 通过 HTTP POST 的方式，把 fsimage 发送给 NameNode。NameNode 从 Secondary NameNode 获得了 fsimage 后会把原有的 fsimage 替换为新的 fsimage，把 edits.new 变成 edits。同时会更新 seen_txid。

【注意】由于 Secondary NameNode 在合并 edits 和 fsimage 时需要消耗的内存和 NameNode 差

不多，因此建议把 NameNode 和 Secondary NameNode 放在不同的机器上。

Secondary NameNode 执行合并操作的时机由 fs.checkpoint.period 参数和 fs.checkpoint.size 参数共同决定。前者默认是 1 h（3600s），后者默认为 128MB，即当 edits 达到一定大小时也会触发合并。

3.2.3 HDFS 文件的读写

HDFS 采用 Java 语言开发，因此任何支持 Java 的机器都可以部署 NameNode 或 DataNode。HDFS 被设计成可以在普通的商用机器上运行，这些机器作为服务器通常使用 Linux 操作系统，因此 NameNode 和 DataNode 在运行时实际上就是 Linux 系统中的守护进程。

由于采用了可移植性极强的 Java 语言，使得 HDFS 可以部署到不同的机器之中。一个典型的部署场景是一台机器上只运行一个 NameNode 实例，而集群中的其他机器分别运行一个 DataNode 实例。这种架构并不排斥在一台机器上运行多个 DataNode，只不过这样的情况比较少见。

NameNode 主要负责记录大数据文件是如何被切分成数据块的，以及被切分的数据块分别被存储到哪些 DataNode 之中。NameNode 的主要功能是对服务器的内存以及 I/O 进行集中管理。在整个集群中，NameNode 节点只有一个，HDFS 这样的结构大大简化了系统的架构。NameNode 是所有 HDFS 元数据的仲裁者和管理者，这样用户数据永远不会流过 NameNode。

NameNode 负责维护文件系统的命名空间，任何对文件系统命名空间或属性的修改都将被 NameNode 记录下来。应用程序可以设置 HDFS 保存的文件的副本数目。文件副本的数目称为文件的副本系数，这个信息也是由 NameNode 保存的。

所有的 HDFS 通信协议都是建立在 TCP/IP 协议之上的。客户端通过一个可配置的 TCP 端口连接到 NameNode，通过 ClientProtocol 协议与 NameNode 交互。而 DataNode 使用 DataNodeProtocol 协议与 NameNode 交互。一个远程过程调用（RPC）模型被抽象出来封装 ClientProtocol 和 DataNodeprotocol 协议。在设计上，Namenode 不会主动发起 RPC，而是响应来自客户端或 DataNode 的 RPC 请求。

HDFS 文件的读写过程如图 3-2 所示。假设客户端 Client 要读某个文件，首先客户端向 NameNode 发送数据读操作请求，并通过 NameNode 获得组成该文件的数据块的位置列表，即知道每个数据块存储在哪些机架（rack）的哪些 DataNode 之中；然后客户端直接从这些 DataNode 读取文件数据。在读数据过程中，NameNode 不参与文件的传输。

同样，当客户端需要写入一个文件时，首先向 NameNode 发送数据写操作请求，包括文件名和目录路径等部分元数据信息（MetaData）。然后，NameNode 告诉客户端到哪个机架（rack）的哪个数据节点（DataNode）进行具体的数据写入操作。最后，客户端直接将文件数据传输给 DataNode，由 DataNode 的后台程序负责把数据保存到 Linux 的本地文件系统之中。在写过程中，NameNode 也不参与文件的传输。

可见，如果某个 DataNode 因软硬件故障而出现宕机问题，HDFS 集群依然可以继续运行。但是，由于 NameNode 不存储任何用户信息或执行计算任务，而且 NameNode 节点只有一个，因此一旦 NameNode 服务器宕机，整个系统将无法运行。

3.2.4 HDFS 的数据组织机制

1. 数据复制与心跳检测

HDFS 被设计成能够在一个服务器集群中跨服务器地、可靠地存储超大文件。它将每个文件切分为一系列的数据块进行存储，除了最后一个，所有的数据块都是同样大小的。为了容错（即防止因某个 DataNode 宕机，使得某个数据块丢失，造成文件操作出错），HDFS 文件的每个数据块都会有若干个副本。每个文件的数据块大小和副本个数都是可配置的。客户端应用程序也可以指定文件的副本个数。副本个数可以在文件创建的时候指定，也可以在之后改变。HDFS 文件都是一次性写入的，并且严格要求在任何时候只能有一个写入者。

NameNode 全权管理数据块的复制。NameNode 利用心跳检测机制来确保复制成功。它周期性地从集群中的每个 DataNode 接收心跳信号和块状态报告（BlockReport）。接收到心跳信号意味着该 DataNode 节点工作正常。块状态报告包含了在 DataNode 中存储的所有数据块的列表。

NameNode 凭借文件名 FileName、副本个数 numReplicas、数据块的 id 序列等信息控制复制操作。例如，在图 3-3 中，"/users/sameerp/data/par-0" 表示文件名，"r:2" 与 "{1,3}" 合起来表示数据块 1 和数据块 3 在 HDFS 集群中均要产生 2 个副本。数据复制的最终效果如图 3-3 中的 DataNodes 部分所示。

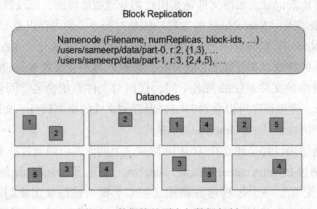

图 3-3　数据块的副本与数据复制

2. 副本存放与机架感知

为了降低 HDFS 集群整体的带宽消耗和读取延时，HDFS 会尽量让后台读取程序读取离它最近的副本。如果在读取程序所在的同一个机架上有一个副本，那么就读取该副本。当 HDFS 集群跨越多个数据中心时，系统将首先读取本地数据中心的副本。

副本的存放是 HDFS 可靠性和性能的关键。优化的副本存放策略是 HDFS 区分于其他大部分分布式文件系统的重要特性。这种特性需要做大量的调优，并需要经验的积累。HDFS 采用一种称为机架感知（Rack-Aware）的策略来改进数据的可靠性、可用性和网络带宽的利用率。

大型 HDFS 实例一般运行在由跨越多个机架的服务器组成的集群上，不同机架上的两台服务器之间的通信需要经过交换机，如图 3-4 所示。在大多数情况下，同一个机架内的两台服务器间的带宽会比不同机架的两台服务器间的带宽大。

通过机架感知，NameNode 就可以绘制出 DataNode 网络拓扑图。例如，在图 3-4 中，D1 和 D2 表示不同数据中心（其实就是交换机），R1~R4 表示不同机架（其实还是交换机），H1~H12 表示不同的 DataNode，则 H1 的 rack_id=/D1/R1/H1。

比较简单的副本存放策略就是将副本存放在不同的机架上。这样可以有效防止当整个机架失效时数据块的丢失，而且在读数据时还可以充分利用多个机架的带宽。这种策略实现了副本在集群中的均匀分布，有利于负载均衡。但是，因为这种策略的写操作需要将同一个数据块传输到多个机架，这会增加写操作的代价。

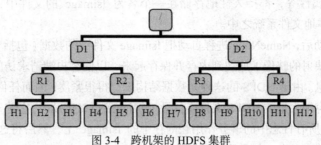

图 3-4　跨机架的 HDFS 集群

在默认情况下，HDFS 为数据块生成 3 个副本。HDFS 采取更优的存放策略，具体如下。

（1）首先选择某个机架 Ri 的某个节点 Hx 存放第一个副本。

（2）然后选择同一机架 Ri 的另一个节点 Hy 存放第二个副本。

（3）最后选择不同机架 Rj 的节点 Hz 存放最后一个副本。

HDFS 的这种策略减少了机架间的数据传输，提高了写操作的效率。因为机架的错误远远少于服务器的错误，因此这种策略不会影响到数据的可靠性和可用性。同时，由于数据块只放在两个不同的机架上，故这种策略将减少读取数据时需要的网络传输总带宽。此外，这种策略的 3 个副本并未均匀分布在不同的机架上。同一个数据块的 1/3 副本在一个机架上，2/3 副本在另一个相同机架上，而同一文件的其他数据块的副本则均匀分布在剩下的机架中，显然该策略不仅未损害数据可靠性和读取性能，而且改进了写操作性能。

3.　数据复制过程与流水线

HDFS 是根据客户端请求来存储文件数据的。客户创建文件的请求其实并没有立即发送给 NameNode，事实上，在开始阶段客户端会先将文件数据缓存到本地的一个临时文件中。应用程序的写操作被透明地重定向到这个临时文件。当这个临时文件累积的数据量超过一个数据块的大小时，客户端才会连接 NameNode。NameNode 首先将文件名插入文件系统的目录结构中，并且分配一个数据块给它；然后返回一个 DataNode 的标识符和目标数据块给客户端。接着，客户端将这块数据从本地临时文件上传到指定的 DataNode 上。当文件关闭时，在临时文件中剩余的没有上传的数据也会传输到指定的 DataNode 上。然后客户端告诉 NameNode 文件已经关闭。此时 NameNode 才将文件创建操作提交到日志里进行存储。如果 NameNode 在文件关闭前宕机了，则该文件将丢失。

假设数据块的副本系数是 3，当本地临时文件累积到一个数据块的大小时，客户端首先通过 NameNode 获取一个 DataNode 列表，以存放每个数据块的副本。之后客户端开始向第一个 DataNode 传输数据，该 DataNode 将一小块一小块（4 KB）地接收数据，并把每一小块写入本地文件系统。同时，DataNode 将接收到的每一小块数据转发到列表中第二个 DataNode 节点。第二个 DataNode 同样也是一小块一小块地接收，在写入本地的同时也将数据转发给第三个 DataNode。第三个 DataNode 同样接收数据并存储在本地。因此，DataNode 能从前一个节点接收数据，并在同时转发给下一个节点，数据以流水线的方式从前一个 DataNode 复制到下一个。

4.　文件系统元数据的持久化

NameNode 上保存着 HDFS 的命名空间。客户端对文件系统元数据的任何修改操作，都会被 NameNode 记录下来，保存到 edits 事务日志文件中。例如，在 HDFS 中创建一个文件，NameNode 就会在日志中追加一条记录来表示；同样地，修改文件的副本系数也会在日志中追加一条记录。

NameNode 将日志文件存储于 Linux 本地文件系统中。整个 HDFS 的命名空间，包括数据块到文件的映射、文件的属性等，都持久性地存储在一个名为 fsimage 的文件中，该文件同样存放于 NameNode 所在的本地文件系统之中。

Master 节点启动后，NameNode 进程自动把 fsimage 文件中的数据（包括整个文件系统的命名空间和文件数据块映射的映像）加载到内存并保存起来，以便客户端请求访问 HDFS 文件时能快速检索其元数据信息。由于 HDFS 的这种元数据结构设计得很紧凑，因而任何一个拥有 4GB 以上内存的服务器均可容纳大量的 HDFS 文件或目录。当 NameNode 启动时，它首先从硬盘中读取 edits 日志和 fsimage，将所有日志中的事务作用在内存中的 fsimage 上，然后将这个更新后的 fsimage 从内存中保存到本地磁盘上，最后删除旧的日志。

5. 存储空间回收与文件的删除和恢复

当用户或应用程序删除某个文件时，这个文件并没有立刻从 HDFS 中删除。实际上，HDFS 会将这个文件重命名后转移到/trash 目录。只要文件还在/trash 目录中，该文件就可以被迅速恢复。文件在/trash 中保存的时间是可配置的，当超过这个时间时，NameNode 就会将该文件从命名空间中删除。删除文件会使得与该文件相关的数据块被释放。

【注意】从用户删除文件到 HDFS 空闲空间的增加之间会有一定时间的延迟。

只要被删除的文件还在/trash 目录中，用户就可以恢复这个文件。如果用户想恢复被删除的文件，则可以浏览/trash 目录找回该文件。/trash 目录仅仅保存被删除文件的最后副本。/trash 目录与其他的目录没有什么区别，唯一不同之处是 HDFS 会应用一个特殊策略来自动删除在/trash 目录中的文件。默认策略是自动删除在/trash 中已保留超过 6h 的文件。

在 HDFS 中，减少副本系数也会影响到 HDFS 文件数据的删除操作。当一个文件的副本系数被减小后，NameNode 会选择并删除多余出来的副本，并在下一次心跳检测时将该信息传递给 DataNode，DataNode 随即移除相应的数据块。

3.2.5　HDFS 的高可用性机制

HDFS 的主要目标就是即使在出错的情况下也要保证数据存储的可靠性。常见的 3 种出错情况是：NameNode 出错、DataNode 出错和网络割裂（network partitions）。

1. 磁盘数据错误，心跳检测和重新复制

每个 DataNode 节点周期性地向 NameNode 发送心跳信号。网络割裂可能导致一部分 DataNode 跟 NameNode 失去联系。NameNode 通过心跳信号的缺失来检测这一情况，并将这些近期不再发送心跳信号的 DataNode 标记为宕机，不会再将新的 I/O 请求发给它们。任何存储在已宕机的 DataNode 上的数据将不再有效。DataNode 的宕机可能会引起一些数据块的副本系数低于指定值，NameNode 不断地检测这些需要复制的数据块，一旦发现就启动复制操作。在下列情况下，可能需要重新复制：某个 DataNode 节点失效，某个副本遭到损坏，DataNode 上的硬盘错误，或者文件的副本系数增大。

2. 集群均衡

分布式文件系统本身的架构支持数据均衡策略。如果某个 DataNode 节点上的空闲空间低于特定的临界点，按照均衡策略系统就会自动地将数据从这个 DataNode 移动到其他空闲的 DataNode。当对某个文件的请求突然增加时，那么也可能启动一个计划创建该文件新的副本，并且重新平衡集群中的其他数据。

3. 数据完整性

从某个 DataNode 获取的数据块有可能是损坏的，损坏可能是由 DataNode 的存储设备错误、网络错误或者软件 bug 造成的。HDFS 使用校验和来判断数据块是否损坏。当客户端创建一个新的 HDFS 文件时，会计算这个文件每个数据块的校验和，并将校验和作为一个单独的隐藏文件保存在同一个 HDFS 命名空间下。校验和实际上是一个 CRC32 码，由于 CRC32 码只有 32 bit（即 4 Bytes），因此校验和占用的空间就会少于原数据的 1%。当客户端获取文件内容后，它会检验从 DataNode 获取的数据跟相应的校验和是否匹配，如果不匹配，客户端可以选择从其他 DataNode 获取该数据块的副本。HDFS 的每个 DataNode 还保存了检查校验和的日志，客户端的每一次校验都会被记录到日志中。

4. 元数据磁盘错误

fsimage 和 edits 日志是 HDFS 的核心数据结构。如果这些文件损坏了，整个 HDFS 实例都将失效。因此 NameNode 可以配置成支持维护多个 fsimage 和 edits 日志的副本。任何对 fsimage 或者 edits 日志的修改，都将同步到它们的副本上。这种多副本的同步操作可能会降低 NameNode 每秒处理的命名空间事务数量。然而这个代价是可以接受的，因为即使 HDFS 的应用是数据密集的，它们也非元数据密集的。当 NameNode 重启的时候，它会选取最近的完整的 fsimage 和 edits 日志来使用。

在 HDFS v1.x 版本中，HDFS 集群的致命缺陷是 NameNode 单点故障（Single Point of Failure），即：如果 NameNode 发生硬件故障，则必须人工重启动或恢复 NameNode 服务器。不过，HDFS v2.x 已经实现 NameNode 自动重启或在另一台机器上做 NameNode 故障转移。

5. 快照

快照（snapshots）是 HDFS v2.x 版本新增加的只读的基于某时间点的数据的备份复制。利用快照，可以针对某个目录，或者整个文件系统，让 HDFS 在数据损坏时恢复到过去一个已知正确的时间点。快照比较常见的应用场景是数据备份，以防一些用户错误或灾难恢复。

HDFS v2.x 版本提供的快照功能具有以下特点。

① 快照可以即时创建，耗时仅为 O(1)。

② 只有当涉及快照目录的修改被执行时，才会产生额外的内存消耗，而且内存消耗为 $O(M)$，其中 M 是被修改的文件或目录数。

③ 创建快照时，数据块并不会被复制。快照文件只记录文件的元数据信息（包括块列表和文件大小等），因此创建快照后系统不会增加新的数据副本。

④ 快照不会对正常的 HDFS 操作有任何影响：创建快照以后发生的修改操作，被按操作时间的倒序（from newer to older）记录下来。因此，直接请求 NameNode 所获得的元数据仍然是最新的当前数据，而快照点的数据则通过在当前的数据基础上减去执行过的操作来获取。

6. 安全模式

NameNode 启动后会进入一个称为安全模式的特殊状态。处于安全模式的 NameNode 是不会进行数据块的复制的。NameNode 从所有的 DataNode 接收心跳信号和块状态报告。块状态报告包括了某个 DataNode 所有的数据块列表。每个数据块都有一个指定的最小副本数。当 NameNode 检测确认某个数据块的副本数目达到了这个最小值，那么该数据块就会被认为是副本安全（safely replicated）的；在一定百分比（这个参数可配置）的数据块被 NameNode 检测确认是安全之后（加上一个额外的 30s 等待时间），NameNode 将退出安全模式状态。接下来它会确定还有哪些数据块的副本没有达到指定数目，并将这些数据块复制到其他 DataNode 上。

3.3　HDFS Shell 操作

3.3.1　Shell 命令介绍

HDFS 不仅实现了大数据文件的跨服务器的分布式存储，还提供了多种数据访问方式，包括 HDFS Shell、HDFS API、HDFS REST API 等。

其中，HDFS Shell 是由一系列类似 Linux Shell 的操作命令组成的。借助这些命令，用户可以完成 HDFS 文件的复制、删除和查找等操作，也可以完成 HDFS 与 Linux 本地文件系统、S3[①]文件系统等的交互。例如，将 Linux 本地文件上传至 HDFS，或者从 HDFS 中下载文件到本地。

HDFS 有关文件操作的 Shell 命令的一般格式如下。

```
hadoop fs [通用选项]
```

其中，"hadoop" 是 Hadoop 系统在 Linux 系统中的主命令，它对应的程序文件位于 Hadoop 安装目录的 bin 子目录中。"fs" 是子命令，表示执行文件系统操作。通用选项由 HDFS 文件操作命令和操作参数组成，不能省略，必须以英文减号字符 "-" 打头。操作对象在操作参数中指定。

例如，"hadoop fs -ls /" 命令用于显示 HDFS 的根目录信息。在该命令中，"-ls" 是 HDFS 的文件操作命令，功能与 Linux 系统中的 ls 命令相似。"/" 是操作参数，指定操作对象为 HDFS 文件系统的根目录。

需要注意的是，所有 HDFS 操作参数都支持 URI 格式的文件路径，其基本格式如下。

```
scheme://authority/path
```

其中，若操作对象在 HDFS 中，则访问协议（scheme）用 "hdfs"；若操作对象在本地文件系统中，则访问协议用 "file"。默认访问协议是 "hdfs"。省略域名主机（authority），则表示操作本主机中的 HDFS。

例如，假设 NameNode 的主机名是 master，若要访问位于 HDFS 中的/parent/child 的文件或子目录，则其完整的 URI 为 hdfs://master/parent/child，可简化为/parent/child。

3.3.2　HDFS Shell 帮助

HDFS 提供了 help 命令，用来显示主命令 hadoop 的子命令的帮助信息。

1．显示所有帮助信息

若想显示 HDFS Shell 操作命令的所有帮助信息，则在 Master 中输入并执行以下命令。

```
$ hadoop fs -help
```

之后，显示出的系统提示信息描述了几乎所有 HDFS Shell 命令的使用方法。如图 3-5 所示。

2．显示特定命令的帮助

若要显示某个特定 Shell 命令的帮助信息，则可在 help 命令之后添加该 Shell 命令。例如，

```
$ hadoop fs -help ls
```

表示输出 ls 命令的帮助信息。输出信息如图 3-6 所示。

---

① S3 全称是 Amazon Simple Storage Service，即亚马逊简单储存系统。

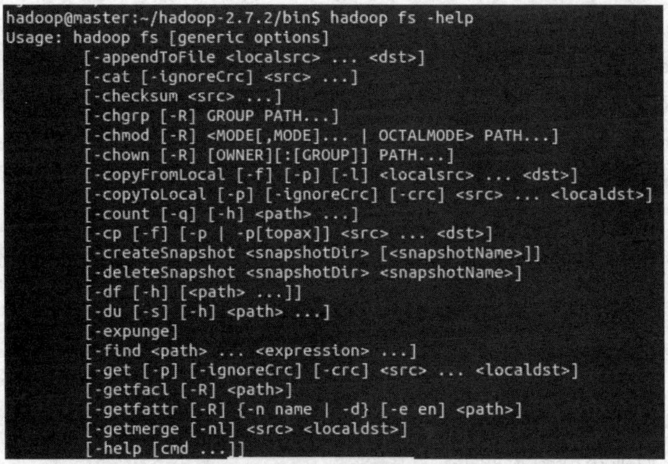

```
hadoop@master:~/hadoop-2.7.2/bin$ hadoop fs -help
Usage: hadoop fs [generic options]
        [-appendToFile <localsrc> ... <dst>]
        [-cat [-ignoreCrc] <src> ...]
        [-checksum <src> ...]
        [-chgrp [-R] GROUP PATH...]
        [-chmod [-R] <MODE[,MODE]... | OCTALMODE> PATH...]
        [-chown [-R] [OWNER][:[GROUP]] PATH...]
        [-copyFromLocal [-f] [-p] [-l] <localsrc> ... <dst>]
        [-copyToLocal [-p] [-ignoreCrc] [-crc] <src> ... <localdst>]
        [-count [-q] [-h] <path> ...]
        [-cp [-f] [-p | -p[topax]] <src> ... <dst>]
        [-createSnapshot <snapshotDir> [<snapshotName>]]
        [-deleteSnapshot <snapshotDir> <snapshotName>]
        [-df [-h] [<path> ...]]
        [-du [-s] [-h] <path> ...]
        [-expunge]
        [-find <path> ... <expression> ...]
        [-get [-p] [-ignoreCrc] [-crc] <src> ... <localdst>]
        [-getfacl [-R] <path>]
        [-getfattr [-R] {-n name | -d} [-e en] <path>]
        [-getmerge [-nl] <src> <localdst>]
        [-help [cmd ...]]
```

图 3-5　help 命令的运行效果

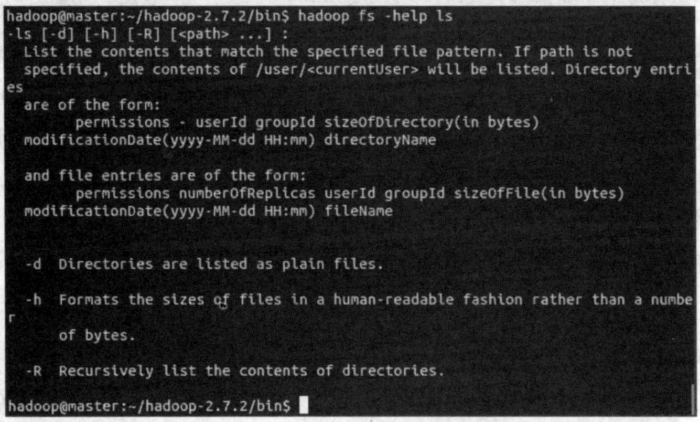

```
hadoop@master:~/hadoop-2.7.2/bin$ hadoop fs -help ls
-ls [-d] [-h] [-R] [<path> ...] :
  List the contents that match the specified file pattern. If path is not
  specified, the contents of /user/<currentUser> will be listed. Directory entri
es
  are of the form:
        permissions - userId groupId sizeOfDirectory(in bytes)
  modificationDate(yyyy-MM-dd HH:mm) directoryName

  and file entries are of the form:
        permissions numberOfReplicas userId groupId sizeOfFile(in bytes)
  modificationDate(yyyy-MM-dd HH:mm) fileName


  -d  Directories are listed as plain files.

  -h  Formats the sizes of files in a human-readable fashion rather than a numbe
r
      of bytes.

  -R  Recursively list the contents of directories.

hadoop@master:~/hadoop-2.7.2/bin$
```

图 3-6　HDFS Shell 命令-ls 的帮助

3.3.3　文件操作命令

在 HDFS Shell 命令中，有关文件的操作命令比较丰富，包括目录或文件的创建、复制、重命名、显示、查找、统计等命令。

1．ls 和 lsr

ls 和 lsr 命令的功能如图 3-6 所示，用来显示与指定 path 匹配的目录信息，类似于 Linux 系统中的 ls 命令。二者的不同之处是，HDFS 的 ls 命令不支持通配符*和？。因此，若在命令参数中键入*或？，则被视作普通字符。一般格式如下。

```
hadoop fs -ls [-d] [-h] [-R] <args>
```

其中，各选项说明如下。

- -d 选项：将目录显示为普通文件（plain file）。
- -h 选项：使用方便人阅读的信息单位显示文件大小。例如，64.0m 表示 67108864 字节。
- -R 选项：递归显示所有子目录的信息。

lsr 功能等同于 ls -R 命令。

2．mkdir 命令

mkdir 命令用来在指定 path 中新建子目录。其中，创建位置 path 可采用 URI 格式进行指定。

该命令功能与 Linux 系统的 mkdir 相同，允许一次创建多个子目录。一般格式如下。

```
hadoop fs -mkdir [-p] <paths>
```

其中，-p 选项表示创建子目录时先检查路径是否存在，若不存在则同时创建相应的各级目录。

例如，执行命令

```
$ hadoop fs -mkdir /test1 /test2
```

之后，使用 ls 命令后显示的结果如下。

```
hadoop@master:~$ hadoop fs -ls /
Found 2 items
drwxr-xr-x   - hadoop supergroup          0 2016-09-16 01:45 /test1
drwxr-xr-x   - hadoop supergroup          0 2016-09-16 01:45 /test2
```

而执行命令

```
$ hadoop fs -mkdir -p /x/y/x
```

之后，使用 lsr 命令后显示的结果如下。

```
hadoop@master:~$ hadoop fs -lsr /x
lsr: DEPRECATED: Please use 'ls -R' instead.
drwxr-xr-x   - hadoop supergroup          0 2016-09-16 01:52 /x/y
drwxr-xr-x   - hadoop supergroup          0 2016-09-16 01:52 /x/y/x
```

若想在 Linux 文件系统中创建目录，使用 mkdir 命令时必须将 URI path 中的协议指定为 file。例如，在 Linux 系统的 hadoop 用户的工作目录中创建 x 目录的命令如下所示。

```
$ hadoop fs -mkdir file:/home/hadoop/x
```

【注意】此时不能用 Linux 的通配符~来代替"/home/hadoop"目录，否则将显示"-mkdir: java.net.URISyntaxException: Relative path in absolute URI: file:~/x"错误提示，意思是不能用相对路径（relative path）来代替绝对路径（absolute URI）。

3. touchz 和 appendToFile 命令

touchz 命令与 Linux 的 touch 命令功能相同，用于创建一个空文件。appendToFile 命令则用于把一个或多个 Linux 本地的原文件的内容追加到目标文件中。2 条命令的格式分别如下。

```
hadoop fs -touchz URI [URI …]
hadoop fs -appendToFile <localsrc> … <dst>
```

其中，<localsrc>为本地源文件，<dst>为 HDFS 中的目标文件。

例如，执行命令

```
$ hadoop fs -touchz /test1/abc.txt
```

之后，使用 ls 命令后显示的结果如下。

```
$ hadoop fs -ls /test1
Found 1 items
-rw-r--r--   1 hadoop supergroup          0 2016-09-16 02:11 /test1/abc.txt
```

若执行以下命令：

```
$ echo "hello world" >> file1          #在 Linux 当前目录中生成 file1 文件
$ echo "hello Old Luo" >> file2         #在 Linux 当前目录中生成 file2 文件
$ hadoop fs -appendToFile file1 file2 /test1/abc.txt
```

则表示将 Linux 本地文件系统中的 file1 和 file2 的文件内容追加到 HDFS 的/test1/abc.txt 文件中。之后，使用 ls 命令后显示的结果如下。

```
$ hadoop fs -ls /test1/abc.txt
-rw-r--r--   1 hadoop supergroup         26 2016-09-16 02:24 /test1/abc.txt
```

4. cp、mv、rm、rmdir 和 rmr 命令

这 5 条命令类似于 Linux 系统命令，表示复制文件、移动文件和删除文件。

（1）cp 命令

cp 命令用于将指定 URI 的一个或多个源文件复制到 HDFS 中的目标位置。该命令的一般格式如下。

```
hadoop fs -cp [-f] [-p | -p[topax]] URI [URI ...] <dest>
```

其中，各选项说明如下。

- -f 选项：如果目标文件存在，则覆盖它。
- -p 选项：需要保存文件属性，包括文件的时间戳、拥有者、许可权限、ACL 等。

例如，命令

```
$ hadoop fs -cp file:/home/hadoop/file1 /x
```

表示将本地文件 file1 复制到 HDFS 中的/x 目录中。

请读者比较该命令与下面命令的区别。

```
$ hadoop fs -cp -p -f file:/home/hadoop/file1 /x
```

（2）mv 命令

mv 命令用于移动指定源文件到目标文件。当源文件和目标文件的路径相同时，该命令的实质是重命名文件名。当源文件有多个文件时，目标对象必须是一个目录。该命令不允许跨越文件系统移动文件，例如，将 Linux 本地文件移动到 HDFS 中。

mv 命令一般格式如下。

```
hadoop fs -mv URI [URI ...] <dest>
```

例如，命令

```
$ hadoop fs -mv /x/file1 /x/file1.txt
```

表示将 file1 的文件名修改为 file1.txt。

【注意】使用该命令时，若源文件是一个子目录，则该目录连同内部文件和子目录将一起移动到目标位置。

例如，命令

```
$ hadoop fs -mv /test1 /x/y
```

表示将前面创建的 test1 目录及其内部文件一起移到/x/y 目录中。

（3）rm、rmdir 和 rmr 命令

这 3 条命令用来删除指定 URI 中的文件或目录。为安全起见，执行删除操作后，被删除的文件可放入垃圾目录（trash directory）中。需要注意的是，HDFS 默认情况下关闭了垃圾目录功能，用户可以在 core-site.xml 文件中设置 fs.trash.interval 配置项的值为非零值，即可启用该功能。rm 命令的一般格式如下。

```
hadoop fs -rm [-f] [-r |-R] [-skipTrash] URI [URI …]
```

其中，各选项说明如下。

- -f 选项：执行删除操作时不显示提示信息，包括错误提示。
- -R 或-r 选项：删除目录，连同内部文件或子目录。

rmdir 和 rmr 命令用于删除目录。其中，rmdir 只能删除空目录，rmr 与 rm –r 功能相同。

5. cat、tail、du、dus、stat 和 count 命令

这 6 条命令通常用来输出文件的内容、大小、个数等信息。

（1）cat、tail 命令

cat 命令与 Linux 系统的 cat 类似，能够输出指定文件的全部内容；而 tail 命令只能显示文件的最后 1KB 的内容。可见，当输出对象小于 1KB 时，cat 和 tail 命令效果相同。

例如，执行以下命令：

```
$ hadoop fs -cat /x/file1.txt
```

将显示 HDFS 中文件 file1.txt 的内容。

而执行以下命令：

```
$ hadoop fs -cat file:/home/hadoop/file2
```

将显示 Linux 本地文件 file2 的内容。

（2）du、dus 命令

du 命令用来显示文件或目录占用存储空间的大小，当目标对象是一个文件时，将输出该文件的长度。该命令的一般格式如下。

```
hadoop fs -du [-s] [-h] URI [URI …]
```

其中，各选项说明如下。

- -s 选项：汇总输出各目标文件的总长度，而不是单个文件的汇总。
- -h 选项：以便于人阅读的信息单位显示文件大小，例如 MB。

dus 命令用来输出各目标文件的总长度，与 du -s 功能相同。

例如，以下命令及其运行效果：

```
$ hadoop fs -cat /x/y/test1/abc.txt
hello world
hello Old Luo
$ hadoop fs -du /x/y/test1/abc.txt
26 /x/y/test1/abc.txt
```

其中，数字“26”表示 abc.txt 的文件长度为 26 Bytes。

（3）stat 命令

stat 命令支持以指定输出格式显示文件或目录的统计信息。该命令的一般格式如下。

```
hadoop fs -stat [format] <path> …
```

其中，[format]是一个输出格式字符串，可以包含普通字符，也可以包含%打头的格式字符，例如%b。如果是普通字符，则直接显示输出。格式字符包括：文件名（%n）、文件类型（%F）、块内的实际大小（%b）、数据块的大小（%o）、副本数（%r），文件拥有者的用户名（%u）、文件所有者的组名（%g）以及修改时间（%y 或%Y）。其中，%y 显示 UTC 日期格式“yyyy-MM-dd HH:mm:ss”（默认格式），而%Y 显示从 1970 年 1 月 1 日以来的毫秒数。

例如，执行以下命令：

```
$ hadoop fs -stat "%n '%F' %b %o %r %u:%g %y" /x/file1.txt
```

则显示以下类似结果。

```
file1.txt 'regular file' 12 134217728 1 hadoop:hadoop 2016-09-16 09:21:21
```

（4）count 命令

count 命令用来统计指定路径的文件数，输出的主要信息包括：目录数（DIR_COUNT）、文件个数（FILE_COUNT）、内容长度（CONTENT_SIZE）以及对象名（FILE_NAME）。该命令支持 Linux 通配符，例如，用星号*来匹配任意不确定的多个字符。该命令的一般格式如下。

```
hadoop fs -count [-h] <paths>
```

其中，-h 选项表示以便于阅读的信息单位显示文件大小。

例如，执行命令：

```
$ hadoop fs -count file:/home/hadoop/hadoop-2*
```

则统计并显示在 Linux 本地系统中所有以 hadoop-2 打头的目录或文件的信息，结果如下所示。

```
869          6352            332009790 file:///home/hadoop/hadoop-2.7.2
```

其中，869 代表 hadoop-2.7.2 中的目录个数，6352 代表文件总个数，332009790 代表所有文件的总长度。

6. find、checksum 和 df 命令

（1）find 命令

该命令用来查找与指定表达式匹配的所有文件，以找出想要查找的文件，其一般格式如下。

```
hadoop fs -find <path> … <expression> …
```

其中，path 为查找目标，省略查找目标时，默认从当前目录中开始查找；expression 为查找表达式，支持 Linux 系统的通配符，可用-name 或-iname 选项来定义，表示根据文件名进行匹配查找。其中，iname 选项表示不区分大小写（case insensitive）。省略查找表达式时，该命令的功能等效于 lsr 命令，显示指定目录及其子目录的所有文件列表。

例如，执行命令：

```
$ hadoop fs -find / -name '*.txt'
```

则表示在 HDFS 中从根目录开始查找文件名后缀为.txt 的所有文件，因此显示的查找结果如下所示。

```
/x/file1.txt
/x/y/test1/abc.txt
```

（2）checksum 命令

checksum 命令用来返回指定文件的校验码信息。

例如，执行命令：

```
$ hadoop fs -checksum /x/file1.txt
```

则显示类似以下信息。

```
/x/file1.txt MD5-of-0MD5-of-512CRC32C    0000020000000000000000000cb719ad85249ddab138
233798a828f23
```

可见，实际的 HDFS 文件的校验码是经过 MD5 算法加密之后的编码。

（3）df 命令

df 命令用来显示指定文件的大小及 HDFS 剩余存储空间。该命令的一般格式如下。

```
hadoop fs -df [-h] URI [URI …]
```

其中，-h 选项使用便于阅读的方式格式化文件的大小，例如用 64.0m 来代替 67108864。

例如，执行命令：

```
$ hadoop fs -df /x/file1.txt
```

则显示以下类似信息。

```
Filesystem              Size        Used     Available     Use%
hdfs://master:9000  18889830400    57344    11896274944    0%
```

3.3.4　跨文件系统的交互操作命令

1. put 和 copyFromLocal 命令

这 2 条命令都表示上传文件，即把 Linux 本地文件系统中的一个或多个文件复制到 HDFS 中。put 命令的一般格式如下。

```
hadoop fs -put <localsrc> ... <dst>
```

例如，执行以下命令：

```
$ hadoop fs -put hadoop-2.7.2.tar.gz hdfs:/test2
$ hadoop fs -ls /test2
```

当显示以下结果时，表示上传文件成功。

```
Found 1 items
-rw-r--r--   1 hadoop supergroup  212046774 2016-09-16 09:11 /test2/hadoop-2.7.2.
tar.gz
```

2. get 和 copyToLocal 命令

这 2 条命令都表示下载文件，即从 HDFS 中复制文件到 Linux 本地文件系统。get 命令的一般格式如下。

```
hadoop fs -get [-ignorecrc] [-crc] <src> <localdst>
```

其中，-ignorecrc 选项表示忽略 CRC 检验错误。

例如，执行以下命令：

```
$ hadoop fs -get /x/file1.txt myfile.txt
```

则表示将 HDFS 中的 file1.txt 文件下载到 Linux 文件系统中，在当前目录得到文件 myfile.txt。

3. moveFromLocal 和 moveToLocal 命令

这 2 条命令提供 Linux 文件系统和 HDFS 之间的"乾坤大挪移"操作，moveFromLocal 命令支持从本地将文件移动到 HDFS 中，moveToLocal 命令则相反。这 2 条命令的一般格式如下。

```
hadoop fs -moveFromLocal <localsrc> <dst>
hadoop fs -moveToLocal [-crc] <src> <dst>
```

不同于 put 和 get 命令，此 2 条命令操作结束之后原文件将不复存在。

例如，执行以下操作，可将本地文件 myfile.txt 移到 HDFS 的/test2 目录中。

```
$ hadoop fs -moveFromLocal myfile.txt /test2
$ hadoop fs -ls /test2
```

当输出包含了如下信息时，表示操作成功。

```
-rw-r--r--   1 hadoop supergroup       12 2016-09-16 09:25 /test2/myfile.txt
```

3.3.5　权限管理操作

1. chgrp 命令

该命令用于修改文件所属的组。需要注意的是，只有文件的拥有者或超级用户才有权执行该命令操作。chgrp 命令的一般格式如下。

```
hadoop fs -chgrp [-R] GROUP URI [URI ...]
```

其中，-R 选项表示涵盖指定 URI 内部的所有目录和文件。

例如，执行以下操作，即可修改/test2 目录及内部目录和文件的所属用户组为 root 组。

```
$ hadoop fs -chgrp -R root /test2
$ hadoop fs -ls /test2
```

当输出包含了如下信息时，表示操作成功。

```
Found 2 items
-rw-r--r--   1 hadoop root  212046774 2016-09-16 09:11 /test2/hadoop-2.7.2.tar.gz
-rw-r--r--   1 hadoop root         12 2016-09-16 09:25 /test2/myfile.txt
```

【注意】HDFS 的超级用户就是在 Master 主机上启动 Hadoop 集群（主要是 NameNode 进程）的用户。例如，本书作者使用 Ubuntu 的账户名 hadoop 启动 NameNode，则 HDFS 的超级用户就是 hadoop。

2. chown 命令

该命令用于修改文件的拥有者。需要注意的是，只有超级用户才有权执行该命令操作。chown 命令的一般格式如下。

```
hadoop fs -chown [-R] [OWNER][:[GROUP]] URI [URI ]
```

其中，-R 选项的功能与 chgrp 命令的-R 选项相同。

例如，执行以下命令，可修改/test2/myfile.txt 的拥有者为 root 用户。

```
$ hadoop fs -chown root /test2/myfile.txt
$ hadoop fs -ls /test2/myfile.txt
```

当输出包含了如下信息时，表示操作成功。

```
-rw-r--r--   1 root root         12 2016-09-16 09:25 /test2/myfile.txt
```

3. chmod 命令

该命令用来修改文件的操作权限。需要注意的是，只有文件的拥有者和超级用户才有权执行该命令操作。chmod 命令的一般格式如下。

```
hadoop fs -chmod [-R] <MODE[,MODE]... | OCTALMODE> URI [URI ...]
```

其中，-R 选项表示把目标 URI 内的所有文件和子目录的权限一起修改。

<MODE>表示操作权限，其使用方法与 Linux 的 chmod 命令相同，只能是 "rwxXt" 等可识别的字符，例如："+t,a+r,g-w,+rwx,o=r"。其中，权限字符 t（即 sticky）只对文件有效。

<OCTALMODE>表示操作权限可以设置为 3 位或 4 位八进制数。如果指定为 4 位，则第一位数只能是 1 或 0，相当于 "+t" 或 "-t"。与 Linux 的 chmod 不同，HDFS 文件的权限模式必须完整，不允许只定义其中一部分。例如，754 是一个完整的权限模式，与 "u=rwx,g=rx,o=r" 相同。

有关权限字符及数字代码的详细情况见表 3-1。

表 3-1   权限代码列表

权　　限	字 符 代 码	数 字 代 码
读取权限	r	4
写入权限	w	2
执行或切换权限	x	1
不具任何权限	-	0

例如，执行命令

```
$ hadoop fs -ls -R /
```

之后，显示结果如下。

```
drwxr-xr-x   - hadoop root            0 2016-09-16 09:25 /test2
-rw-r--r--   1 hadoop root    212046774 2016-09-16 09:11 /test2/hadoop-2.7.2.tar.gz
-rw-r--r--   1 root   root           12 2016-09-16 09:25 /test2/myfile.txt
```

继续执行命令

```
$ hadoop fs -chmod -R "+t,a+r,g-w,+rwx,o=r" /test2
$ hadoop fs -ls -R /
```

之后，显示结果将改变成下面所示的情形。

```
drwxrwxr--   - hadoop root            0 2016-09-16 09:25 /test2
-rwxrwxr--   1 hadoop root    212046774 2016-09-16 09:11 /test2/hadoop-2.7.2.tar.gz
-rwxrwxr--   1 root   root           12 2016-09-16 09:25 /test2/myfile.txt
```

而继续执行命令

```
$ hadoop fs -chmod -R 754 /test2
$ hadoop fs -ls -R /
```

之后，则显示结果将改变成下面所示的情形。

```
drwxr-xr--   - hadoop root              0 2016-09-16 09:25 /test2
-rwxr-xr--   1 hadoop root     212046774 2016-09-16 09:11 /test2/hadoop-2.7.2.tar.gz
-rwxr-xr--   1 root   root            12 2016-09-16 09:25 /test2/myfile.txt
```

4. setrep 命令

该命令用来修改一个文件的副本系数。如果目标对象是一个目录，则该命令将修改该目录及其子目录中的所有文件的副本系数。setrep 命令的一般格式如下。

```
hadoop fs -setrep [-R] [-w] <numReplicas> <path>
```

其中，各选项说明如下。

- -w 选项：表示请求该命令等待到副本完成之时。这可能需要很长的时间。
- -R 选项：用于递归改变目录下所有文件的副本系数。

例如，执行命令

```
$ hadoop fs -setrep 3 /test2/myfile.txt
```

之后，将输出以下结果。

```
Replication 3 set: /test2/myfile.txt
```

继续执行命令

```
$ hadoop fs -stat "%n %r" /test2/myfile.txt
```

则输出结果如下所示。

```
myfile.txt 3
```

5. truncate 命令

该命令用于强制截断文件数据为指定长度的数据块，也就是要求 HDFS 不采用默认长度（如 128MB）而按指定长度值把文件数据内容重新切分。truncate 命令的一般格式如下。

```
hadoop fs -truncate [-w] <length> <paths>
```

其中，-w 选项表示请求该命令等待到数据块截断完成之时。省略-w 选项，由于 truncate 命令通常会在目标文件实际切分操作结束之前提前结束，显然目标文件将仍然处于未关闭状态，因此此时不能立即重新打开以进行追加数据操作。

例如，执行以下命令，即可把 myfile.txt 文件按 10Bytes 长度进行截断。

```
$ hadoop fs -truncate 10 /test2/myfile.txt
$ hadoop fs -stat "%n %b %o %r" /test2/myfile.txt、
```

输出结果如下。

```
myfile.txt 10 134217728 3
```

3.4 习　　题

1. 简述 HDFS 的特点。
2. 简述 NameNode、DataNode 和 Secondary NameNode 之间的关系。
3. 简述 HDFS 读写文件的基本原理。
4. HDFS 如何保证一个数据块的各副本的一致性？
5. NameNode 如何知道一个 DataNode 是否正常工作？
6. 简述 HDFS 的副本存储策略。

7. 简述在 NameNode 所在的 Linux 文件系统中的 edits 日志文件和 fsimage 文件之间的关系。

8. 假设 HDFS 数据块为 64MB，HDFS 副本系数为 3。现在需要设计一个 HDFS 存储系统来存储 1PB 的视频文件，若所用物理硬盘的容量统一为 4TB，则至少需要多少个物理硬盘？在 HDFS 中，该视频文件实际划分成了多少个数据块？

3.5　实　　　训

一、实训目的

1. 熟悉 HDFS 的结构与工作原理。

2. 掌握常用的 HDFS Shell 操作命令。

二、实训内容

根据以下要求，输入对应的 HDFS Shell 操作命令，观察操作结果。

【注意】将每一步的操作过程截图并添加到 Word 文档中，使用自己的学号保存并提交文件。

1. 根据以下目录结构，在 HDFS 中创建相应的目录与空文件。

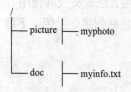

【注意】只有 myinfo.txt 是文件，其余都是目录。

2. 在 Linux 本地文件系统中创建 myfile 文件，将自己的学号、姓名、专业等信息写入这个文件中。

3. 读本地 myfile 文件的数据内容并追加到 HDFS 中的 myinfo.txt 文件中。

4. 输出并显示 HDFS 中的 myinfo.txt 文件的内容。

5. 把 Hadoop 安装目录中的 README.txt 文件上传到 doc 目录中。

6. 把 Hadoop 安装目录下 share/doc/hadoop/images 目录中的所有图片文件上传到 picture 目录中。

7. 把 picture 目录中的所有 .jpg 图片移到子目录 myphoto 中保存。

8. 修改 myinfo.txt 的权限，只授予文件创建者读写该文件的权限，其他用户只能读文件。

9. 统计 picture 目录中的所有文件的总个数。

10. 删除 picture 目录中的所有后缀名为 png 的文件。

第4章
HDFS API 编程

本章目标：

● 了解 HDFS 提供的 4 种不同 API 的特点及应用场景。

● 掌握 HDFS Java API 的一般使用方法。

● 深入理解 HDFS 文件基于数据流的读写原理。

● 了解在 HDFS Java API 中的 FileSystem、FSDataInputStream、FSDataOutputStream、FileStatus、BlockLocation、DataNodeInfo 等类的作用，熟悉它们的常用方法成员及其使用方法。

● 掌握有关 HDFS 目录和文件的客户端常用操作的编程方法，包括创建、上传、下载、读写、重命名、删除等。

本章重点和难点：

● HDFS 文件基于数据流的读写原理。

● HDFS Java API 的编程方法。

Hadoop 是用 Java 编写的。为了方便用户开发 HDFS 的应用系统，Hadoop 提供了 Java API，借助该 API，用户可以构建属于自己的海量存储系统，实现客户端与 HFDS 的交互。实际上，上一章介绍的 HDFS Shell 操作命令就是一个典型的 HDFS API 应用，它们使用了其中的 FileSystem 类。本章将详细介绍 HDFS API 架构及其使用方法。

4.1 HDFS API 概述

4.1.1 HDFS API 简介

Hadoop 提供了多种访问接口 API，以解决在不同开发环境下编程访问 HDFS 的问题，包括 C API、HFTP 接口、REST API 以及 Java API 等。

1. C API——libhdfs

libhdfs 是 Hadoop 为 C 语言提供的一个函数库，它为 C 语言程序提供了 HDFS 文件操作和文件系统管理的访问接口。libhdfs 位于$HADOOP_HDFS_HOME/lib/native/libhdfs.so 中，是一个预编译文件。libhdfs 与 Windows 系统是兼容的。运行 mvn[①]编译器对 hadoop-hdfs-project/hadoop-hdfs

---

① maven 是一个项目构建和管理的工具，其主要 Shell 命令是 mvn，它提供了代码编译、依赖管理、文档管理、项目报告等项目管理功能，实现了项目过程的规范化、自动化和高效化。使用 maven 及其插件，可以获得代码检查报告、单元测试覆盖率、实现持续集成等。

中的源代码重新编译即可构建 Windows 版的 libhdfs。

libhdfs API 是 HDFS API 的一个子集,其头文件位于$HADOOP_HDFS_HOME/include/hdfs.h。该文件详细地描述了每个 API 函数的签名。

【实例 4-1】一个简单的 libhdfs 的例子。

```c
#include "hdfs.h"
int main(int argc, char **argv) {
    hdfsFS fs = hdfsConnect("default", 0);
    const char* path = "/tmp/testfile.txt";          //指定文件路径
    hdfsFile file = hdfsOpenFile(fs, path, O_WRONLY |O_CREAT, 0, 0, 0);  //打开文件,
允许写入
    if(!file) {
        fprintf(stderr, "Failed to open %s for writing!\n", path);
        exit(-1);
    }
    char* buffer = "Hello, World!";                  //指定将写入文件的数据
    tSize nums = hdfsWrite(fs, file, (void*)buffer, strlen(buffer)+1);  //写数据并返回
写入的字节量
    if (hdfsFlush(fs, file)) {
        fprintf(stderr, "Failed to 'flush' %s\n", path);
        exit(-1);
    }
    hdfsCloseFile(fs, file);                         //关闭文件
}
```

【注意】对于 Hadoop 的每一个新版本,由于 C 语言的 API 往往滞后于 Java API,因此 Java API 的新特性在 libhdfs 中有可能不被支持。

2. HFTP

HFTP 提供从远程 Hadoop HDFS 集群读数据的能力,其读操作通过 HTTP 完成,所读数据来源于各 DataNode 节点。HFTP 是一种只读的文件系统,因此如果你试图用它来写入数据或修改文件系统状态,那么它将抛出异常。

假如你拥有多个不同版本的 HDFS 集群且需要把一个集群的数据复制到另一个集群,则 HFTP 特别有用。使用 HFTP,HDFS 不同版本之间的兼容性问题可以得到有效解决。

例如,执行以下的操作,可以将源集群 srchost 中的 src 目录复制到目标集群 desthost 的 dest 目录中。

```
hadoop distcp -i hftp://srchost:50070/src hdfs://desthost:8020/dest
```

其中,子命令 distcp 是 Hadoop 提供的工具命令,用于在两个 HDFS 集群之间复制文件。

【注意】由于 HFTP 是只读的,故在使用 distcp 命令时,目标集群 desthost 必须是 HDFS 文件。

HFTP 还有一个扩展是 HSFTP,它默认使用 HTTPS 协议,先将数据加密,再进行远程传输。

HFTP 的代码封装于 org.apache.hadoop.hdfs.HftpFileSystem 类中。同样,HSFTP 在 org.apache.hadoop.hdfs.HsftpFileSystem 中实现。

在配置文件 hdfs.xml 中参照表 4-1 进行选项配置,即可启用 HFTP。当然,也可以直接在应用程序中指定。

表 4-1	启动 HFTP 的选项
选 项 名 称	描　　述
dfs.hftp.https.port	设置远程集群的 HTTPS 端口。若省略，则直接引用 dfs.https.port 配置项的值
hdfs.service.host_ip:port	指定一个拥有 HFTP 文件系统的服务器名称，该服务器的套接字是 ip:port

3. REST API

Hadoop 的 REST API 有两个：WebHDFS 和 HttpFS，二者提供几乎相同的功能——使一个集群外的客户机不用安装 Hadoop 和 Java 环境就可以对集群内的 Hadoop 进行访问，并且客户端不受程序设计语言的限制。二者的主要区别如下。

● WebHDFS 是 HDFS 内置的，是 Hadoop 默认开启的一个服务；而 HttpFS 是 HDFS 的一个独立服务，必须手动配置和启动才能使用。

● HttpFS 侧重于 REST API 访问的网关与代理。WebHDFS 不需要代理，客户端通过 NameNode 就可以访问集群中各个 DataNode。HttpFS 选择集群的某一个节点作为网关，客户端访问这个代理即可获得 HttpFS 访问服务。

● WebHDFS 是 HortonWorks 开发的，而 HttpFS 是 Cloudera 开发的，它们现在都被捐献给了 Apache。

无论是 WebHDFS，还是 HttpFS，其基本思想都来自 HTTP 操作（包括 GET、PUT、POST 和 DELETE）。例如，文件系统的 open、getfilestatus、liststatus 等操作用 HTTP GET 来表示，而 create、mkdirs、rename、setpermission 等操作则表示为 HTTP PUT，追加操作 append 对应 HTTP POST，删除操作 delete 对应 HTTP DELETE。

REST API 对应 Java API 中的 FileSystem 和 FileContext 接口。客户端的访问认证可以使用基于 user.name 的参数或者使用 Kerberos 认证。标准的 URL 格式如下所示。

http://host:port/webhdfs/v1/?op=operation&user.name=username

其中，默认的端口 port 是 14000，用户可以在 httpfs-env.sh 中修改默认端口值。实际上，所有与 HttpFS 有关的环境参数变量，用户都可以在 httpfs-env.sh 中进行个性化配置。具体配置方法如下。

（1）启用 HttpFS

首先，打开并编辑 etc/hadoop/core-site.xml 文件，添加以下配置。

```xml
<property>
    <name>hadoop.proxyuser.#user#.hosts</name>
    <value>*</value>
</property>
<property>
    <name>hadoop.proxyuser.#user#.groups</name>
    <value>*</value>
</property>
```

【注意】在以上配置代码中，#user#是在 Linux 系统中启动 Hadoop 或者 HttpFS 守护进程的用户名，例如在第 2 章安装 Hadoop 环境时的 hadoop 用户。

然后，打开并编辑 etc/hadoop/hdfs-site.xml 文件，添加以下配置。

```xml
<property>
        <name>dfs.webhdfs.enabled</name>
        <value>true</value>
</property>
<property>
```

```
                <name>dfs.permissions</name>
                <value>false</value>
</property>
```

（2）启动 HttpFS 守护进程

进入 Hadoop 安装目录下的 sbin 目录，执行以下命令即可启动 HttpFS 的守护进程。

```
$ httpfs.sh start
```

（3）验证操作

首先，输入以下 Linux 的 Shell 命令，显示 HttpFS 的端口状态。

```
$ netstat -antp | grep 14000
```

通常会显示类似于以下内容的结果。

```
tcp6    0     0 :::14000        :::*         LISTEN    13230/java
```

在以上显示输出中，13230 是 WebHDFS 内置的 Tomcat 的守护进程的 ID，使用 Shell 命令——jps 即可显示该进程为 Bootstrap。

然后，打开浏览器，在地址栏中输入以下访问链接并按 Enter 键。

http://localhost:14000/webhdfs/v1/test2?op=LISTSTATUS&user.name=hadoop

该链接包含的信息是：访问的目标对象是 HDFS 中的 "/test2" 目录，要求 HDFS 执行的操作是 ListStatus（即获取目标对象的状态信息），基于 user.name 参数认证的账户正好是在 core-site.xml 文件中指定的用户名。

若目标对象存在，则浏览器会显示类似于下面的信息。

```
{"FileStatuses":{"FileStatus":[
        {"pathSuffix":"hadoop-2.7.2.tar.gz","type":"FILE","length":212046774,"own-
er":"hadoop","group":"root","permission":"754","accessTime":1475543984597,"modificati-
onTime":1474042275883,"blockSize":134217728,"replication":1},
        {"pathSuffix":"myfile.txt","type":"FILE","length":10,"owner":"root","gro-
up":"root","permission":"754","accessTime":1474043139691,"modificationTime":1474084278
301,"blockSize":134217728,"replication":3}
]}}
```

4．HDFS Java API

HDFS Java API 位于 org.apache.hadoop.fs 包中，这些 API 能够支持的操作包括打开文件、读/写文件、删除文件等。

表 4-2 列出了 HDFS Java API 的主要接口及其描述，而表 4-3 则列出了 HDFS Java API 的类及其功能。

表 4-2　　　　　　　　　　　　　HDFS Java API 的主要接口

接　　口	描　　述
CanSetDropBehind	用于配置是否取消数据流的缓存机制
CanSetReadahead	用于设置是否预读数据流
CanUnbuffer	FSDataInputStreams 类实现该接口，以表明它们可以清除请求的缓冲
FsConstants	FileSystem 相关的常数
PositionedReadable	允许按位置读的流
Seekable	允许查找的流
Syncable	flush/sync 操作的接口
VolumeId	一个能指示磁盘位置的接口

表 4-3   HDFS Java API 的主要类

类　名	描　述
AbstractFileSystem	HDFS 抽象类，应用程序可以用 FileContext 来访问 HDFS 文件，而不能直接使用此类。通过 AbstractFileSystem，应用程序可以使用 URI 来定义 HDFS 文件的访问路径
AvroFSInput	使 FSDataInputStream 适应 Avro's SeekableInput 接口
BlockLocation	代表块的位置和所在节点的信息，例如块副本系数
BlockStorageLocation	用于包装 BlockLocation，允许为每一个副本添加 VolumeId
ChecksumFileSystem	提供校验和文件的基本操作，例如，为 HDFS 文件创建校验和文件
ContentSummary	用来存储一个目录或文件的内容摘要
FileChecksum	抽象类，代表 HDFS 文件的校验和
FileContext	该类提供访问 HDFS 的一系列操作方法，例如 create、open、list 文件
FileStatus	代表一个文件的状态，为客户端提供相应的操作接口
FileSystem	一个通用文件系统的 API，其实例代表客户端要访问的文件系统，它的直接派生类有 FilterFileSystem、FTPFileSystem、NativeAzureFileSystem、NativeS3FileSystem、RawLocalFileSystem、S3FileSystem、ViewFileSystem 等
FileUtil	一个文件处理工具的集合
FSDataInputStream	对输入流中的输入缓冲进行打包的工具
FSDataOutputStream	对输出流中的输出缓冲进行打包的工具
FsServerDefaults	为客户端提供服务器的各配置项的默认值
FsStatus	代表一个文件系统的状态，包括容量、剩余空间和已用空间
HdfsVolumeId	HDFS 的卷的 ID，能用来区别在一个数据节点上的数据目录之间的差异
LocalFileSystem	封装了针对本地文件系统的一些操作，如 copyFromLocalFile 和 copyToLocalFile 等
LocatedFileStatus	定义一个 FileStatus，封装一个文件的各块对应的位置
Path	一个文件或目录的路径

4.1.2　HDFS Java API 的一般用法

HDFS Java API 为客户端提供了针对文件系统、目录和文件的各种操作功能。在客户端应用程序中，通常按以下步骤来使用 HDFS Java API。

1. 实例化 Configuration

Configuration 类位于 org.apache.hadoop.conf 包中，它封装了客户端或服务器的配置。每个配置选项是一个键/值对，通常以 XML 格式保存。

实例化 Configuration 类的代码如下。

```
Configuration conf = new Configuration();
```

默认情况下，Configuration 的实例会自动加载 HDFS 的配置文件 core-site.xml，从中获取 Hadoop 集群的配置信息。为了保证程序能成功加载，建议将该配置文件 core-site.xml 复制到程序运行时的本地目录中，例如 bin 目录。

2. 实例化 FileSystem

FileSystem 类是客户端访问文件系统的入口，是 Hadoop 为客户端提供的一个抽象的文件系统，可以是 Hadoop 的 HDFS，也可以是 Amazon 的 S3。DistributedFileSystem 类是 FileSystem 的一个具体实现，是 HDFS 真正的客户端 API。

实例化 FileSystem 并返回默认的文件系统的代码如下。

```
FileSytem fs = FileSystem.get(conf);
```

【注意】可以通过 URI 来返回指定服务器的文件系统，代码如下。

```
FileSytem fs = FileSystem.get(uri, conf); //其中, uri 是 URI 类的实例
```

3. 设置目标对象的路径

HDFS API 提供了 Path 类来封装 HDFS 文件路径。Path 类位于 org.apache.hadoop.fs 包中。设置目标对象的路径的代码如下。

```
Path path = new Path("/test");
```

4. 执行文件或目录操作

得到 FileSystem 实例之后，就可以使用该实例提供的方法成员来执行相应的操作了，例如，打开文件、创建文件、重命名文件、删除文件或检测文件是否存在等。FileSystem 类常用成员函数见表 4-4。

表 4-4　　　　　　　　　　　FileSystem 的常用成员函数

返回值类型	方法名称及参数	功能说明
FSDataOutputStream	append(Path f)	向已存在的指定文件追加数据
boolean	cancelDeleteOnExit(Path f)	当 FileSystem 关闭时，取消删除操作
void	close()	关闭 HDFS
void	concat(Path dst, Path[] srcs)	将 srcs 中所有文件连接起来
void	copyFromLocalFile(Path src, Path dst)	从本地磁盘复制文件到 HDFS
void	copyToLocalFile(Path src, Path dst)	从 HDFS 复制文件到本地磁盘
FSDataOutputStream	create(Path f)	创建一个文件
Path	createSnapshot(Path path)	为文件创建快照
boolean	delete(Path f)	删除指定文件
boolean	deleteOnExit(Path f)	当文件系统关闭时为文件添加删除标记
void	deleteSnapshot(Path f, String sName)	删除指定的快照
boolean	exists(Path f)	检查指定文件是否存在
long	getBlockSize(Path f)	返回指定文件的数据块的大小
long	getDefaultBlockSize(Path f)	返回默认的数据块的大小
short	getDefaultReplication(Path p)	返回默认的副本系数
BlockLocation[]	getFileBlockLocations(Path f, long start,long len)	返回指定文件的各数据块的位置
FileChecksum	getFileChecksum(Path f, long length)	返回指定文件的校验和
abstract FileStatus	getFileStatus(Path f)	返回指定文件的状态
long	getLength(Path f)	返回文件长度
abstract Path	getWorkingDirectory()	返回工作目录
boolean	isDirectory(Path f)	指定文件是否为目录
boolean	isFile(Path f)	指定 path 是否为文件
boolean	mkdirs(Path f)	建立子目录
void	moveFromLocalFile(Path[] srcs, Path dst)	把本地文件迁移到 HDFS

返回值类型	方法名称及参数	功 能 说 明
void	moveToLocalFile(Path src, Path dst)	把 HDFS 文件迁移到本地磁盘
FSDataInputStream	open(Path f)	打开指定的文件
protected void	processDeleteOnExit()	删除已标记过的所有文件
abstract boolean	rename(Path src, Path dst)	修改目录或文件名
void	renameSnapshot(Path f, String oldName,String newName)	重命名快照
boolean	setReplication(Path src, short n)	设置指定文件的副本系数
abstract void	setWorkingDirectory(Path new_dir)	设置当前工作目录
boolean	truncate(Path f, long newLength)	按指定的长度切分文件

【实例 4-2】检查一个 HDFS 文件是否存在。

首先，启动 Eclipse 并新建一个 Map/Reduce Project（如 TestHDFS）。

然后，添加一个类文件（如 Test.java）并在该文件中输入以下代码。

```
import org.apache.hadoop.conf.Configuration;
import org.apache.hadoop.fs.FileSystem;
import org.apache.hadoop.fs.Path;
public class Test {
    public static void main(String[] args) throws Exception{
        Configuration conf = new Configuration();
        FileSystem fs = FileSystem.get(conf);
        Path dst = new Path(args[0]);
        boolean rs = fs.exists(dst);            //检查目标文件是否存在并返回一个布尔值
        System.out.println(args[0]+"文件是否存在? "+rs);
    }
}
```

之后，打开 Eclipse 的"Run Configurations"对话框，新建一个 Java Application 并在该 Application 的"Main"选项卡中设置 Project（例如 TestHDFS）和 MainClass（如 Test），再在"Arguments"选项卡中添加 Program arguments 值（如/test2/myfile.txt）。如图 4-1 所示。

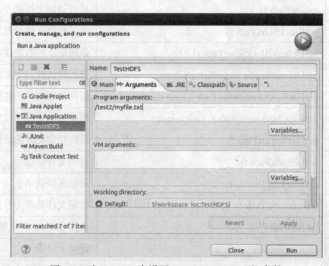

图 4-1　在 Eclipse 中设置 Java Application 的参数

接着，将 Hadoop 安装目录中的 etc/hadoop/core-site.xml 文件复制到新建项目的 bin 子目录中。

最后，单击 Eclipse 的 Run 菜单命令以运行
该程序，在 Eclipse 的 "Console" 子窗口中将显
示图 4-2 所示的运行结果。

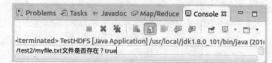

图 4-2 运行效果

【注意】请读者把该项目 bin 子目录中的
core-site.xml 文件删除，再次执行该程序并观察运行结果相较于图 4-2 有何不同，请分析其原因。

4.2 HDFS Java API 客户端编程

HDFS Java API 开放了有关 HDFS 的所有操作功能。通过使用该 API，我们可以非常方便地
开发自己的客户端管理程序，实现目标应用系统需要的分布式数据存储与管理功能，例如，开发
海量云存储系统。

4.2.1 目录与文件的创建

1. 创建 HDFS 目录

通过 FileSystem.mkdir()方法可在 HDFS 中创建目录。该方法支持以下 3 种重载形式。

● boolean mkdirs(Path f)。创建一个具有默认访问权限的目录，其中 f 为子目录的完整路径。

● abstract boolean mkdirs(Path f, FsPermission pms)。相当于 Linux 系统的 mkdir -p 命令，能
创建一个具有指定访问权限的目录，如果在 f 参数中指定的上级目标不存在，则先创建上级目录。

● static boolean mkdirs(FileSystem fs, Path f, FsPermission pms)。在给定的文件系统中创建一
个目录，使之具有指定的访问权限。

【实例 4-3】编写一个简单的程序，实现以下功能：在 HDFS 中创建一个目录。

```
import org.apache.hadoop.conf.Configuration;
import org.apache.hadoop.fs.FileSystem;
import org.apache.hadoop.fs.Path;
public class Test {
    public static void main(String[] args) throws Exception{
        Configuration conf = new Configuration();
        FileSystem fs = FileSystem.get(conf);
        Path dst = new Path(args[0]);
        Boolean isSuccessed =  fs.mkdirs(dst);
        if(isSuccessed)
            System.out.println("已成功创建目录："+args[0]);
        else
            System.out.println("创建目录："+args[0]+"失败！");
    }
}
```

在 Eclipse 中首先指定程序参数(program arguments)(如
"/temp")，然后单击 "Run" 菜单命令，运行该程序。运行结
果可通过 Eclipse 左边的项目浏览器（ project explorer ）和
HDFS 的 Shell 命令查看。

在 Eclipse 的项目浏览器中显示的运行结果如图 4-3 所示。

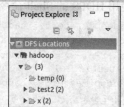

图 4-3 项目浏览器中显示的运行结果

使用 HDFS 的 Shell 命令查看时，显示的结果如下。

```
hadoop@master:~$ hadoop fs -ls /
Found 3 items
drwxr-xr-x   - hadoop supergroup          0 2016-09-29 19:41 /temp
drwxr-xr--   - hadoop root                0 2016-09-16 09:25 /test2
drwxr-xr-x   - hadoop supergroup          0 2016-09-16 02:56 /x
hadoop@master:~$
```

2. 创建文件

通过 FileSystem.create()方法可在 HDFS 中创建文件，该方法有多种重载形式，常用的重载方法见表 4-5。

表 4-5　　　　　　　　　　　　　　　　FielSystem 的 create()方法

返回值类型	方法名称及参数	说　　明
static FSDataOutputStream	create(FileSystem fs, Path f, FsPermission ps)	ps 参数指定访问权限
FSDataOutputStream	create(Path f)	创建指定文件
FSDataOutputStream	create(Path f, boolean overwrite)	若 overwrite 为 true 且文件已存在，则覆盖原文件
FSDataOutputStream	create(Path f, boolean overwrite, int bufferSize)	bufferSize 参数用来指定缓存大小
FSDataOutputStream	create(Path f, boolean overwrite, int bufferSize, short replication, long blockSize)	replication 和 blockSize 分别指定文件副本系数和块大小

在 FileSystem.create()方法操作成功之后，将获得一个 FSDataOutputStream 文件数据输出流的实例。之后，再引用 FSDataOutputStream 的 write 方法，即可实现数据写入操作。如果客户希望直接创建一个空文件，可调用 boolean createNewFile(Path f)方法。

【实例 4-4】编写一个简单的程序，实现以下功能：在 HDFS 中创建一个文件并写入一句话。

```
import org.apache.hadoop.conf.Configuration;
import org.apache.hadoop.fs.FSDataOutputStream;
import org.apache.hadoop.fs.FileSystem;
import org.apache.hadoop.fs.Path;
public class Test {
    public static void main(String[] args) throws Exception{
        Configuration conf = new Configuration();
        FileSystem fs = FileSystem.get(conf);
        Path dst = new Path(args[0]);
        byte[] buff ="止于至善".getBytes();
        FSDataOutputStream dos = fs.create(dst);
        dos.write(buff);
    }
}
```

指定程序参数（如“/temp/file1”）并运行该程序，在 Eclipse 的项目浏览器中可看到图 4-4 所示的运行结果。

使用 HDFS 的 Shell 命令查看时，显示的结果如下。

```
hadoop@master:~$ hadoop fs -ls /temp
Found 1 items
-rw-r--r--   3 hadoop supergroup          12 2016-09-30
02:07 /temp/file1
hadoop@master:~$ hadoop fs -cat /temp/file1
止于至善
hadoop@master:~$
```

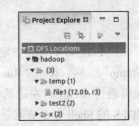

图 4-4　创建文件之后的效果

4.2.2　文件上传与下载

1．上传本地文件

通过 FileSystem.copyFromLocalFile()方法可以将本地文件上传到 HDFS 的指定位置。该方法有多种重载形式，见表 4-6。要将本地文件上传至 HDFS，首先要设置本地文件的路径，然后还要设置将要上传到 HDFS 中的目标路径。

表 4-6　　　　　　　　　　　　　　copyFromLocalFile()方法的重载形式

返 回 值	方 法 名 称	说　　明
void	copyFromLocalFile(Path src, Path dst)	src 参数指定本地路径，dst 参数必须是目标位置。注意，本地路径和目标位置必须是完整的路径
void	copyFromLocalFile(boolean delSrc, Path src, Path dst)	delSrc 参数指示在上传成功之后是否删除源文件
void	copyFromLocalFile(boolean delSrc, boolean overwrite, Path src,Path dst)	一次只能上传一个文件，overwrite 参数指示当目标文件已存在时是否覆盖
void	copyFromLocalFile(boolean delSrc, boolean overwrite,Path[] srcs, Path dst)	一次可上传多个文件，dst 必须是目录

【实例 4-5】编写一个简单的程序，实现以下功能：将 Linux 本地系统中的文件上传到 HDFS 中。

```java
import java.io.IOException;
import org.apache.hadoop.conf.Configuration;
import org.apache.hadoop.fs.FileSystem;
import org.apache.hadoop.fs.Path;
public class Test {
    public static void main(String[] args) throws Exception{
        Configuration conf = new Configuration();
        FileSystem fs = FileSystem.get(conf);
        Path src = new Path(args[0]);
        Path dst = new Path(args[1]);
        try{
          fs.copyFromLocalFile(src, dst);
          System.out.println("文件上传成功! ");
        }
        catch(IOException ex)
        {
          System.out.println("文件上传失败! 错误原因: " + ex.getMessage());
        }
    }
}
```

首先指定程序参数（例如，"/home/hadoop/test　/temp"表示将 Linux 本地目录及其内部文件和子目录上传到 HDFS 的 temp 目录中），然后检查 Linux 中是否存在/home/hadoop/test，若不存在，则创建该目录，同时在该目录中创建任意一个或多个文件后运行该程序，在 Eclipse 的项目浏览器中可看到图 4-5 所示的运行结果。

【注意】copyFromLocalFile()方法的 src 参数既可以是文件，也可以是目录。当 src 是一个目录时，该方法会把 src 目录及其中的文件全部上传到 HDFS 中，而此时 dst 参数必须是一个目录路径，代

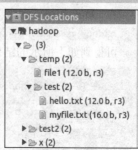

图 4-5　运行结果

表上传之后的目标存储位置。

2. 下载 HDFS 文件

通过 FileSystem.copyToLocalFile()方法可以把 HDFS 文件下载到本地磁盘。该方法有多种重载形式，见表 4-7。要从 HDFS 中下载，必须要设置 HDFS 路径和本地路径。

表 4-7   copyToLocalFile()方法

返 回 值	方 法 名 称	说　　明
void	copyToLocalFile(Path src, Path dst).	源文件 src 只能来自 HDFS，目标路径 dst 必须位于本地磁盘
void	copyToLocalFile(boolean delSrc, Path src, Path dst)	参数 delSrc 指示是否删除源文件
void	copyToLocalFile(boolean delSrc, Path src, Path dst, boolean useRawLocalFileSystem)	参数 useRawLocalFileSystem 指示是否使用 RawLocalFileSystem 做本地文件系统。Rawlocalfilesystem 是一种非 CRC 文件系统

【实例 4-6】编写一个简单的程序，实现以下功能：将 HDFS 中的文件下载到 Linux 本地系统中。

```java
import java.io.IOException;
import org.apache.hadoop.conf.Configuration;
import org.apache.hadoop.fs.FileSystem;
import org.apache.hadoop.fs.Path;
public class Test {
    public static void main(String[] args) throws Exception{
        Configuration conf = new Configuration();
        FileSystem fs = FileSystem.get(conf);

        Path src = new Path(args[0]);
        Path dst = new Path(args[1]);
        try{
          fs.copyToLocalFile(true, src, dst);;
          System.out.println("文件下载成功，源文件已被删除！");
        }
        catch(IOException ex)
        {
          System.out.println("文件下载失败！错误原因：" + ex.getMessage());
        }
    }
}
```

首先指定程序参数（例如，"/temp/test/myfile.txt　/home/hadoop/test"），之后运行该程序，在 Eclipse 的控制台（Console）窗口中，即可看到"文件下载成功，源文件已被删除！"的提示信息。

在 Linux 的终端命令窗口，输入以下 Shell 命令：

```
hadoop@master:~$ hadoop fs -ls /temp/test/
```

可得到如下所示的结果。

```
Found 1 items
-rw-r--r--   3 hadoop supergroup         12 2016-09-30 03:19 /temp/test/hello.txt
hadoop@master:~$ ls -lh ~/test
总用量 4.0K
-rw-r--r-- 1 hadoop hadoop 16 Oct  1 18:38 myfile.txt
hadoop@master:~$
```

这说明，在 HDFS 中的源文件 myfile.txt 已经被下载到 Linux 本地文件系统。

4.2.3　数据流与文件读写操作

从 HDFS 中读文件数据或者向 HDFS 写入文件数据的过程都是数据流的读取和写入的过程。HDFS Java API 提供了数据流的 I/O 操作类，包括 FSDataInputStream 和 FSDataOutputStream，使用它们提供的读/写操作方法可以编写客户端的读写操作程序。接下来，我们来了解一下数据流的读/写过程。

1. 文件读取操作

HDFS 读取文件的过程如图 4-6 所示。

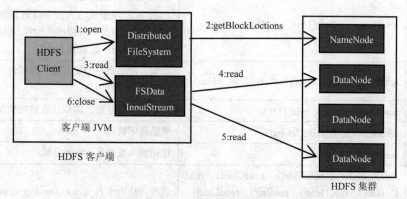

图 4-6　HDFS 读取文件的过程

- HDFS 客户端（Client）通过调用 FileSystem 对象的 open()方法来打开希望读取的文件，这个对象是分布式文件系统（图 4-6 中的步骤 1）的一个实例。
- DistributedFileSystem 负责向远程的元数据节点（NameNode）发起 RPC 调用，得到文件的数据块信息（步骤 2）。
- NameNode 视情况返回文件的部分或全部数据块列表，对于每一个数据块，NameNode 都会返回该数据块及其副本的数据节点（DataNode）的地址。
- DistributedFileSystem 返回一个 FSDataInputStream 对象给客户端，用来读取数据。FSDataInputStream 对象转而封装 DFSInputStream 对象（该对象负责 NameNode 和 DataNode 的通信）。
- 客户端调用 FSDataInputStream 对象的 read()方法开始读取数据（步骤 3）。
- DFSInputStream 对象连接保存此文件第一个数据块的最近的数据节点。
- 通过对数据流反复调用 read()方法，把数据从数据节点传输到客户端（步骤 4）。当此数据块读取完毕时，DFSInputStream 关闭与此数据节点的连接，然后连接此文件下一个数据块的最近的数据节点（步骤 5）。这些操作对客户端来说都是透明的，客户端只需要读取连续的流。
- 当客户端读取完数据的时候，调用 FSDataInputStream 的 close()方法来关闭输入流。

【注意】在读取数据的过程中，如果客户端与数据节点通信出现错误，则尝试连接包含此数据块的下一个最邻近的数据节点。同时，失败的数据节点将被记录，以保证以后不会反复读取该节点上后续的数据块。FSDataInputStream 也会通过校验和（checksum）确认从 DataNode 读取的数据是否完整。若有损坏，它就会在试图从其他 DataNode 读取其副本之前通知 NameNode。

表 4-8 列出了 FSDataInputStream 类有关输入流的常用方法。

表 4-8　　　　　　　　　　　　　FSDataInputStream 类有关输入流的常用方法

返 回 值	方法名称及参数	说　　明
int	read(ByteBuffer buf)	读取数据并放到 buf 缓冲，返回值是所读数据的字节数
ByteBuffer	read(ByteBufferPool pool, int maxLen)	pool 参数用来创建后备缓冲（当无法创建 ByteBuffer 时）。maxLen 参数用来设置缓冲的最大容量，当其值=0 时，将返回一个空缓冲；当其值 ＞0 且已到达流的末尾 EOF 时，返回 null
int	read(long pos, byte[] buf, int offset, int len)	从输入流的指定位置开始，把数据读到缓冲中。参数 pos 指定从输入流中读数据的位置，参数 offset 表示数据写入缓冲的位置（偏移量），参数 len 指定读操作的最大字节数
void	readFully(long pos,byte[] buf, int offset, int len).	从输入流的指定位置开始，连续读取 len 个字节的数据到缓冲中
void	readFully(long pos, byte[] buf)	从指定位置开始，读取所有数据到缓冲中
void	releaseBuffer(ByteBuffer buf)	删除指定缓冲
void	seek(long offset)	指向输入流的第 offset 字节
	readBoolean()、readByte()、readChar()、readDouble()、readFloat()、readInt()、readLine()、readLong()、readShort()、read UTF()	这些方法继承自 java.io.DataInputStream

【实例 4-7】编写一个简单的程序，实现以下功能：打开 HDFS 文件并逐行显示其内容。

```
import java.io.IOException;
import org.apache.hadoop.conf.Configuration;
import org.apache.hadoop.fs.FSDataInputStream;
import org.apache.hadoop.fs.FileSystem;
import org.apache.hadoop.fs.Path;
public class Test {
    public static void main(String[] args) throws Exception{
        Configuration conf = new Configuration();
        FileSystem fs = FileSystem.get(conf);

        Path src = new Path(args[0]);
        try{
            FSDataInputStream dis = fs.open(src);
            dis.seek(0);                    //定位到文件的开头，此语句可省略
            String datas  = dis.readLine();   //读取第一行数据
            while( datas.length()>0) {
                System.out.println(datas);
                datas = dis.readLine();       //读取下一行数据
                if(datas==null) break;        //如果已到文件末尾，则终止读操作
            }
            dis.close();
        }
        catch(IOException ex)
        {
            System.out.println("读文件操作失败! 错误原因: " + ex.getMessage());
        }
```

```
    }
  }
```

首先指定程序参数（例如，"/temp/test/hello.txt"），之后运行该程序，在 Eclipse 的控制台（console）窗口中，即可显示 hello.txt 的文件内容。

2. 写文件的过程

向 HDFS 写入文件的过程如图 4-7 所示。

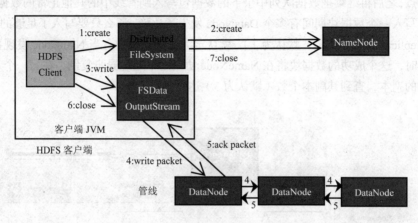

图 4-7　向 HDFS 写入文件的过程

● 客户端调用 DistributedFileSystem 对象的 create()方法（见图 4-7 中的步骤 1），创建一个文件输出流（FSDataOutputStream）对象。FSDataOutputStream 对象转而封装 DFSOutputStream 对象。DFSOutputStream 对象负责 NameNode 和 DataNode 的通信。

● DistributedFileSystem 向远程的 NameNode 发起一次 RPC 调用（步骤 2）。NameNode 检查该文件是否已经存在以及客户端是否有权新建文件。如果通过检查，NameNode 就会在 edits 日志中新增一条创建新文件的记录（注意，此时新文件没有任何数据块）；否则创建文件失败，抛出一个 IOException 异常。

● 客户端调用 FSDataOutputStream.write()方法（步骤 3）触发数据写入操作，数据先被写入内部的缓存中，再被切分成一个个的数据包（packet）。

● 之后，每个数据包被发送到由 NameNode 分配的一组数据节点（默认为 3 个）的一个节点上（步骤 4），在这组数据节点组成的管线（pipeline）上依次传输数据包。

● 管线上的数据节点按反向顺序返回确认信息（ack），最终由管线中第一个数据节点将整条管线的确认信息发送给客户端（步骤 5）。

● 客户端完成写入操作，之后调用 close()方法以关闭文件输出流（步骤 6）。

● 最后，调用 DistributedFileSystem 对象的 close()方法以关闭文件系统，同时通知 NameNode 文件写入成功（步骤 7）。

其中，DFSOutputStream 对象的内部工作机制如图 4-8 所示，其具体工作流程如下。

● 创建数据包。FSDataOutputStream 实例化一个 DFSOutputStream 输出流对象，客户端将数据写到其内部的缓冲中，然后把数据分解成多个数据包，每个包大小为 64KB，每个包由客户端写入的字节流数据（默认大小为 512 Bytes）以及对应的检验和（checksum）组成。当客户端写入的字节流达到一个包的长度时，就会构建出一个完整的 Packet 对象，并放入数据队列（dataQueue）中。

● 发送数据包。DataStreamer 线程不断地从数据队列中摘取数据包，之后发送到管线中的第一个数据节点上,并将该包移到确认队列(ackQueue)中。

● 接收确认信息。ResponseProcessor 接收来自数据节点的确认信息,若是一个成功的确认,则表示管线中的所有数据节点都已经接收到这个数据包,最后从确认队列中删除这个数据包。

【注意】在写入数据的过程中,如果数据节点发生故障,则首先关闭当前管线,再把所有未完成的数据包从响应队列中移除掉并重新添加到数据队列的最前端,然后重新创建一个新的管线以排除故障节点,之后再继续把数据队列中余下的数据包写入到管线中的其他正常的数据节点之中。

如果在写入一个数据块期间有多个 DataNode 发生了故障,那么只要写入了足够的副本数(由配置项 dfs.replication.min 决定,默认为 1),就认定为写操作成功。当 NamNode 发现数据块的副本个数不足时,这个成功的数据块将在 NameNode 协调之下通过异步复制,在另一个节点上自动创建一个新的副本,直到其副本个数(默认为 3)达到规定为止。

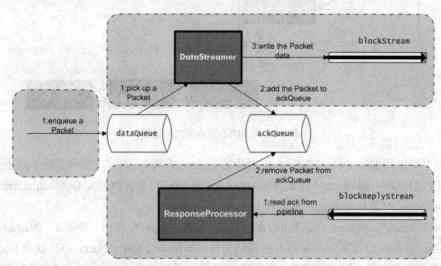

图 4-8 DFSOutputStream 对象的内部工作机制

表 4-9 列出了 FSDataOutputStream 类有关输出流的常用方法。

表 4-9 FSDataOutputStream 类有关输出流的常用方法

返 回 值	方 法 名 称	说 明
void	close()	关闭输出流
long	getPos()	获取输出流的当前位置
void	hflush()	清理客户端用户缓冲中的数据
void	hsync()	类似 Linux 的 fsync,把客户端用户缓冲中的数据同步到磁盘之中
	writeBoolean()、writeByte()、writeBytes()、writeChar()、writeChars()、writeDouble()、writeFloat()、writeInt()、writeLong()、writeShort()、writeUTF()	这些方法继承自 java.io.DataOutputStream

【实例 4-8】编写一个简单的程序,实现以下功能:打开一个 HDFS 文件,通过键盘输入若干个人的姓名和年龄并追加到该文件之中。

```
import java.util.Scanner;
import org.apache.hadoop.conf.Configuration;
import org.apache.hadoop.fs.FSDataOutputStream;
```

```
import org.apache.hadoop.fs.FileSystem;
import org.apache.hadoop.fs.Path;
public class TestSave {
    public static void main(String[] args) throws Exception {
        Configuration conf = new Configuration();
        conf.setBoolean("fs.support.append", true);      //修改配置项，使 HDFS 支持追加
        FileSystem fs = FileSystem.get(conf);
        Path file = new Path("/temp/myinfo.txt");        //指定目标文件
        FSDataOutputStream dos = fs.append(file);        //以追加方式打开指定文件
        Scanner scan = new Scanner(System.in);
        do {
            System.out.print("\n 姓名、年龄、是否继续?(n 表示退出)（中间以空格为间隔）: ");
            String name = scan.next();              //键盘输入姓名
            String age = scan.next();               //键盘输入年龄
            String yn = scan.next();
            dos.writeUTF("name:" + name);           //生成键值对，并写入输出流
            dos.writeChars(",age:" + age+"\n");
            if(yn.equals("n")) break;               //如果键盘输入了字符 n，则退出循环
        } while ( true);
        scan.close();
        dos.flush();
        dos.close();
        fs.close();
    }
}
```

运行该程序，根据提示输入自己的姓名、年龄和是否继续的控制字符，就将数据追加到了 HDFS 的 myinfo.txt 文件中。程序运行效果如图 4-9 所示。在 Linux 终端窗口，分别在程序运行之前和之后输入以下 Shell 命令，将显示 myinfo.txt 文件内容的变化。

```
hadoop@master:~$ hadoop fs -cat /temp/myinfo.txt
name:Mike,age:25
hadoop@master:~$ hadoop fs -cat /temp/myinfo.txt
name:Mike,age:25
name:杨羿,age:20
name:周雨琦,age:22
```

图 4-9　程序运行效果

4.2.4　目录与文件的重命名

通过 FileSystem.rename()方法可以重命名指定的文件或目录。该方法的签名如下。

```
public abstract boolean rename(Path src, Path dst)
```

该方法将指定路径 src 重命名为目标路径 dst。该方法既可重命名本地文件系统中的文件或目录，也可以重命名远程的 HDFS 中的文件或目录。该方法操作成功时返回逻辑真。

【实例 4-9】编写一个简单的程序，实现以下功能：重命名文件或目录。

```java
import java.io.IOException;
import org.apache.hadoop.conf.Configuration;
import org.apache.hadoop.fs.FileSystem;
import org.apache.hadoop.fs.Path;
public class Test {
    public static void main(String[] args) throws Exception {
        Configuration conf = new Configuration();
        FileSystem fs = FileSystem.get(conf);
        Path src = new Path(args[0]);
        Path dst = new Path(args[1]);
        boolean isRenamed = fs.rename(src, dst);
        String msg = isRenamed ? "重命名成功":"重命名失败";
        System.out.println(msg);
    }
}
```

在 Eclipse 中首先指定程序参数（例如，"/temp/file1/temp/file1.txt"），然后单击"Run"菜单命令以运行该程序，最后显示"重命名成功"。用鼠标右键单击 Eclipse 的 Project Explorer 中的"hadoop"，选择"Refresh"命令，展开"temp"目录，即可看见原文件 file1 被重命名为 file1.txt。如图 4-10 所示。

图 4-10　程序运行结果

4.2.5　目录和文件的删除

通过 FileSystem.delete()方法可以删除指定的文件或目录。该方法的签名如下。

```
abstract boolean delete(Path f, boolean recursive)
```

其中，参数 recursive 指示是否进行递归删除。如果删除对象 f 是一个目录且 recursive 参数为 true 时，该目录及其内容（子目录和文件）将全部被删除，否则将抛出异常。当删除对象 f 是一个文件时，recursive 参数既可设置为 true，也可设置为 false。

【实例 4-10】编写一个简单的程序，实现以下功能：能删除指定文件或目录。

```java
import java.io.IOException;
import org.apache.hadoop.conf.Configuration;
import org.apache.hadoop.fs.FileSystem;
import org.apache.hadoop.fs.Path;
public class Test {
    public static void main(String[] args) throws Exception {
        Configuration conf = new Configuration();
        FileSystem fs = FileSystem.get(conf);
        Path src = new Path(args[0]);
        boolean isDeleted = fs.delete(src,true);            //递归删除指定文件
        String msg = isDeleted ? "删除成功":"删除失败";
        System.out.println(msg);
    }
}
```

在 Eclipse 中首先指定程序参数（例如，"/x"），然后单击"Run"菜单命令以运行该程序，最后显示"删除成功"。刷新（refresh）或重新连接（reconnect）在 Eclipse 的 Project Explorer 中的

"hadoop"，即可看见 x 目录包括其内部文件和子目录全部被删除。如图 4-11 所示。

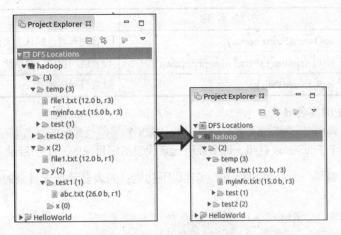

图 4-11　删除前后的对比

4.2.6　文件系统的状态信息显示

1．HDFS 文件的状态信息

通过 FileSystem.getFileStatus() 方法可以返回指定的文件或目录的状态信息。通过 FileSystem.listStatus() 方法则可以返回指定目录的内部文件或子目录的状态信息。

getFileStatus() 方法的签名如下。

```
public abstract FileStatus getFileStatus(Path f)
```

该方法返回一个 FileStatus 对象。在该对象中，封装了文件或目录的名称、最近修改时间、最近访问时间、拥有者、所属组、访问权限信息、数据块的大小及副本个数等信息。调用 FileStatus 对象提供的一系列 get 或 set 方法，即可获取或设置相应的状态信息，见表 4-10。

表 4-10　　　　　　　　　　　　　　FileStatus 类的常用方法成员

返　回　值	方　法　名　称	说　　　明
long	getAccessTime()	返回文件的访问时间
long	getBlockSize()	返回文件的块大小
String	getGroup()	返回与文件关联的组
long	getLen()	返回文件的字节总数
long	getModificationTime()	返回文件的修改时间
String	getOwner()	返回文件的拥有者
Path	getPath()	返回文件的完整路径
FsPermission	getPermission()	返回与文件关联的访问权限
short	getReplication()	返回文件的每个数据块的副本个数
Path	getSymlink()	返回符号连接的内容
boolean	isDirectory() | isFile() | isSymlink()	是否为目录，或文件，或符号连接
boolean	isEncrypted()	是否已加密
void	setGroup(String group)	设置文件所属的组，默认为 supergroup

返回值	方法名称	说明
void	setOwner(String owner)	设置拥有者，默认为文件的创建者
void	setPermission(FsPermission permission)	设置访问权限，包括读、写、可执行等权限
void	setSymlink(Path p)	设置符号连接

listStatus()方法的签名如下。

```
public abstract FileStatus[] listStatus(Path f)
```

该方法返回一个 FileStatus 数组，每个数组元素代表指定目录的一个子目录或一个文件的状态。

【实例 4-11】编写一个简单的程序，实现以下功能：列表显示指定目录的内部文件或子目录信息。

```
import java.io.IOException;
import org.apache.hadoop.conf.Configuration;
import org.apache.hadoop.fs.FileStatus;
import org.apache.hadoop.fs.FileSystem;
import org.apache.hadoop.fs.Path;
public class Test {
    public static void main(String[] args) throws Exception {
        Configuration conf = new Configuration();
        FileSystem fs = FileSystem.get(conf);
        Path src = new Path(args[0]);                    //指定目标对象
        FileStatus status = fs.getFileStatus(src);  //获取目标对象的状态
        if (status.isFile())
            System.out.println("目标对象是一个文件");
        else {
            //递归获取一个目录的所有内部对象的状态
            FileStatus list[] = fs.listStatus(src);
            for (FileStatus x : list) {                   //遍历该目录中的文件和子目录
                System.out.println("文件名: " + x.getPath().toString()
                    + "\n\t 文件长度: " + x.getLen()
                    + "\t 修改时间: "+ x.getModificationTime()
                    + "\t 所有者: " + x.getOwner()
                    + "\t 块大小: " + x.getBlockSize()
                    + "\t 块副本个数: "+ x.getReplication()
                    + "\t 访问权限: " + x.getPermission().toString());
            }
        }
    }
}
```

在 Eclipse 中首先指定程序参数（例如，"/temp"），然后单击 Run 菜单命令以运行该程序，在 Eclipse 的 Console 窗口中显示的运行效果如图 4-12 所示。

2. HDFS 文件的存储位置

通过 FileSystem.getFileBlockLocations()方法可以返回指定文件在 HDFS 集群中的存储位置。该方法有以下两种重载格式。

```
BlockLocation[] getFileBlockLocations(FileStatus file, long start, long len)
BlockLocation[] getFileBlockLocations(Path p, long start, long len)
```

图 4-12　运行效果

　　以上两种重载都返回给定文件的各数据块的存储位置信息，包括主机名、块的大小和块首的字节序号（offset）等。如果不想返回整个文件的存储位置信息，而只想查找文件的部份数据（即字节序列）的存储位置，则只需要设置参数 start 和 len 来指定这个字节序列的起始字节编号和长度即可。调用 BlockLocation 对象的成员方法即可获取或设置各存储位置的信息，其常用成员方法见表 4-11。

表 4-11　　　　　　　　　　　　　　　BlockLocation 的常用成员方法

返 回 值	方 法 名 称	说 明
String[]	getHosts()	返回本块所在的主机名称列表
long	getLength()	返回本块的长度
long	getOffset()	返回本块相对文件起始位置的偏移量
String[]	getTopologyPaths()	返回本块所在的每台主机的网络拓扑路径
boolean	isCorrupt()	是否失效（corrupt）
void	setCorrupt(boolean corrupt)	标志为失效
void	setHosts(String[] hosts)	设置本地的主机
void	setLength(long length)	设置块长
void	setOffset(long offset)	设置起始偏移值
void	setTopologyPaths(String[] paths)	设置各主机的网络拓扑路径

【实例 4-12】编写一个简单的程序，实现以下功能：列表显示指定文件的存储位置信息。

```
import java.io.IOException;
import org.apache.hadoop.conf.Configuration;
import org.apache.hadoop.fs.BlockLocation;
import org.apache.hadoop.fs.FileStatus;
import org.apache.hadoop.fs.FileSystem;
import org.apache.hadoop.fs.Path;
public class Test {
    public static void main(String[] args) throws Exception {
        Configuration conf = new Configuration();
        FileSystem fs = FileSystem.get(conf);
        Path src = new Path(args[0]);
        FileStatus status = fs.getFileStatus(src);
        if (status.isDirectory())
            System.out.println("警告：所指定的目标对象是一个目录！");
        else {
            BlockLocation locations[] = fs.getFileBlockLocations(status, 0, status.
getLen());
            System.out.print(status.getPath() + "文件的存储位置信息如下：");
```

```
        for (int i = 0; i < locations.length; i++) {
                String hosts[] = locations[i].getHosts();
                long start = locations[i].getOffset();
                System.out.print("\n\t 第" + (i + 1) + "块的存储位置是：");
                for (String host : hosts) {
                        System.out.print(host + "      ");
                }
                System.out.print("\t 第" + (i + 1) + "块的首字节序号是：" + start);
        }
    }
}
```

在 Eclipse 中首先指定程序参数（例如，"/test2/hadoop-2.7.2.tar.gz"），然后单击 Run 菜单命令以运行该程序，在 Eclipse 的 Console 窗口中显示的运行效果如图 4-13 所示。

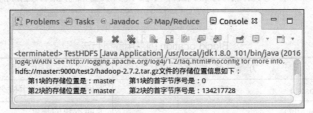

图 4-13　运行效果

3. HDFS 集群的节点信息

通过调用位于 org.apache.hadoop.hdfs 中的 DistributedFileSystem.getDataNodeStats()方法，可获得 HDFS 集群上所有的节点状态信息。该方法返回值是一个 DataNodeInfo 数组，遍历该数组即可输出每一个节点的信息。其中，DistributedFileSystem 是 FileSystem 类的派生类，是 HDFS 的客户端 API。

【实例 4-13】编写一个简单的程序，实现以下功能：列表显示 HDFS 集群各数据节点的状态信息。

```
import java.io.IOException;
import org.apache.hadoop.conf.Configuration;
import org.apache.hadoop.fs.FileSystem;
import org.apache.hadoop.hdfs.DistributedFileSystem;
import org.apache.hadoop.hdfs.protocol.DatanodeInfo;
public class Test {
    public static void main(String[] args) throws Exception {
        Configuration conf = new Configuration();
        FileSystem fs = FileSystem.get(conf);
        DistributedFileSystem dfs = (DistributedFileSystem)fs;
        //获取 HDFS 集群的各数据节点的信息
        DatanodeInfo[] nodes = dfs.getDataNodeStats();
        int i=1;
        for(DatanodeInfo node : nodes)            //遍历所有数据节点
        {
            System.out.print("\n 节点"+(i++)+"的主机名是："+node.getHostName());
            System.out.print("，该节点的地址："+node.getInfoAddr());
        }
    }
}
```

运行该程序，在 Eclipse 的 Console 窗口中显示的运行效果如图 4-14 所示。

图 4-14　运行效果

4.3　HDFS 应用举例——云盘系统的实现

随着信息化技术的深入发展，特别是互联网应用（如电子商务和在线视频业务）的发展，企业数据规模都在急剧膨胀，为此，海量存储技术应运而生。这就是时下流行的云存储的概念。本节以简化的云盘系统为案例，展现 HDFS 在海量存储方面的应用方法。

4.3.1　云盘系统分析

云盘系统通过互联网为企业和个人提供信息的储存、读取、下载等服务，具有安全稳定、海量存储的特点。根据用户群定位，云盘系统可以划分为公有云盘、社区云盘、私有云盘等。目前，公有云盘逐渐开始成熟，比较知名的系统有百度网盘、360 云盘、腾讯 QQ 云盘等。它们的共同特点是提供免费云存储服务，提供离线下载、文件智能分类浏览、视频在线播放、文件在线解压缩、免费扩容等功能；用户可以轻松将自己的文件上传到网盘上，可以跨终端、随时随地查看自己的文件，可以与好友分享音乐、照片与文档等。随着技术的发展和普及，未来社区云盘存储和私有云盘存储将会有越来越大的发展。

Hadoop 的 HDFS 具有可扩展性、可靠性、高可用性和成本低等优势，为实现云盘系统提供了近乎完美的底层环境。特别是，HDFS"一次写入、多次读取"的文件访问模式简化了数据存储的一致性问题，并且保证了高吞吐量的数据访问。另外，HDFS 的多机架副本存放策略使得用户不需要担心因为某个存储节点失效而导致数据文件不完整，确保了数据文件随时可用。

4.3.2　云盘系统设计

云盘系统的基本功能如图 4-15 所示。

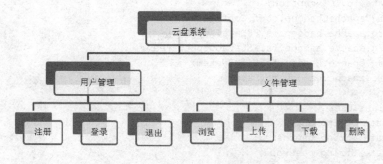

图 4-15　云盘系统的基本功能

云盘系统的数据包括了账户数据和用户文件。其中，账户数据保存了用户的账户信息，如账户名和密码，可使用传统的关系型数据库（例如 MySQL）来存储，也可以直接保存在 HDFS 文件中或者保存在 Hive 数据仓库或 HBase 表中。

用户文件是指由特定用户上传到 HDFS 中的文件，显然该文件在默认情况下只属于用户，任何其他用户都不能直接访问。

本案例采用 HDFS 文件来保存用户账户数据，该文件是所有用户的共享文件。为简化起见，将该文件保存为纯文本形式，每个用户信息在文件中保存为一行数据，格式如下。

123,zhang@sina.com,123456

其中，"123"为账户 ID 值，"zhang@sina.com"为账户名，"123456"为密码。各项数据之间使用英文逗号间隔。

为了区别不同的用户文件，同时方便访问权限控制与管理，在用户注册时系统自动为每个用户创建一个专属目录，该目录的名称就是用户的 ID。云盘系统的目录结构如图 4-16 所示。

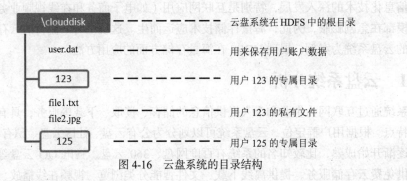

图 4-16　云盘系统的目录结构

4.3.3　云盘系统实现

1. 用户注册

首先，用户在前台窗口输入个人信息，包括账户名和密码。然后，后台处理逻辑通过 FileSystem.append()方法打开共享文件 user.dat，将这些信息写入该文件，同时通过 FileSystem.mkdirs ()方法创建该用户的专属目录。

为了保证用户 ID 与用户专属目录同名且用户 ID 不重复，后台还必须解决如何获取现有最大的用户 ID 的问题。为此，可以通过 FileSystem.open()方法打开 user.dat 文件，之后使用 FSDataInputStream.readLine()方法循环读取每一行数据，直至文件末尾。

根据面向对象思想，相应后台处理逻辑可以封装到 User 类中，代码如下。

```
import java.io.IOException;
import org.apache.hadoop.conf.Configuration;
import org.apache.hadoop.fs.FSDataInputStream;
import org.apache.hadoop.fs.FSDataOutputStream;
import org.apache.hadoop.fs.FileSystem;
import org.apache.hadoop.fs.Path;

public class User {
    private String id;
    private String username;
    private String password;
```

```
    public User(String username, String password) {
        this.id = "";
        this.username = username;
        this.password = password;
    }
    // 获取最后一个用户的 ID
    public String getLastUserId() throws IOException {
        Configuration conf = new Configuration();
        FileSystem fs = FileSystem.get(conf);
        Path src = new Path("/clouddisk/user.dat");
        FSDataInputStream dis = fs.open(src);
        String lastUser = null;
        String nextUser = dis.readLine();
        while (nextUser != null) {                      // 寻找最后一个用户
            lastUser = nextUser;
            nextUser = dis.readLine();                  // 读取下一个用户数据
        }
        dis.close();
        fs.close();
        String lastUserid = "";
        if (lastUser != null)                           // 提取最后一个用户的 ID
        {
            String lastUserinfo[] = lastUser.split(",");
            lastUserid = lastUserinfo[0];
        }
        return lastUserid;
    }
    // 用户注册，同时创建其专属目录
    public boolean register() throws IOException {
        String lastUserid = getLastUserId();
        int id = Integer.parseInt(lastUserid) + 1;      // 生成用户 ID 值
        this.id = String.valueOf(id);                   // 设置用户 ID
        Configuration conf = new Configuration();
        FileSystem fs = FileSystem.get(conf);
        Path src = new Path("/clouddisk/user.dat");
        FSDataOutputStream dos = fs.append(src);        // 以追加方式打开文件
        // 写入用户信息
        dos.writeChars(this.id);
        dos.writeChars("," + this.username);
        dos.writeChars("," + this.password);
        dos.flush();
        dos.close();
        // 创建用户的专属目录
        Path dst = new Path("/clouddisk/" + this.id);
        Boolean isSuccessed = fs.mkdirs(dst);
        fs.close();
        return (isSuccessed) ? true : false;
    }
}
```

2. 用户登录

首先，用户在前台窗口中输入账户名和密码。之后，后台处理逻辑通过 FileSystem.open()方法打开共享文件 user.dat，再使用 FSDataInputStream.readLine()方法循环读取每一行数据。在循环过程中，需要判断该行数据是否包含了用户输入的账户名和密码，如果是，则表示登录成功。对应的后台处理逻辑同样可以封装到 User 类之中，代码如下。

```java
public boolean login() throws IOException {
        boolean isLogined = false;
        Configuration conf = new Configuration();
        FileSystem fs = FileSystem.get(conf);
        Path src = new Path("/clouddisk/user.dat");
        FSDataInputStream dis = fs.open(src);
        String user = dis.readLine();
        while (user != null) {                    // 遍历用户数据文件的每一行
            String userinfo[] = user.split(",");
            String userid = userinfo[0];
            String username = userinfo[1];
            String password = userinfo[2];

            //如果在文件中找到了相同的用户，则登录成功
            if (this.username.equals(username) && this.password.equals(password)) {
                this.id = userid;          //记录用户 ID
                isLogined = true;
                break;
            }
            user = dis.readLine();          // 读取下一个用户数据
        }
        dis.close();
        fs.close();
        return isLogined;
    }
```

3. 上传文件

用户在成功登录本系统之后可以选择上传文件命令：首先，在前台窗口中选定一个本地文件作为源文件；然后，在后台调用 FileSystem.copyFromLocalFile()方法把源文件上传到该用户专属目录之中。相对应的后台处理逻辑可封装到 UserFile 类中，代码如下。

```java
import java.io.IOException;
import org.apache.hadoop.conf.Configuration;
import org.apache.hadoop.fs.FileSystem;
import org.apache.hadoop.fs.Path;

public class UserFile {
    public boolean uploadFile(User user, String path) throws IOException {
        boolean isSuccessed = false;
        if(user==null) return isSuccessed;
        Configuration conf = new Configuration();
        FileSystem fs = FileSystem.get(conf);
        Path src = new Path(path);
        Path dst = new Path("/clouddisk/" + user.id);//设置上传目标位置为用户专属目录
        try {
            fs.copyFromLocalFile(src, dst);
            isSuccessed = true;
        } catch (IOException ex){
        }
        fs.close();
        return isSuccessed;
    }
}
```

4. 查找文件

用户成功登录本系统之后，前台会直接显示该用户已上传的所有文件列表。相应地，后台处理模块首先调用 FileSystem.listStatus()方法来获取用户专属目录的状态信息，该方法将返回一个 FileStatus 数组。然后，遍历该数组，即可逐个输出文件名并形成列表。

此时，若用户在前台窗口中选择"查找文件"命令，则需要用户先输入查找条件（可以使用通配符表示，如 file*），在单击"查找"按钮之后，后台处理模块将调用 FileSystem.globStatus () 方法，返回一个 FileStatus 数组。对应的后台处理逻辑可封装到 UserFile 类中，代码如下。

```
// 获取指定用户的专属目录中的所有文件名
public String[] getAllFiles(String userid) throws IOException {
    String files[] = null;
    Configuration conf = new Configuration();
    FileSystem fs = FileSystem.get(conf);
    Path dst = new Path("/clouddisk/" + userid);        // 定位到用户专属目录
    FileStatus status[] = fs.listStatus(dst);           //返回指定 Path 的所有文件
    files = new String[status.length];
    for (int i = 0; i < status.length; i++) {
        files[i] = status[i].getPath().getName();
    }
    fs.close();
    return files;
}
//获取指定用户的满足查询条件的所有文件
//filter 参数用来指定查询条件，一般用通配符表示。例如，a*表示字母 a 打头的所有文件
public String[] searchFiles(String userid, String filter) throws IOException {
    String files[] = null;
    Configuration conf = new Configuration();
    FileSystem fs = FileSystem.get(conf);
    Path dst = new Path("/clouddisk/" + userid + "/" + filter);  // 生成查询模板
的完整路径
    FileStatus status[] = fs.globStatus(dst);           // 匹配查询
    files = new String[status.length];
    for (int i = 0; i < status.length; i++) {
        files[i] = status[i].getPath().getName();
    }
    fs.close();
    return files;
}
```

5. 删除文件

用户成功登录本系统之后，前台窗口将直接显示该用户已上传的所有文件列表。此时，用户可在前台窗口中选择"删除文件"命令，进而选中要删除的目标文件（一次可以选择一个文件，也可以选择多个文件），单击"删除"按钮，后台处理模块就会调用 FileSystem.delete ()方法来删除目标文件。相应的后台处理逻辑可封装到 UserFile 类中，代码如下。

```
//删除指定用户已选定的所有文件
public String delete(String userid, String[] files) throws IOException {
    String msg = "";
    Configuration conf = new Configuration();
    FileSystem fs = FileSystem.get(conf);
    for (int i = 0; i < files.length; i++) {
        // 生成删除对象的完整路径
```

```
                Path dst = new Path("/clouddisk/" + userid + "/" + files[i]);
                if (!fs.delete(dst, false))
                    msg += "目标文件" + files[i] + "不存在，无法删除! \n";
                else
                    msg += "目标文件" + files[i] + "已被删除! \n";
            }
            fs.close();
            return msg;
    }
```

6. 下载文件

用户成功登录本系统之后，前台将直接显示该用户已上传到云盘中的所有文件列表。此时，用户在前台窗口先选择"下载文件"命令，再选中要下载的目标文件并单击"下载"按钮后，后台处理模块将调用 FileSystem.copyToLocalFile()方法把该文件下载到用户的本地磁盘之中。相应的后台处理逻辑可封装到 UserFile 类中，代码如下。

```
        // 下载指定用户已选定的文件到本地磁盘中的目标位置
    public void download(String userid,String sfile,String dfile) throws IOException {
        String msg = "";
        Configuration conf = new Configuration();
        FileSystem fs = FileSystem.get(conf);
        //生成下载对象的完整路径
        Path src = new Path("/clouddisk/" + userid + "/" + sfile);
        Path dst = new Path(dfile);              // 生成下载后的目标存放位置
        fs.copyToLocalFile(src, dst);
        fs.close();
    }
```

4.4 习   题

1. 比较以下 4 种不同的 HDFS API 的区别。

libhdfs；HFTP；WebHDFS；Java API。

2. 简述 WebHDFS 和 HttpFS 之间的区别。

3. 简述基于 HDFS 客户端读取 HDFS 文件的过程。

4. 简述基于 HDFS 客户端写入 HDFS 文件的过程。

5. 举例说明 HDFS Java API 的一般使用方法。

6. 分别指出 FileSystem 提供的以下成员方法的功能。

append()；concat()；copyFromLocalFile()；copyToLocalFile()；create()；delete()；exists()；getBlockSize()；getFileStatus()；mkdirs()；moveFromLocalFile()；moveToLocalFile()；rename()。

4.5 实   训

一、实训目的

1. 理解 HDFS 客户端与集群之间的数据流读写过程。

2. 掌握使用 HDFS Java API 编写客户端程序的方法。

二、实训内容

本章 4.3 节展示了云盘系统的初步分析、设计以及后台基本功能的实现。本次实训任务是：开发一个 Windows 版的云盘管理系统（若同学们已经学习过 Android 编程，可以开发一个安卓版的云盘管理系统）。

【注意】将系统的最终运行效果截图并添加到 Word 文档中并使用自己的学号保存，然后连同程序源代码一起压缩打包提交。

1. 启动 MySQL，先新建一个名为 clouddisk 的数据库，再新建 user 表。在 user 表中添加以下字段：userid、username、password、maxlenth 和 currentlenth。

其中，maxlenth 表示用户在云盘中能存放的文件字节总数的最大值（即属于用户的云盘存储容量），单位为 MB，默认值为 500MB。currentlenth 表示一个用户已上传到云盘中的所有文件的字节总数（即该用户的云盘的已使用存储空间），单位为 MB。

显然，maxlenth-currentlenth 是云盘的可用空间。

【注意】请记录完成以上操作时所用的 SQL 语句。

2. 创建云盘管理系统工程，新建一个 User 类以提供用户注册、登录与退出等功能。

其中，注册成功时要求把用户信息写入 user 表，同时在 HDFS 中创建该用户的专属目录。

3. 新建一个 File 类，提供用户文件浏览、上传、下载、删除等功能。

4. 使用 Java AWT 或 Swing 组件为系统设计主窗口程序，提供系统菜单操作。

5. 为系统各功能模块设计窗口程序，实现系统各模块的前台操作功能。

6. 系统测试，修改程序错误。

7. 系统扩展。实际的云盘系统功能远远不止以上几项，往往还需要提供更多功能支持，例如目录管理功能，允许用户自己创建、删除目录和按目录分类存放文件等。

请读者思考如何用 HDFS Java API 来实现这些扩展功能。

第5章
Hadoop 分布式计算框架

本章目标:

- 了解为什么需要 MapReduce。
- 掌握 MapReduce 的主要思想。
- 了解 MapReduce 处理问题的流程。
- 理解 map 和 reduce 的概念。
- 了解 MapReduce 模式。
- 理解 map 函数和 reduce 函数。
- 掌握 MapReduce 框架的组成。
- 理解 MapReduce 在集群上的并行计算。
- 了解 MapReduce 的优势。
- 理解 wordcount 案例的运行过程。

本章重点和难点:

- MapReduce 的主要思想。
- map 和 reduce 的概念。
- MapReduce 框架的组成和集群上的并行计算。
- MapReduce 的运行过程。

MapReduce 是一种处理海量数据的并行编程模型和计算框架,用于对大规模数据集(通常大于 1TB)的并行计算。MapReduce 最早由 Google 提出,运行在 Google 的分布式文件系统 GFS 上,为搜索引擎提供后台网页索引处理。经过不断的发展,MapReduce 程序应用变得非常广泛,包括分布排序、Web 日志分析、反向索引构建、文档聚类、机器学习等。关于上述应用,相信很多读者在接触 MapReduce 以前都听过或者研究过,那 MapReduce 在其中充当了什么角色? 完成了什么功能? 为什么需要 MapReduce? 本章将为大家详细讲解。

5.1　MapReduce 概述

5.1.1　为什么需要 MapReduce

在回答这个问题之前,让我们先来看一看气象数据分析的案例。

现在,世界上各个国家、各个地区的气象数据都通过气象中心来管理。每个气象中心的数据都来自于各气象站点定时的数据采集。一次采集的气象数据量很小，但是经年累月之后气象数据的规模将变得非常庞大。与普通的企业数据不同，企业数据需要按季度或年度进行汇总处理，数据库中只要保存尚未汇总处理的记录就可以了，已经汇总处理过的数据可以从数据库中直接删除；而气象数据关系国计民生，通常需要永久性地保存，因为只有这样，气象专家们才有可能通过分析找到过去 100 年甚至 1000 年的气象演变规律。显然，用日志文件保存气象数据，实现数据档案化管理，更能满足气象分析的需求。

存储气象数据时，以年为单位创建目录，以气象站点为单位生成文件。例如，"/weather/2010/010010-2010.gz" 表示 2010 年 010010 气象站点采集的数据文件。每个气象站点每一年的数据以半结构化的形式进行日志记录，每一行表示一条记录，包括站点 ID、日期、时间、纬度、经度、海拔、风向、风速、云层高度、能见度、温度等，共 106 个字符。

一行数据的具体格式如下所示。

```
0057
332130              # 省级气象站点 ID
99999               # 县级气象站点 ID
201601007           # 观测日期
0800                # 观测时间
4
+03607              # 纬度（° ×100）
+10406              # 经度（° ×100）
FM-12
+0171               # 海拔（m）
99999
V020
320                 # 风向（°）
1                   # 质量代码
N
0072
1
00450               # 云层高度（m）
1                   # 质量代码
C
N
03000               # 可见度（m）
1                   # 质量代码
N
9
+0180               # 温度（℃×10）
1                   # 质量代码
-0139               # 露点温度（℃×10）
1                   # 质量代码
10268               # 气压（hPa×10）
1                   # 质量代码
```

其中不同特征的数据被分为多行显示以作区分，在实际文件中，图中字段为一行且没有分隔符。

当气象数据采用上述格式以日志形式记录之后，若要求每年的最高温度，则必须将年份与温度从每行数据中提取出来,从上面的数据格式可以知道,日期数据从第 17 个字符开始,温度数据从第 89 个字符开始,并放大 10 倍保存。

1. 传统处理方式

为了提高程序的执行效率,传统的处理方式是采用多线程方案,每个线程处理不同年份的数据。但是这种处理方式有以下 3 个缺点。

(1)任务划分成大小相同的作业块通常不容易。因为,不同年份的数据文件大小可能不相同,部分线程会提前结束运行。整个任务的运行时间由处理最长文件所需的时间决定。

(2)各线程处理的结果需要合并后进一步处理。在每个线程处理完成后,需要将所有的结果进行汇总、排序、输出,这些操作会耗费较多时间。

(3)任务集中运行,将受限于单台计算机的处理能力。最多可以并发执行的线程数量受到计算机硬件的限制,若要迅速处理超大量数据,对计算机的要求非常高。另外,数据集的增长会超出其处理能力,会面临更换计算机的选择。

2. MapReduce 的解决方案

MapReduce 的基本思想是分而治之。所谓分而治之,就是将原始问题不断地分解为较容易解决的多个小问题,每个小问题得到结果后不断地向上一层进行归并,直到得到最终的结果。如图 5-1 所示。

分而治之的思想无论是在历史上还是现在的生活中都有很多的应用。例如,在国家的管理问题中,如果国家领导人直接管理全国人民,所有的事情都需要他来处理的话,那么结果是显而易见的。为此,将全国分为多个省或市,省市再分县,县再分乡镇,乡镇再分村,从而实现分级管理。上级

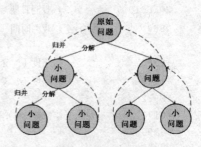

图 5-1　分而治之示意图

向下级下达命令,下级向上级汇报情况,这样到达最上层的信息将是最重要的,领导人则根据得到的信息来进行决策,实现管理。

当然,在计算机领域用到分而治之的思想的场合也非常多,例如分治算法。分治算法是将一个规模为 N 的问题分解为 K 个规模较小的子问题,这些子问题相互独立且与原问题性质相同。求出子问题的解,就可得到原问题的解。大家较为熟悉的有递归、归并排序等。

下面,我们使用 MapReduce 来实现气象数据的分析,具体操作步骤可分为 5 步。

(1)数据预处理。

气象站点成千上万,整个数据集由大量的小文件组成。由于处理少量大型文件更容易和更有效,因此通常需要经过预处理将大量小文件拼接成独立大文件。合并之后的文件存放到 HDFS 之中,随着数据量的增长将自然分布到多个节点之中。预处理后的文件内容如图 5-2 所示。

```
0067011990999991950051507004...9999999N9+00001+99999999999...
0043011990999991950051512004...9999999N9+00221+99999999999...
0043011990999991950051518004...9999999N9-00111+99999999999...
0043012650999991949032412004...0500001N9+01111+99999999999...
0043012650999991949032418004...0500001N9+00781+99999999999...
```

图 5-2　预处理后的文件内容

由于日期数据从第 17 个字符开始,可以看到图中文件内容为 1950 年和 1949 年的数据。其他无关的数据内容省略表示。

（2）生成初始 key-value（键值）对。

数据集以文本行为单位读入，将该行起始位置相对于文件起始位置的偏移量作为 key，整个文件行为 value。此操作由 MapReduce 加载数据时自动完成，只需保证输入路径正确即可。操作完成后得到的数据格式如图 5-3 所示。

由于温度数据从第 89 个字符开始，共 5 个字符，放大 10 倍保存，所以可以得出 1950 年 5 月 15 日 7：00 的温度为+0000（即 0℃）；1950 年 5 月 15 日 12：00 的温度为+0022（即 2.2℃）。

（3）映射转换。

得到初始键值对后，即可根据需求获取相应的键值对。根据目标任务，我们只需要提取年份和温度。其中，年份作为 key，温度作为 value。该操作需要自己编程完成，统一封装为 map 函数。操作完成后得到的数据格式如图 5-4 所示。

```
(0, 006701199099999195005150700 4...9999999N9+00001+99999999999...)        (1950, 0)
(106, 004301199099999195005151200 4...9999999N9+00221+99999999999...)       (1950, 22)
(212, 004301199099999195005151800 4...9999999N9-00111+99999999999...)       (1950, -11)
(318, 004301265099999194903241200 4...0500001N9+01111+99999999999...)       (1949, 111)
(424, 004301265099999194903241800 4...0500001N9+00781+99999999999...)       (1949, 78)
```

图 5-3　初始键值对格式　　　　　　　　　　　　图 5-4　映射转换后的数据格式

上面提到的操作由程序员编写程序完成，因此细节上的处理因人而异。这里的温度将表示零上摄氏度的"+"去除，保留表示零下摄氏度的"-"，而温度值仍然使用扩大 10 倍后的数值。这样的处理可以将温度值直接转换成自然数来比较大小（小数间的比较会复杂一些）。

（4）合并映射结果并排序。

在执行映射转换之后，其输出结果还要进行合并与排序。一般情况下是按照 key 值进行合并与排序的。此操作可以由 MapReduce 中默认的 shuffle（混洗）操作来自动完成。当然，程序员也可以通过重写 shuffle 操作相关类来处理。操作完成后得到的数据格式如图 5-5 所示。

【注意】合并与排序是按照 key 值来完成的，也就是将 key 值相同的键值对进行合并，之后按照 key 值的大小将数据进行排序。

（5）归约最终结果。

在完成合并排序之后，其输出结果将由相应的节点进行归约[①]（reduce）。对于求最高温度来说，归约的过程就是按照 key 值求最大的 value 值的过程。此操作由程序员编程完成，统一封装为 reduce 函数。操作完成后得到的数据格式如图 5-6 所示。

```
(1949, [111, 78])              (1949, 111)
(1950, [0, 22, -11])           (1950, 22)
```

图 5-5　合并排序后的数据格式　　　　　　　　图 5-6　归约得到的数据格式

归约的最终结果是每年的最高温度。在数据样本中，通过 MapReduce 程序后，得到 1949 年的最高温度为 11.1℃，1950 年的最高温度为 2.2℃。

通过对气象数据的案例分析，我们逐步了解了 MapReduce 的执行过程。在此过程中，我们必须关注以下问题：从头到尾数据要经过多少次转换或计算？需要什么样的功能函数？每个函数的输入是什么，输出是什么？如图 5-7 所示。

通过图 5-7 可以看出，MapReduce 一般分为 5 个部分：input、map、shuffle、reduce 和 output。

---

① "归约"是一种解决问题的思想或方法，它通过对原问题进行抽象和建模，从而生成一个等价的新问题，然后通过解决这个新问题来达到解决原问题的目的。

理解 MapReduce 程序时可以找到这 5 个部分对应的代码进行解读。

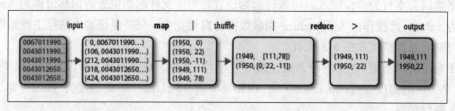

图 5-7　MapReduce 的逻辑数据流

由于 MapReduce 采用了分布式的计算模型，因此可以避免传统多线程处理方案的缺陷。

（1）不需要人为地进行任务划分。MapReduce 框架可以根据数据存储的位置进行任务分配，提高计算速度。MapReduce 有独立的任务调度系统，不需要客户端进行逻辑处理，也不用担心因任务划分不均而延长计算时间。

（2）无论是拆分、排序，还是合并、输出，MapReduce 都提供了默认的方法，在不需要重写这些方法时可以直接调用默认方法，节约编程时间，提高效率。

（3）计算速度将不再受计算机硬件的限制。MapReduce 是一个分布式的框架，程序分布式执行，仅依赖于集群的数量，不再受到单台计算机计算能力的限制，能大大提高数据的处理速度。

5.1.2　MapReduce 的优势

MapReduce 作为分布式计算框架，有以下 6 点优势。

1．可以处理各种类型的数据

现在的数据可能来源于多种格式，如多媒体数据、图像数据、文本数据、实时数据、传感器数据等。当有新的数据来源时，可能会有新的数据格式的出现，MapReduce 可以存放和分析各种原始数据格式。

2．本地计算

在处理前将数据分布式存储，MapReduce 进行处理时，每个节点就近读取本地存储的数据进行处理（map），将处理后的数据进行合并（combine）、排序（shuffle and sort）后再分发（至 reduce 节点），从而避免了大量数据的传输，提高了处理效率。

3．动态灵活的资源分配和调度

MapReduce 由主节点进行资源管理，对资源进行了合理分配以达到资源利用率最大化，计算节点不会出现闲置和过载的情况，同时支持资源配额管理。MapReduce 中的公平调度算法支持优先级和任务抢占，兼顾长/短任务，可有效支持交互式任务；而就近调度算法可调度任务到最近的数据节点，有效降低网络带宽。

4．简化程序员的编程工作

MapReduce 框架不仅能用于处理大规模数据，而且能将很多并行编程中烦琐的细节隐藏起来，比如，任务调度、负载均衡、网络通信和灾备管理等，这将极大地简化程序员的开发工作。

5．高可扩展性

MapReduce 的扩展性非常好，也就是说，每增加一台服务器，其就能将差不多的计算能力接入集群，可动态增加计算节点，真正实现弹性计算。而过去的大多数分布式处理框架，在扩展性方面都与 MapReduce 相差甚远。

6. 高可靠性

MapReduce 通过把对数据集的大规模操作分发给网络上的每个节点来实现可靠性，每个节点会周期性地把完成的工作和状态的更新报告传递回来。MapReduce 支持任务自动迁移、重试和预测执行，不受计算节点故障影响。另外每个操作都使用文件命名的原子操作以确保不会发生并行线程间的冲突。

5.1.3　MapReduce 的基本概念

MapReduce 是一种编程模型，用于大规模数据集（大于 1TB）的并行运算。MapReduce 主要包括两项操作：map 和 reduce。map、reduce 以及分而治之的思想，都是从函数式编程语言里借鉴而来的——还包含有从矢量编程语言里借来的特性。它极大地方便了编程人员，在不会分布式并行编程的情况下，他们仍可将自己的程序运行在分布式系统上。

1. map 和 reduce

MapReduce 主要由 map 和 reduce 两项操作组成。

其中，map 是把一组数据一对一地映射为另外一组数据，其映射的规则由一个函数来指定。例如，对[1,2,3,4,5]进行加 2 的映射变成了[3,4,5,6,7]，而对它进行乘 3 的映射就变成了[3,6,9,12,15]。

reduce 是对一组数据进行归约，归约的规则由一个函数来指定。例如，对[1,2,3,4,5]进行求和的归约得到的结果是 15，而对它进行求积的归约结果是 120。

总之，map 负责把任务分解成多个任务，reduce 负责把分解后多任务处理的结果汇总起来。

下面这段话是网上对 MapReduce 的最简短的解释。

例如，我们要清点图书馆中的所有书。你负责清点 1 号书架，我负责清点 2 号书架。这就是"map"。我们人越多，清点就更快。

> We want to count all the books in the library. You count up shelf #1, I count up shelf #2. That's map. The more people we get, the faster it goes.
> Now we get together and add our individual counts. That's reduce.

每个书架清点结束之后，我们再把所有书架的统计数汇总在一起。这就是"reduce"。

2. MapReduce 模式

MapReduce 模式是一种利用 MapReduce 思想完成任务的编程方式，其处理流程图如图 5-8 所示。MapReduce 框架会将输入的数据自动分割，拆解成 map 和 reduce，并最终输出。

数据输入后，程序会根据系统的设置对数据进行分片（split），每一个分片对应一个 map 任务，map 任务分布式执行产生中间结果，再通过 reduce 任务进行归约，并输出最终结果。

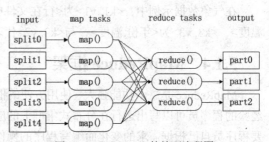

图 5-8　MapReduce 的处理流程图

通俗一点的说法就是：将大数据集分解为成百上千的小数据集，每个（或若干个）数据集分别由集群中的一个节点（一般就是一台普通的计算机）进行处理并生成中间结果，然后这些中间结果又由大量的节点进行合并，形成最终结果。

MapReduce 的实现就是编写 MapReduce 过程中的 map 函数和 reduce 函数。前者把一组初始的键值对<k1,v1>映射成一组新的键值对<k2,v2>。后者则保证所有映射后的键值对中相同的键共享相同的键组。

（1）键值对。

在 MapReduce 中，没有一个值是单独存在的，每个值都会有一个键与其关联，键是值的标识。值和键成对出现，称为键值对（key-value）。例如，前面示例中气象数据经过处理得到的键值对如下。

(1950, 0)

(1950, 22)

(1949, 111)

其中，键表示的是年份，值表示的是温度，温度需要用年份来标识。根据不同的业务需求，可以用不同的数据分别作为键和值。需要注意的是，键是值的标识，但键并不具有唯一性，相同的键，可以有不同的值。

（2）map 函数和 reduce 函数。

在 MapReduce 编程中，键值对被表示为<key, value>的形式。其核心的函数是 map 函数和 reduce 函数，这两个函数由用户负责实现，功能是按一定的映射规则将输入的<key, value>对转换成另一个或一批<key, value>对输出，如表 5-1 所示。

表 5-1 map 函数和 reduce 函数

函　　数	输　　入	输　　出
map	<k1, v1>	List(<k2,v2>)
reduce	<k2,List(v2)>	<k3,v3>

MapReduce 框架将小数据集进一步解析成一批键值对<k1, v1>，然后输入 map 函数中进行处理；输入的<k1, v1>对会输出一批<k2, v2>对，即 List(<k2, v2>)。<k2, v2>是计算的中间结果。k2 表示 map 函数处理后的键可以与处理前的不同，若键不同则值也就不同，表示为 v2。

接着，MapReduce 框架会将中间结果按照 k2 进行排序，并将 key 相同的 value 放在一起形成一个新的列表，即<k2,List(v2)>对，作为 reduce 的输入。

reduce 函数对输入的<k2,List(v2)>对进行处理，输出<k3,v3>对，得到此次 MapReduce 的最终结果。

在气象数据示例中，<k1, v1>为<行在文件中的偏移位置, 文件中的一行>，<k2, v2>为<年份,温度>，<k3, v3>为<年份,温度>，与<k2, v2>代表的内容相同。

5.1.4 MapReduce 框架

MapReduce 是一个功能强大、使用方便的框架。通过使用 MapReduce 框架，缺乏分布式计算经验的程序员可以写出运行在分布式集群上的应用程序，并且可以保证可靠性与规模性。除了需要程序员自己根据需求的变化而编写程序的操作任务外（主要为 map 函数和 reduce 函数），其他的并行编程中的种种复杂问题，如分布式存储、工作调度、负载平衡、容错处理、网络通信等，均由 MapReduce 框架负责处理，这大大提高了程序员的编程效率和程序的执行速度。

一个 MapReduce 作业通常会把输入的数据文件分割成若干数据块，交由 map 任务并行处理，框架自动对 map 的输出进行排序、合并后，将结果传递给 reduce 任务，最终得到输出结果。一般而言，作业的输入和输出都存储在分布式的文件存储系统中。框架的主要功能就是负责资源管理和任务的调度与监控，保证作业正常、稳定的完成。

MapReduce 框架一般与分布式文件系统运行在同一组计算机节点上，这样能充分利用存储数据的计算机节点进行运算，减少网络吞吐量，提高运行的速率。

1. 框架的组成

MapReduce 框架由以下几部分组成。

（1）ResourceManager（RM），集群的资源管理器。负责整个系统的资源管理和分配。

（2）ApplicationMaster（AM），MapReduce 应用程序管家。管理在集群中运行的每个应用程序实例。

（3）NodeManager（NM），节点管理器。管理集群中各个子节点。

（4）Container，容器。集群中的资源抽象，它封装了某个节点上的多维度资源，如内存、CPU、磁盘、网络等。

如图 5-9 所示，ResourceManager 全局管理计算资源的调度，并获取 NodeManager 的状态信息。当 ResourceManager 接收到客户端提交的作业后，会在一个 NodeManager 上分配一个容器（Container）作为 ApplicationMaster；而 ApplicationMaster 则负责该作业生命周期内的所有工作，包括向 ResourceManager 申请资源、任务的分配与调度等；NodeManager 是任务的执行者（任务在 Container 中执行），同时负责维护 Container 的状态并向 ResourceManager 汇报。此外，运行在 NodeManager 中的各个任务会向 ApplicationMaster 汇报自己的状态和进度，以便 ApplicationMaster 随时掌握各个任务的运行状态。

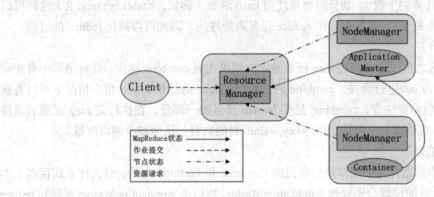

图 5-9　MapReduce 框架示意图

2. 集群上的并行计算

MapReduce 框架非常适合在由大量计算机组成的大规模集群上并行运行。每一个 map 任务和每一个 reduce 任务均可以同时运行在一个单独的计算节点上，其运算效率很高。这样高效的并行计算的实现需要依靠很多环节共同支撑完成。

（1）数据分布存储

Hadoop 中的分布式文件系统 HDFS 是一个理想的选择。HDFS 的数据存储是把文件切割成数据块 Block，将 Block 分散地存储于不同的 DataNode 上，每个 Block 可以备份到不同的节点上，容错性好。NameNode 则用于维护文件系统的数据结构，记录文件的名称、大小、存储位置以及各个 DataNode 的状态等重要信息。

（2）分布式并行计算

Hadoop 中（MapReduce）有一个作为主控的 ResourceManager，用于调度和管理其他的 NodeManager。ResourceManager 一般运行于集群中的主节点上。NodeManager 负责执行任务，必须运行于 DataNode 上，即 DataNode 既是数据存储节点，也是计算节点。ResourceManager 在一个 NodeManager 上分配一个容器 Container 作为 ApplicationMaster，ApplicationMaster 将 map 任务和 reduce 任务分发给空闲的 NodeManager，让这些任务并行运行，并负责监控任务的运行情况。如果某一个 NodeManager 出现故障，ApplicationMaster 会将其负责的任务转交给另一个空闲的 NodeManager 重新运行。

（3）本地计算

数据存储在哪台计算机上，就由哪台计算机进行这部分数据的计算，这样可以减少数据在网络上的传输，降低对网络带宽的需求。在 Hadoop 集群中，计算节点可以很方便地扩充，因而内存、计算能力等条件都不受限制，但是由于数据需要在不同的计算机之间流动，故网络带宽便成了瓶颈。"本地计算"是最有效的一种节约网络带宽的手段。

（4）任务粒度

一般情况下分片 split（一个 map 任务的处理数据）应该小于或等于 HDFS 中数据块 Block 的大小，这样能够保证数据不会跨两台计算机存储，便于本地计算。有 M 个 split 待处理，就启动 M 个 map 任务，注意这 M 个 map 任务分布于 N 台计算机上并行运行，reduce 任务的数量 R 则可由用户指定。

（5）Partition 分区

MapReduce 框架中的 partition 函数会把 map 函数输出的结果按 key 的范围划分成 R 份（R 是预先定义的 reduce 任务的个数）。划分时通常使用 hash 函数（例如，hash(key) mod R）这样可以保证某一段范围内的 key，一定是由一个 reduce 任务来处理的，固此可以简化 reduce 的过程。

（6）Combine 合并

在 Partition 分区之前，还可以对 map 函数输出的结果先做 combine 操作，即将结果中有相同 key 的键值对<key, value>进行合并。combine 的过程与 reduce 的过程类似，很多情况下可以直接使用 reduce 函数，但是要注意，combine 是作为 map 任务的一部分，在执行完 map 函数后紧接着执行的。combine 能够减少中间结果中 <key, value>对的数目，从而减少网络流量。

（7）读取中间结果

map 任务的输出数据作为中间结果会在完成 Combine 和 Partition 之后，以文件形式存储于本地磁盘。中间结果文件的位置会先通知 ApplicationMaster，然后由 ApplicationMaster 再通知 reduce 任务到哪一个 DataNode 上去取中间结果。

【注意】所有的 map 任务产生的中间结果均按其 key 用同一个 hash 函数划分成 R 份，每个 reduce 任务各自负责一段 key 区间。每个 reduce 需要从多个 map 任务节点取得保存在其负责的 key 区间内的中间结果，然后执行 reduce 函数，形成一个最终的结果文件。

（8）任务管道

R 个 reduce 任务，就会产生 R 个最终结果。很多情况下这 R 个结果并不需要合并成一个最终结果，而是将这 R 个最终结果作为另一个计算任务的输入，开始另一个并行计算任务。

5.1.5　MapReduce 发展

截至目前，MapReduce 共有两个版本，MapReduce v1（运行于 Hadoop 的 1.x 版本上）和 MapReduce v2（也被称为 YARN，运行于 Hadoop 的 2.x 版本上，本教材所采用的就是此版本）。MapReduce v1 是经典版的 MapReduce，是 Hadoop 第一版成熟的商用框架，特点是简单易用。

1. MapReduce v1 的运行机制

MapReduce 作业的执行涉及以下 4 个独立的实体。

（1）客户端（Client）。编写 MapReduce 程序，配置和提交作业，这是程序员完成的工作。

（2）JobTracker。初始化作业，分配作业，与 TaskTracker 通信，协调整个作业的执行。

（3）TaskTracker。保持与 JobTracker 的通信，在分配的数据片段上执行 map 任务或 reduce 任务，TaskTracker 和 JobTracker 有个很重要的不同点，就是在执行任务的时候 TaskTracker 可以有多个，JobTracker 则只会有一个。

（4）HDFS。保存作业的数据、配置信息等，最后的结果也是保存在 HDFS 上的。

MapReduce v1 的工作流程如图 5-10 所示。

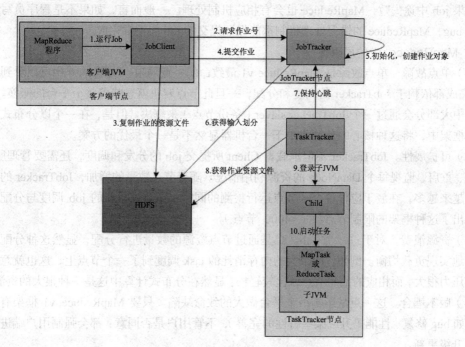

图 5-10　MapReduce v1 的工作流程

首先，由客户端编写好 MapReduce 程序，并配置 MapReduce 的作业（job）。准备好之后便提交 job 到 JobTracker 上，提交的同时会将资源文件复制到 HDFS 中。

JobTracker 接收到请求后会构建这个 job，并为该 job 分配一个作业 ID（也就是作业号）。接下来会检查输出路径是否存在，如果不存在，则中止 job 的运行，由 JobTracker 抛出错误给客户端；再检查输入路径是否存在，如果存在，JobTracker 会根据输入数据计算输入分片（input split），如果分片无法计算，同样由 JobTracker 抛出错误（输入分片后面会做讲解）；同样，如果输入路径不存在，JobTracker 也会抛出错误。

然后，JobTracker 配置 job 需要的资源。接着 JobTracker 会初始化作业，主要是将 job 放入一个内部的队列，让配置好的作业调度器能调度到这个作业。作业调度器会创建一个正在运行的 job 对象（封装任务和记录信息），以便 JobTracker 跟踪 job 的状态和进程。

初始化完毕后，作业调度器会从 HDFS 上获取输入分片（input split）信息，为每个分片创建一个 map 任务。

对于任务的分配，是指由 JobTracker 将任务分配给空闲的 TaskTracker。JobTracker 如何判断 TaskTracker 是否空闲？TaskTracker 会运行一个简单的循环机制，定期发送心跳给 JobTracker，默认心跳间隔是 5 s（程序员可以配置这个时间）。心跳是 JobTracker 和 TaskTracker 沟通的桥梁，通过心跳，JobTracker 可以监控 TaskTracker 是否存活，也可以获取 TaskTracker 处理的状态和问题，同时 TaskTracker 也可以通过心跳的返回值获取 JobTracker 给它的操作指令。

接着是执行任务。任务在 TaskTracker 上执行。在任务执行过程中，JobTracker 同样可以通过心跳机制监控 TaskTracker 的状态和任务的进度，同时也能计算出整个 job 的状态和进度。当 JobTracker 获得了最后一个完成指定任务的 TaskTracker 操作成功的通知时，JobTracker 会把整个 job 状态设置为成功。当客户端查询 job 运行状态的时候（注意，这个是异步操作），客户端会查到 job 完成的通知。

如果 job 中途失败，MapReduce 也会有相应机制处理。一般而言，如果不是程序员写的程序本身有 bug，MapReduce 的错误处理机制都能保证提交的 job 能正常完成。

2. MapReduce v1 的局限性

（1）单点故障。单点故障是 MapReduce v1 最致命的一点局限，从图 5-10 中可以看到，所有 job 的完成都依赖于 JobTracker 的调度和分配，一旦此节点宕机就意味着整个平台的瘫痪。当然，在实际中大部分会通过一个 JobTracker slaver（备份节点）来解决。但是，在一个以分布式运算为特性的框架中，将这种核心的计算集中于一台机器显然不是一个最优的方案。

（2）可扩展性。JobTracker 不但承载着 Client 所提交 job 的分发和调度，还需要管理所有 job 的失败、重启，监视每个 DataNode 的资源利用情况。随着节点数量的增加，JobTracker 的任务就会变得越来越多，在疲于应付各个子节点运行检测的同时，还要进行新的 job 调度与分配，所以官方给出了这种框架的限制节点数（<4000 节点）。

（3）资源浪费。对于每一个 job，都是通过节点资源的数量进行分配，显然这种分配方式不能动态地实现负载均衡。例如，两个大的内存消耗的 task 调度到了一个节点上，这也就意味着这台机器压力很大，而相应的某些节点就比较轻松，显然在分布式计算中这是一种很大的资源浪费。

（4）版本耦合。这一点是影响一个平台做大的致命缺陷。只要 MapReduce v1 框架有任何变更（比如 bug 修复、性能提升或某些特性的完善），不管用户是否同意，都会强制用户端进行系统级别的升级更新。

在以上 4 点中，主要问题是集中在主线程 JobTracker 上面，所以解决这个线程的问题，基本也就解决了上面所提到的性能浪费和扩展性等诸多问题。

3. YARN 的出现

一般来说，解决扩展性的问题主要是进行责任解耦。这里我们再看一下 JobTracker 在 MapReduce 中的详细职责。

（1）管理集群中的计算资源。这涉及到维护活动节点列表，可用和占用的 map 与 reduce 任务槽列表，以及依据所选的调度策略将可用的任务槽分配给合适的作业和任务。

（2）协调集群中运行的任务。这涉及到指导 TaskTracker 启动 map 和 reduce 任务，监视任务的运行状态，重新启动执行失败的任务，推测性能运行缓慢的任务，计算作业计数器值的总和等。

这样的安排放在一个进程中会导致重大的伸缩性问题，尤其是在较大的集群上面，JobTracker 必须不断地跟踪数千个 TaskTracker、数百个作业，以及数以万计的 map 和 reduce 任务。

JobTracker 的运行压力非常大，必须想办法减少单个 JobTracker 的职责。既然要减少 JobTracker 的职责，也就意味着需要将不属于它的职责分配给别人去干。经过上面的简述，我们基本上可以将 JobTracker 的职责分为两大部分：集群资源管理和任务协调。这两大任务之间，显然集群管理的任务更重要，它意味着整个平台性能的健壮性和平台的扩展性，相对而言，任务协调的相关事情就可以分配给某一个下属的节点来完成，并且相较于每一个 Client 所提交 job 的分配过程和执行过程而言，分配过程显得短暂且灵活。

由此，出现了新的 MapReduce 架构，称之为 YARN（Yet Another Resource Negotiator，另一种资源协调者）。YARN 是一种新的 Hadoop 资源管理器，它是一个通用资源管理系统，可为上层应用提供统一的资源管理和调度。它的引入为集群在利用率、资源统一管理和数据共享等方面带来了巨大好处。

前面我们将之前的 JobTracker 的职责更改为整个集群的资源管理和分配，在 YARN 中，名称变为了 ResourceManager（资源管理器）。而任务协调的工作则交给了 ApplicationMaster（应用程序管家）。

在 YARN 构架中，一个全局的 ResourceManager 主要是以一个后台进程的形式运行的。它一般分配在主节点（master）上，负责将可用的集群资源分配给各个应用程序。ResourceManager 会追踪集群中有多少可用的活动节点和资源，协调用户提交的哪些应用程序在何时获取这些资源。ResourceManager 是唯一拥有此信息的进程，所以它可通过某种共享的、安全的、多租户的方式制定分配（或者调度）决策（例如，依据应用程序的优先级、队列容量、数据位置等）。

在用户提交一个应用程序时，一个称为 ApplicationMaster 的轻量级进程实例会启动以协调应用程序内的所有任务的执行，包括监视任务、重新启动失败的任务、推测的运行缓慢的任务，以及计算应用程序计数值的总和。这些职责以前也是由 JobTracker 承担的，现在已经独立出来，并且运行在由 NodeManager 控制的资源容器中。

新的 YARN 架构解决了前面所述的 MapReduce v1 的问题。

（1）更高的集群利用率。一个框架未使用的资源可由另一个框架进行使用，避免资源浪费。

（2）很高的扩展性。采用这种新的架构思路，已经解决了第一版 4000 节点的限制，目前可以充分扩展资源。

（3）在 YARN 中，通过加入 ApplicationMaster 这个可变更的部分，用户可以针对不同的编程模型编写自己的 ApplicationMaster，让更多的编程模型运行在 Hadoop 集群中。

（4）在上一版框架中，JobTracker 一个很大的负担就是监控 job 的 tasks 运行情况，现在，这个职责下放到了 ApplicationMaster 中。

4. 版本的迁移

在 Hadoop 2.x 中，我们将资源管理功能剥离为一种通用的分布式应用管理框架 YARN，但是其中的 MapReduce 仍然是一个纯分布式计算框架。总的来说，MapReduce v1 仍然可以运行，并没有对其进行"大手术"。因此，MapReduce v2 可以很好地兼容 MapReduce v1 的应用程序。然而，由于一些改进和代码重构，一些 API 已经呈现不向后兼容的趋势。接下来我们看一下 MapReduce v2 中兼容性支持的范围。

（1）二进制兼容性

首先必须确保二进制兼容性，这样应用程序可以使用 MapReduce v1 的 API。这意味着，建立在 MapReduce v1 API 上的应用程序可以直接在 YARN 中运行而不需要重新编译，只需要通过配置指定其运行在 Hadoop 2.x 集群上即可。

（2）源代码的兼容性

由于 MapReduce v1 中很多 API 在 MapReduce v2 做了修改，对于这些 API 无法保证其二进制的兼容性，因此要对这些 API 保证源代码的兼容性，即用户必须重新编译应用程序以保证生成 MapReduce v2 中的 jar 包。

（3）MapReduce v1 用户和 MapReduce v2 早期采用者之间的权衡

二进制兼容对早期采用 MapReduce v2 的用户来说可能不太可靠，特别是 Hadoop 0.23 的用户。但是此类用户数量众多，新 API 的出现还是要保证 MapReduce v1 应用程序的兼容性。表 5-2 展示了 MapReduce v2 与 Hadoop 0.23 不兼容的 API 列表。

表 5-2　　　　　　　　　　　　　不兼容 API 列表

有修改的方法	不兼容的项
org.apache.hadoop.util.ProgramDriver#drive	返回类型由 void 变为 int
org.apache.hadoop.mapred.jobcontrol.Job#getMapredJobID	返回类型由 String 变为 JobID
org.apache.hadoop.mapred.TaskReport#getTaskId	返回类型由 String 变为 TaskID
org.apache.hadoop.mapred.ClusterStatus#UNINITIALIZED_MEMORY_VALUE	数据类型由 long 变为 int
org.apache.hadoop.mapreduce.filecache.DistributedCache#getArchiveTimestamps	返回类型由 long[]变为 String[]
org.apache.hadoop.mapreduce.filecache.DistributedCache#getFileTimestamps	返回类型由 long[]变为 String[]
org.apache.hadoop.mapreduce.Job#failTask	返回类型由 void 变为 boolean
org.apache.hadoop.mapreduce.Job#killTask	返回类型由 void 变为 boolean
org.apache.hadoop.mapreduce.Job#getTaskCompletionEvents	返回类型由 o.a.h.mapred.TaskCompletionEvent[]变为 o. a. h. mapreduce. Task CompletionEvent[]

（4）其他

当用户想在 YARN 上运行 hadoop-examples-1.x.x.jar 时要注意，执行 hadoop -jar hadoop-examples-1.x.x.jar 命令时运行的是 MapReduce v2 里的 hadoop-mapreduce-examples -2.x.x.jar。因为 Hadoop 框架默认的是先执行路径中框架自带的 jar 包，所以 2.x.x.jar 包中的类会先执行。如果用户想执行 hadoop-examples-1.x.x.jar，有两个方法：一是将 hadoop-mapreduce-examples-2.x.x.jar 从所有的节点中移除；二是用户设置 HADOOP_USER_CLASSPATH_FIRST=true 和 HADOOP_CLASSPATH=...:hadoop-examples-1. x.x.jar，并将下面的配置写入 mapred-site.xml 文件中以保证命令的执行。

```
<property>
    <name>mapreduce.job.user.classpath.first</name>
    <value>true</value>
</property>
```

5.2　YARN 运行机制

5.2.1　YARN 组成结构

YARN 从总体上来说仍然是 Master/Slave 结构，在整个资源管理框架中，ResourceManager 为 Master，NodeManager 为 Slave，ResourceManager 负责对各个 NodeManager 上的资源进行统一管理和调度。当用户提交一个应用程序时，ResourceManager 会创建一个用以跟踪和管理这个程序的 ApplicationMaster，它负责向 ResourceManager 申请资源，并向 NodeManger 分配任务。由于不同的 ApplicationMaster 被分布到不同的节点上，因此它们之间不会相互影响。

YARN 主要由 ResourceManager、NodeManager、ApplicationMaster 和 Container 等几个组件构成。其基本架构如图 5-11 所示。

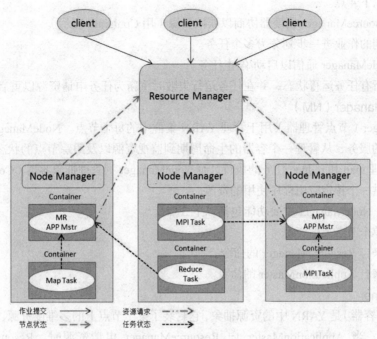

图 5-11　YARN 的基本架构

1. ResourceManager（RM）

ResourceManager 是一个全局的资源管理器，负责整个系统的资源管理和分配。它主要由两个组件构成：调度器（Scheduler）和应用程序管理器（Applications Manager，ASM）。

（1）调度器

调度器根据容量、队列等限制条件（如每个队列分配的资源、最多执行作业的数量等），将系统中的资源分配给各个正在运行的应用程序。

需要注意的是，该调度器是一个"纯调度器"，仅根据各个应用程序的资源需求进行资源分配，它不会参与到任何与具体应用程序相关的工作中。例如，它不负责监控或者跟踪应用的执行状态，也不负责重新启动执行失败的任务，这些具体的工作均交由应用程序管家 ApplicationMaster 完成。调度器仅根据各个应用程序的资源需求进行资源分配，而资源分配单位是用一个抽象概念"资源容器"（Resource Container，简称 Container）表示的。Container 是一个动态资源分配单位，它将内存、CPU、磁盘、网络等资源封装在一起，从而限定每个任务使用的资源量。此外，该调度器是一个可插拔的组件，用户可根据自己的需要设计新的调度器，YARN 也提供了多种直接可用的调度器，比如公平调度器（Fair Scheduler）和容量调度器（Capacity Scheduler）等。

（2）应用程序管理器

应用程序管理器负责管理整个系统中所有的应用程序，包括应用程序提交、启动 ApplicationMaster、监控 ApplicationMaster 运行状态并在其失败时重新启动它等。

2. ApplicationMaster（AM）

ApplicationMaster（应用程序管家）用于管理在 YARN 中运行的每个应用程序实例。它负责向 ResourceManager 申请资源，并通过 NodeManager 监视容器的执行和资源（CPU、内存等）使用情况。

对于用户提交的每个应用程序，ResourceManager 都会为其创建 1 个 ApplicationMaster，它的主要功能包括以下 4 点。

（1）与 ResourceManager 调度器协商以获取资源（用 Container 表示）。

（2）将得到的作业进一步划分为多个任务。

（3）与 NodeManager 通信以启动/停止任务。

（4）监控所有任务运行状态，并在任务运行失败时重新为任务申请资源以重启任务。

3. NodeManager（NM）

NodeManager（节点管理器）用于管理 YARN 集群中的每个节点。NodeManager 提供针对集群中每个节点的服务，从管理一个容器的生命周期到监视资源以及跟踪节点的状态。MapReduce v1 通过插槽管理 map 和 reduce 任务的执行，而 NodeManager 则管理抽象容器（Container），这些容器代表着可供一个特定应用程序使用的资源。

总的来说，NodeManager 主要功能包括以下 3 点。

（1）管理单个节点上的资源。

（2）处理来自 ResourceManager 的命令。

（3）处理来自 ApplicationMaster 的命令。

4. Container

Container（容器）是 YARN 中的资源抽象，它封装了某个节点上的多维度资源，如内存、CPU、磁盘、网络等，当 ApplicationMaster 向 ResourceManager 申请资源时，ResourceManager 为 ApplicationMaster 返回的资源便是用 Container 表示的。YARN 会为每个任务分配一个 Container，且该任务只能使用分配给它的 Container 中描述的资源，即 Container 为作业提供内存隔离保护。

还有一种 Container，它与上面提到的 Container 不同，是运行 ApplicationMaster 的 Container。它是由 ResourceManager（向内部的资源调度器）申请和启动的，用户提交应用程序时，可指定唯一的 ApplicationMaster 所需的资源。

【注意】Container 不同于 MapReduce v1 中的任务槽，它是一个动态资源划分单位，是根据应用程序的需求动态生成的。

5.2.2 YARN 通信协议

在 YARN 中，各组件的通信都依靠 RPC 协议来实现。远程过程调用（Remote Procedure Call，RPC）协议是一种通过网络从远程计算机程序上请求服务，而不需要了解底层网络技术的协议。一个 RPC 协议通信有两端，一端是 Client，另一端为 Server，且总是由 Client 主动连接 Server 的。在 YARN 中，任何两个需要相互通信的组件之间有且仅有一个 RPC 协议，如图 5-12 所示，箭头指向的组件是 RPC Server，而箭尾的组件是 RPC Client。

YARN 主要由以下 5 个 RPC 协议组成。

（1）JobClient（客户端）与 ResourceManager 之间的协议——ApplicationClientProtocol。Job Client 通过此协议提交应用程序、查询应用程序状态等。

（2）Admin（管理员）与 ResourceManager 之间的协议——ResourceManager Administration Protocol。Admin 通过此协议修改/更新系统配置文件，比如节点黑白名单、用户队列权限等。

（3）ApplicationMaster 与 ResourceManager 之间的协议——ApplicationMasterProtocol。

ApplicationMaster 通过此协议向 ResourceManager 注册/撤销自己，并为各个任务申请资源。

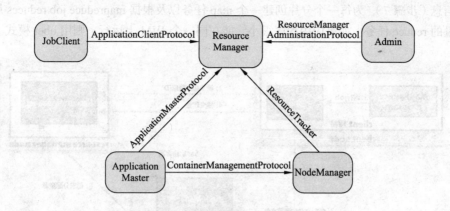

图 5-12　YARN 的 RPC 协议

（4）ApplicationMaster 与 NodeManager 之间的协议——ContainerManagementProtocol。ApplicationMaster 通过此协议要求 NodeManager 启动或者停止 Container，并获取各个 Container 的使用状态等信息。

（5）NodeManager 与 ResourceManager 之间的协议——ResourceTracker。NodeManager 通过此协议向 ResourceManager 注册自己，并定时发送心跳信息汇报当前资源使用情况和 Container 运行情况。

5.2.3　YARN 工作流程

当用户向 YARN 提交一个应用程序后，YARN 将分两个阶段运行该应用程序。

第一个阶段是启动 ApplicationMaster。

第二个阶段是由 ApplicationMaster 创建应用程序，为它申请资源，并监控它的整个运行过程，直到运行完成。

YARN 的作业运行流程如图 5-13 所示。

1. 作业的提交

操作主要发生在 Client（客户端）节点上。首先，用户在客户端启动一个作业（见图 5-13 中的步骤 1），当 mapreduce.framework.name 设置为 yarn 时启动 YARN，向资源管理器请求一个应用程序 ID（即作业 ID，步骤 2）。接着，客户端检查作业的输出说明。例如，是否指定输出路径或输出路径是否已经存在，若未指定输出路径或其已存在则不提交作业。计算作业的输入分片，若输入路径不存在则不提交作业。然后，将作业所需要的资源（包括 MapReduce 程序打包的 jar 文件、配置文件和计算所得的输入分片）复制到 HDFS（步骤 3）。最后，调用资源管理器上的 submitApplication() 方法提交作业请求（步骤 4），告知资源管理器作业准备执行。

2. 作业的初始化

操作主要发生在 ApplicationMaster 和 NodeManager 上。ResourceManager 接收到作业请求后，将请求传递给调度器（Scheduler）。调度器为该应用程序分配第一个 Container，并与对应的 NodeManager 通信，要求它在这个 Container 中启动应用程序的 ApplicationMaster(步骤 5a 和 5b)。ApplicationMaster 首先向 ResourceManager 注册，这样用户可以直接通过 ResourceManager 查看应用程序的运行状态。然后 ApplicationMaster 将对作业进行初始化，创建多个作业对象以保持对作业进度的跟踪，并收取每个任务的进度和完成情况（步骤 6）。接着从 HDFS 中获取客户端计算好的分片信息（步骤 7），为每一个分片创建一个 map 任务以及根据 mapreduce.job.reduces 属性创建相应数量的 reduce 任务。如果应用程序很小，能在同一个 JVM 上运行，则用 uber 模式。

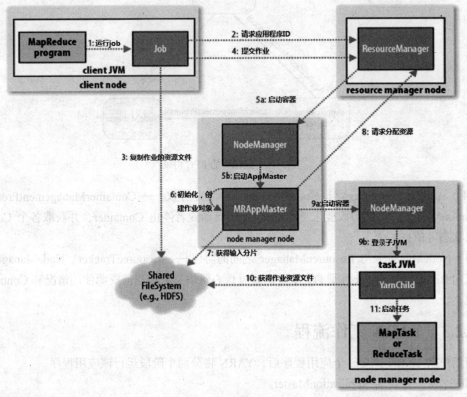

图 5-13　YARN 的作业运行流程

默认情况下，小于 10 个 map 任务、只有 1 个 reduce 任务且输入大小小于一个 HDFS 的作业为小任务，又称 uber 任务。MapReduce v1 从不在单个节点上运行小任务，这使得小任务的运行开销较大。而对于 YARN 来说，ApplicationMaster 会选择与它在同一个 JVM 上运行小任务。需要注意的是，用户可以通过设置以下参数来改变一个作业的上述值：mapreduce.job.ubertask.maxmaps、mapreduce.job.ubertask.maxreduces 和 mapreduce.job.ubertask.maxbytes。另外，将 mapreduce.job.ubertask.enable 设置为 false，则 uber 任务不可用。

在任务运行之前，ApplicationMaster 会调用方法建立作业的输出路径。

3. 任务的分配

操作主要发生在 ResourceManager 和 NodeManager 上。如果作业不适合作为 uber 任务运行，则 ApplicationMaster 将采用轮询的方式通过 RPC 协议向 ResourceManager 申请和领取资源（步骤 8），这种轮询的方式也被称作"心跳"。请求信息包括每个 map 任务的数据本地化信息（特别是输入分片所在的主机和相应机架信息）、内存需求信息等。这些信息帮助调度器做出调度的决策，调度器会尽可能地遵循数据本地化或者机架本地化的原则分配 Container。

在任务分配时会指定内存。MapReduce v1 在集群配置时就会设置固定数量的槽，每个任务在一个槽上运行，其内存大小固定，因此分配给任务的内存可能无法被充分利用或者可能不足。为此，YARN 采用弹性分配机制，对于容量调度器，它为 map 任务和 reduce 任务默认分配 1024MB

的内存，但根据以下参数可以对默认值进行设置：yarn.scheduler.capacity.minimum-allocation-mb（最小申请资源）和 yarn.scheduler.capacity.maximum-allocation-mb（最大可申请资源）。另外，可以通过设置 mapreduce.map.memory.mb 和 mapreduce.reduce.memory.mb 来请求分配 n 倍 1GB 的内存容量（$n \in [1,10]$）。

4. 任务的执行

操作主要发生在 NodeManager 上。当 ApplicationMaster 申请到资源后，便与对应的 NodeManager 通信，要求它启动容器（步骤 9a 和 9b）。NodeManager 启动容器后便会在容器中启动任务。在任务运行前，会将任务需要的资源本地化，即将包括作业的配置、jar 文件以及其他必需的所有文件从 HDFS 中复制到 NodeManager 所在的文件系统（步骤 10）。最后，NodeManager 将任务启动命令写到一个脚本中，并通过运行该脚本启动 map 任务或 reduce 任务（步骤 11）。

5. 进度和状态的更新

操作主要发生在 NodeManager、ApplicationMaster 和 Client 上。MapReduce 作业是长时间运行的批量作业，对用户而言，能够得知作业的进展是很重要的。一个作业和它的每个任务都有一个状态，包括作业或任务的状态（如运行状态、成功完成状态、失败状态等）、map 和 reduce 的进度、作业计数器的值、状态消息或描述等。各个任务通过 RPC 协议向 ApplicationMaster 汇报自己的状态和进度，以便让 ApplicationMaster 随时掌握各个任务的运行状态，从而可以在任务失败时重新启动任务。对于任务进度的确定，map 任务进度是已处理输入占总输入数据的比例，而 reduce 任务进度则是由系统根据复制 map 输出、对输出排序和 reduce 处理来估计的。对于整个作业来说，ApplicationMaster 会将各任务汇报的信息合并起来，产生一个表明所有运行作业及其所有任务状态的全局视图。客户端每秒钟向 ApplicationMaster 查询一次，这样就可随时收到更新信息，这些信息可以通过 Web UI 来查看。

6. 作业的完成

操作主要发生在 ApplicationMaster 和 Client 上。当 ApplicationMaster 收到最后一个任务已完成的通知后，便把作业的状态设置为"成功"。客户端每 5 s 通过调用 job.waitForCompletion() 来检查作业是否完成。轮询时间间隔可以用配置文件的属性 mapreduce.client.completion.pollinterval 来设置。作业完成后，ApplicationMaster 和任务容器清理其工作状态（如删除中间输出），最后由 ApplicationMaster 向 ResourceManager 注销并关闭自己。

5.3　数据的混洗处理

MapReduce 主要分为 map 操作和 reduce 操作，reduce 会接收从不同节点输出的 map 中间数据。为了方便计算，MapReduce 框架会确保每个 reduce 的输入都是按 key 排序的。系统执行排序的过程（将 map 输出作为输入传给 reduce）称为 shuffle（即混洗）。shuffle 的职责就是：把 map 的输出结果有效地传送到 reduce 端。

shuffle 是 MapReduce 的核心，也被称为发生奇迹的地方，它必须满足以下 3 点要求。

（1）完整地从 map 端提取数据到 reduce 端。

（2）在跨节点拉取数据时，尽可能地减少对带宽的不必要消耗。

（3）减少磁盘 I/O 对任务执行的影响。

shuffle 过程分为 map 端和 reduce 端的操作。MapReduce 的 Shuffle 和排序如图 5-14 所示。

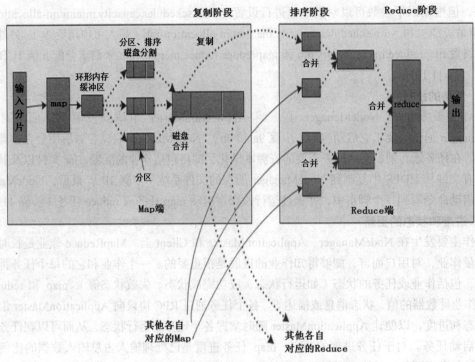

图 5-14　MapReduce 的 Shuffle 和排序

5.3.1　map 端

map 函数开始产生输出时，并不是简单地将它写到磁盘，而是利用缓冲的方式写到内存并进行预排序以提高效率。过程相对比较复杂，概括起来有以下 3 个关键点。

（1）每个 map 都有一个内存缓冲区，存储着 map 的输出结果。

（2）当缓冲区快满的时候会将缓冲区的数据以一个临时文件的方式存放到本地磁盘。

（3）当所有 map 结束后，再对已有的临时文件做合并，生成最终的输出文件，然后等待 reduce 来取数据。

Map 端的主要操作如下。

（1）处理分片。在 map 执行时，其输入数据来源于 HDFS 的 Block，系统会将数据进行分片以供 map 操作读取。默认情况下，以 HDFS 的一个 Block 的大小（默认为 128MB）为一个分片。每个 map 任务处理一个分片。在经过 map 的运行后，map 的输出是<key, value>键值对，它们会被暂时存储在一个环形内存缓冲区中（缓冲区默认大小为 100MB），当该缓冲区快溢出时（默认为缓冲区的 80%），会启动溢写线程，在本地创建一个溢写文件（spill file），然后将缓冲区中的数据写入这个文件。这个从内存向磁盘写数据的过程被称为 Spill。

（2）partition（分区）。当溢写线程启动后，线程会将数据划分为与 reduce 任务数目相同的分区（partition），也就是一个 reduce 任务对应一个分区的数据。分区就是对数据进行 hash 的过程。然后对每个分区中的数据根据 key 进行排序，并将结果进行 combine（合并）操作，这样可以让尽可能少的数据被写入磁盘。

（3）combine（合并）。每次溢写会在磁盘上生成一个溢写文件，任务完成前可能会有多个溢写文件存在。当 map 任务输出最后一条记录时，会将这些溢写文件合并。合并的过程中会不断地进行排序和 combine 操作，最后合并成一个已分区且已排序的文件。为了减少网络传输的数据量，可以将数据压缩后再传输。

（4）将分区中的数据复制给相对应的 reduce 任务。

5.3.2　reduce 端

map 端输出文件位于运行 map 任务节点的本地磁盘，reduce 任务则需要将 map 端的输出文件复制到本地。每个 map 任务的完成时间可能都不同，因此只要有一个 map 任务完成，reduce 任务就开始进行复制。那 reduce 端如何知道要从哪台机器上去取得 map 输出呢？map 任务成功完成后，它们会通知 ApplicationMaster。而对于指定作业，ApplicationMaster 知道 map 输出和 NodeManager 之间的映射关系。reduce 端中的一个线程会定期询问 ApplicationMaster 以获取 map 输出的位置，直到获得所有输出位置。reduce 函数真正运行之前，所有的时间都被用于提取数据、做合并操作，且不断重复。

reduce 端的主要操作如下。

（1）接收数据。通过 HTTP 方式请求 map 所在的节点以获取 map 的输出文件。reduce 会接收到不同 map 任务传来的数据，并且每个 map 传来的数据都是有序的。

（2）合并数据。如果 reduce 端接收的数据量比较小，则直接复制到 reduce 的内存缓冲区中。如果数据量超过了该缓冲区大小的一定比例，则先对数据做合并再溢写到磁盘中。

（3）归约数据。随着溢写文件的增多，后台线程会将它们合并成一个更大的有序文件（合并因子默认为 10，即将 10 个文件合并成 1 个文件）。合并的过程中会产生许多的中间文件，但 MapReduce 会让写入磁盘的数据尽可能少，并且不会把最后一次合并的结果写入磁盘，而是直接传递给 reduce 函数进行归约处理，并将最终结果存入 HDFS。

5.4　作业的调度

资源调度器是 Hadoop YARN 中最核心的组件之一，是 ResourceManager 中一个插拔式的服务组件，负责整个集群资源（Container）的管理和分配。YARN 采用了动态资源分配机制，当前 YARN 仅支持内存和 CPU 两种资源类型的管理和分配。

Hadoop 最初设计目的是支持大数据批处理作业，如日志挖掘、Web 索引等，为此，Hadoop 仅提供了一个非常简单的调度机制：FIFO，即先来先服务。在该调度机制下，所有作业被统一提交到一个队列中，Hadoop 按照提交顺序依次运行这些作业。但是随着 Hadoop 的普及，单个 Hadoop 集群的用户量越来越大，不同用户提交的应用程序往往具有不同的服务质量要求（QoS），典型的应用有以下 3 种。

（1）批处理作业。这种作业往往耗时很长，对完成时间一般没有严格要求，如数据挖掘、机器学习等方面的应用程序。

（2）交互式作业。这种作业期望能及时返回结果（如 sql 查询、hive 等）。

（3）生产性作业。这种作业要求有一定量的资源保证，如统计值计算、垃圾数据分析等。

因为以上应用对硬件资源的需求量是不同的，如过滤、统计类作业一般为 CPU 密集型，数据挖掘、机器学习作业一般为 I/O 密集型，因此简单的 FIFO 调度策略不仅不能满足多样化需求，也不能充分利用硬件资源。为此，可使用以下两种解决方案。

（1）在一个物理集群上虚拟多个 Hadoop 集群，这些集群各自拥有全套独立的 Hadoop 服务。典型代表是 HOD 调度器。

（2）扩展 Hadoop 调度器，使之支持多队列多用户，这种调度器允许管理员按照应用需求对用户或者应用程序分组，并为不同的分组分配不同的资源量。同时，通过添加各种约束防止单个用户或者应用程序独占资源，进而满足各种 QoS 需求。典型代表是 Yahoo! 的 Capacity Scheduler（容量调度器）和 Facebook 的 Fair Scheduler（公平调度器）。

5.4.1　FIFO 调度器

FIFO Scheduler，先进先出调度器，它把应用按提交的顺序排成一个队列（这是一个先进先出队列）在进行资源分配的时候，先给队列中排在第一个的应用进行分配，待第一个应用得到足够的资源后再给下一个应用分配，以此类推。典型情况下，每个作业都会使用整个集群的资源，因此排在队列后面的作业必须等待，直到轮到自己运行。

FIFO Scheduler 是最简单也是最容易理解的调度器，不需要任何配置，但它并不适用于共享集群。因为大的应用可能会占用所有集群资源，这就会导致其他应用被阻塞。当一个大的生产作业正在运行时，如果集群又接收到一个较小的临时查询的请求，则该请求只能被挂起等待，无法在合理的时间内得到结果。FIFO Scheduler 资源利用情况如图 5-15 所示。

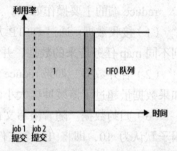

图 5-15　FIFO Scheduler 资源利用情况

FIFO Scheduler 后来增加了设置作业优先级的功能，可以通过参数设置作业优先级别。在作业调度器选择要运行的下一个作业时，选择的是优先级最高的作业。然而，在 FIFO 调度算法中，优先级并不支持抢占，所以高优先级的作业仍然受阻于此前已经开始的、长时间运行的低优先级的作业。

5.4.2　Capacity 调度器

Capacity Scheduler，容量调度器，以队列为单位划分资源，并设计了多层级别的资源限制条件以更好地让多用户共享一个 Hadoop 集群，如队列资源限制、用户资源限制、用户应用程序数目限制等。队列里的应用以 FIFO 方式调度，每个队列可设置一定比例的资源最低保证和使用上限，同时，每个用户也可以设置一定的资源使用上限以防止资源滥用。Capacity Scheduler 调度两个 job 随时间变化的资源利用情况如图 5-16 所示。

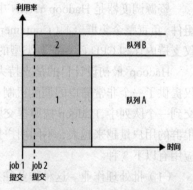

通过图 5-16，可以知道一个 job 可能无法使用整个队列的资源。如果这个队列中运行多个 job，这个队列的资源够用，那么就分配给这些 job。如果这个队列的资源不够用了呢？Capacity Scheduler 仍可能分配额外的资源给这个队列，这就是"弹性队列"（queue elasticity）的概念。

图 5-16　Capacity Scheduler 资源利用情况

在正常的操作中，Capacity Scheduler 不会强制释放 Container，当一个队列资源不够用时，这个队列只能获得其他队列释放后的 Container 资源。当然，我们可以为队列设置一个最大资源使用量，以免这个队列过多地占用空闲资源，导致其他队列无法使用这些空闲资源，这就是"弹性队列"需要权衡的地方。

Capacity Scheduler 主要有以下 5 个特点。

（1）容量保证。可为每个队列设置资源最低量和资源使用上限，而所有提交到该队列的应用程序共享该队列中的资源。

（2）灵活性。如果一个队列中的资源有剩余，可以暂时共享给那些需要资源的队列；一旦该队列有新的应用程序提交，则其他队列释放的资源会归还给该队列。这种资源灵活分配的方式明显可以提高资源的利用率。

（3）多租户。支持多用户共享集群和多应用程序同时运行。为防止单个应用或者用户或者队列独占集群资源，可为之增加限制，比如设置一个用户或者应用程序可以分配的最大资源数、最大任务运行数等。

（4）安全保证。每个队列有严格的 ACLs（访问控制列表）规定它的访问用户，每个用户可以指定允许哪些用户查看自己应用程序的运行状态或者控制应用程序（比如 kill）。

（5）动态更新配置文件。管理员可以根据需要动态更改各种配置参数，以实现在线集群管理。

5.4.3　Fair 调度器

Fair Scheduler，公平调度器，其设计目标是为所有的应用程序公平地分配资源（对公平的定义可以通过参数来设置）。它同 Capacity Scheduler 类似，以队列为单位划分资源。队列内的资源共享方式可以自行配置，如 FIFO 或者 Fair 等。Fair Scheduler 会为所有运行的 job 动态调整系统资源，其资源利用情况如图 5-17 所示。

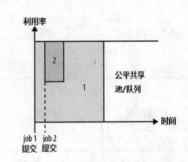

图 5-17　Fair Scheduler 资源利用情况

由图 5-17 可知，当第一个大 job 提交时，只有这一个 job 在运行，此时它获得了集群的全部资源；当第二个小任务提交后，Fair 调度器会将一半的资源分配给这个小任务，让这两个任务公平地共享集群资源。

在 Fair Scheduler 中，从第二个任务提交到获得资源会有一定的延迟，因为它需要等待第一个任务释放占用的 Container。小任务执行完成之后也会释放自己占用的资源，大任务又会获得系统的全部资源。最终的效果就是公平调度，既得到了高的资源利用率，又保证了小任务的及时完成。

当然，公平调度在也可以在多个队列间工作。假设有两个用户 A 和 B，他们分别拥有一个队列。当 A 启动一个 job 而 B 没有任务时，A 会获得集群的全部资源；当 B 启动一个 job 后，A 的 job 会继续运行，不过之后两个任务会各自获得一半的集群资源。如果此时 B 再启动第二个 job 并且前面的 job 还在运行，则它将会和 B 的第一个 job 共享 B 这个队列的资源，也就是 B 的两个 job 分别使用 1/4 的集群资源，而 A 的 job 仍然使用集群一半的资源，结果就是资源最终在两个用户之间平等的共享。如图 5-18 所示。

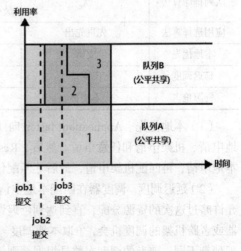

图 5-18　Fair Scheduler 多队列调度资源情况

5.4.4　调度器的比较

在 YARN 中，有 3 种调度器可以选择：FIFO Scheduler、Capacity Scheduler 和 Fair Scheduler。调度器的使用是通过 yarn-site.xml 配置文件中的 yarn.resourcemanager. scheduler.class 参数进行配置的，默认采用 Capacity Scheduler 调度器，即该参数的值为 org.apache.hadoop.yarn.server.resourcemanager.scheduler.fair.CapacityScheduler。

FIFO Scheduler，简单易配置，但小任务会被大任务阻塞。Capacity Scheduler，有一个专门的队列用来运行小任务，但是为小任务专门设置一个队列会预先占用一定的集群资源，这就导致大任务的执行时间会落后于使用 FIFO 调度器时的时间。Fair Scheduler，不需要预先占用一定的系统资源，它会为所有运行的 job 动态地调整系统资源。它们之间的具体比较如表 5-3 所示。

表 5-3　　　　　　　　　　　　　3 种调度器之间的比较

调　度　器	FIFO Scheduler	Capacity Scheduler	Fair Scheduler
设计目的	最简单的调度器，易于理解和上手	多用户的情况下，最大化集群的吞吐和利用率	多用户的情况下，强调用户公平地共享资源
队列组织方式	单队列	树状组织队列。无论父队列还是子队列都会有资源参数限制，子队列的资源限制计算是基于父队列的。应用提交到叶子队列	树状组织队列。但是父队列和子队列没有参数继承关系。父队列的资源限制对子队列没有影响。应用提交到叶子队列
资源限制	无	父子队列之间有容量关系。每个队列限制了资源使用量、全局最大资源使用量和最大活跃应用数量等	每个叶子队列有最小共享量、最大资源量和最大活跃应用数量。用户有最大活跃应用数量的全局配置
队列 ACL 限制	可以限制应用提交权限	可以限制应用提交权限和队列开关权限，父子队列间的 ACL 会继承	可以限制应用提交权限，父子队列间的 ACL 会继承。但是由于支持客户端动态创建队列，需要限制默认队列的应用数量。目前，还看不到关闭动态创建队列的选项
队列排序算法	无	按照队列的资源使用量最小的优先	根据公平排序算法排序
应用选择算法	先进先出	先进先出	先进先出或者公平排序算法
本地优先	支持	支持	支持
延迟调度	不支持	支持	支持
资源抢占	不支持	支持	支持

（1）本地优先。ApplicationMaster 向 ResourceManager 提交资源申请的时候，会同时发送本地申请、机架申请和任意申请。然后，ResourceManager 在匹配这些资源申请的时候，会先匹配本地申请，再匹配机架申请，最后才匹配任意申请。

（2）延迟调度。调度器在匹配本地申请失败的时候，匹配机架申请或者任意申请成功的时候，允许略过这次的资源分配，直到达到延迟调度次数的上限。延迟调度机制使得应用可以放弃跨机器或者跨机架的调度机会，争取本地调度。Capacity Scheduler 和 Fair Scheduler 在延迟调度上的实现稍有不同，前者的调度次数是根据规则计算的，后者的调度次数通过配置指定的，但实际的含义是一样的。

（3）资源抢占。每个队列可以设置一个最小资源量和最大资源量。为了提高资源利用率，资源调度器会将负载较轻队列的资源暂时分配给负载较重的队列，仅当负载较轻的队列突然收到需要资源请求时，调度器才进一步将本属于该队列的资源分配给它。因为这个时候资源可能正在被别的队列使用，所以调度器要等那个队列释放资源才能将资源归还，这通常需要一段不确定的等待时间。为了防止应用程序等待时间太长，若调度器等待一段时间后发现资源并未得到释放，则进行资源抢占。

5.5　任务的执行

5.5.1　推测执行

在 Hadoop 中，MapReduce 将作业分解为多个任务并行执行，以提高整体的运行速度，减少作业运行时间。这使得作业对运行缓慢的任务十分关注，因为一个缓慢任务的执行会延长整个作业的运行时间。当一个作业由几百个或几千个任务组成时，出现缓慢执行的任务的几率非常高，那么推测执行也就很有必要。

推测执行（Speculative Execution）是指在分布式集群环境下，因为程序 bug、负载不均衡或者资源分布不均等原因，造成同一个 job 的多个 task 运行速度不一致，有的 task 运行速度明显慢于其他 task（例如，一个 job 的某个 task 进度只有 10%，而其他所有 task 已经运行结束），则这些 task 会拖慢作业的整体执行进度。为了避免这种情况发生，分布式集群会为执行缓慢的 task 启动备份任务，让该推测 task 与原始 task 同时处理一份数据，谁先运行结束，就将谁的结果作为最终结果。需要注意的是，只有在一个作业的所有任务都启动之后才能启动推测任务，并且只针对那些已运行一段时间且比作业中其他任务的平均进度慢的任务。另外，一个任务成功完成后，任何正在运行的重复任务都将被中止。因此，如果推测任务在原任务之前完成，原任务就会被中止；同样，如果原任务先完成，那么推测任务就会被中止。

在 Hadoop 中，默认情况下推测执行是关闭的。用户可以基于集群或基于每个作业，单独为 map 任务和 reduce 任务启用或禁用该功能。

推测执行采用了典型的以空间换时间的优化策略，它同时启动多个相同的 task（备份任务）处理相同的数据块，哪个先结束，则采用哪个 task 的结果，这样可防止拖后腿的 task 任务出现，进而提高作业计算速度。但是，这样却会占用更多的资源，在集群资源紧缺的情况下，一些集群管理员倾向于在集群上关闭此功能，而让用户根据个别作业的需要来开启该功能。所以，合理的推测执行机制应该让作业运行时间与集群资源之间达到平衡。

对于 reduce 任务，关闭推测执行是有益的，因为任意重复的 reduce 任务都必须复制 map 输出作为最为初始的任务，这可能会增大集群上的网络传输。

推测执行是一种优化措施，它并不能保证作业的运行有更高的可靠性。如果一些程序缺陷会造成任务挂起或运行速度减慢，依靠推测执行来避免这些问题是不明智的选择。因为相同的程序缺陷同样会影响推测任务的执行。正确的解决方式是修复程序缺陷，使任务不会被挂起或减慢运行速度。

5.5.2　JVM 重用

Hadoop 会在自己创建的 Java 虚拟机上运行任务，以区别于其他正在运行的程序。为每个任务启动一个新的 JVM 耗时约 1s，对运行时间在 1 min 左右的作业而言，可以忽略不计。但是对于有大量超短任务（通常是 map 任务）的作业或初始化时间长的作业，它们如果能对后续任务重用 JVM，就可以节约时间。

在 YARN 中是不支持 JVM 重用的，但它也有类似 JVM 重用的功能——uber（小任务执行）。

YARN 的默认配置会禁用 uber 组件，即不允许 JVM 重用。当 uber 功能启动时，YARN 运行一个应用程序的过程如下：首先，ResourceManager 会为应用程序在 NodeManager 里面申请一个 Container，然后在该 Container 里面启动一个 ApplicationMaster。Container 启动时便会相应启动一个 JVM。此时，若 uber 功能被启用，并且该应用被认为是一个"小的应用"，那么 ApplicationMaster 便会将该应用包含的每一个 task 依次在这个 Container 里的 JVM 里顺序执行，直到所有 task 被执行完。这样 ApplicationMaster 便不用再为每一个 task 向 ResourceManager 去申请一个单独的 Container，从而达到了 JVM 重用（资源重用）的目的。

5.5.3　跳过坏记录

对于大型数据集来说，它们经常会有缺失的字段，造成记录损坏。但对于大部分数据密集型应用而言，丢弃一条或者几条数据对最终结果的影响并不大。正因如此，Hadoop 为用户提供了跳过坏记录的功能。当一条或者几条数据记录可能导致任务运行失败时，Hadoop 可自动识别并跳过这些坏记录。Hadoop 检测出来的坏记录会以序列文件的形式保存在_logs/skip 子目录下的作业输出目录中，在作业完成后，可以查看这些记录并进行诊断。

当然，最好的办法还是在 map 函数和 reduce 函数代码中处理被损坏的记录。我们可以检测出坏记录并忽略它，或者通过抛出一个异常来中止作业的运行，还可以使用计数器来计算作业中坏记录的总条数，进而分析问题影响的范围有多广。

5.6　失败处理机制

在 YARN 中运行的 MapReduce 程序有可能运行失败，我们要从以下几种实体入手去找出失败的原因：任务、ApplicationMaster、NodeManager 和 ResourceManager。

5.6.1　任务运行失败

首先考虑子任务运行失败的情况。最常见的是 map 任务或 reduce 任务中的用户代码抛出异常。如果发生这种情况，子任务 JVM 进程会在退出之前向 ApplicationMaster 发送错误报告，该任务尝试被标记为失败。错误报告最后被记入用户日志。

另一种错误是子进程 JVM 突然退出，可能由于 JVM 软件缺陷，从而导致 MapReduce 用户代码因某些特殊原因造成 JVM 退出。在这种情况下，NodeManager 会注意到进程已经退出并将此次任务尝试标记为失败。

任务挂起的处理方式与前面不同。一旦 NodeManager 注意到已经有一段时间没有收到进度的更新，便会将任务标记为失败并将 JVM 子进程杀死。任务失败的超时间隔通常为 10 min，可以通过 mapred.task.timeout 属性进行设置。超时（timeout）被设置为 0 时将关闭超时判定，即长时间运行的任务永远不会被标记为失败。

ApplicationMaster 在被告知一个任务尝试失败后，将重新调度该任务的执行。如果一个任务的失败次数超过 4 次，将不会再重试。这个值是可以设置的：对于 map 任务，运行任务的最多尝试次数由 mapreduce.map.maxattempts 属性控制；对于 reduce 任务，则由 mapreduce.reduce.maxattempts 属性控制。在默认情况下，如果任何任务（包括 map 和 reduce）失败次数大于 4（或最多尝试次数被配置为 4），整个作业都会失败。

对于一些应用程序，即使有任务失败，作业的一些结果可能还是可用的，此时则不希望中止整个作业的运行。在这种情况下，要为作业设置在不触发作业失败的情况下允许任务失败的最大百分比。map 任务和 reduce 任务可以独立控制，分别通过 mapreduce.map.failures.maxpercent 和 mapreduce.reduce.failuers.maxpercent 属性来设置。

5.6.2　ApplicationMaster 运行失败

ApplicationMaster 会向 ResourceManager 周期性地发送心跳信息。当 ApplicationMaster 发生故障时，心跳中断，ResourceManager 将检测到 ApplicationMaster 出现故障，并会在一个新的容器（由 NodeManager 管理）中开始一个新的 ApplicationMaster 实例。默认情况下，新的 ApplicationMaster 将重新运行所有任务。但 YARN 可以恢复故障应用程序所运行任务的状态，使其不必重新运行。默认情况下是不能恢复的，可以通过设置 yarn.app.mapreduce.am.job.recovery.enable 为 true，来启用这个功能。

客户端会向 ApplicationMaster 轮询进度报告，如果它的 ApplicationMaster 运行失败，客户端就需要重新定位新的 ApplicationMaster 实例。在作业初始化期间，客户端向 ResourceManager 询问并缓存 ApplicationMaster 的地址，使其每次需要向 ApplicationMaster 查询时不必重载 ResourceManager。但是，如果 ApplicationMaster 出现故障，客户端就会在发出状态更新请求时超时，再次向 ResourceManager 请求新的 ApplicationMaster 的地址。

5.6.3　NodeManager 运行失败

如果 NodeManager 出现故障运行失败，就会停止向 ResourceManager 发送心跳信息。默认情况下，ResourceManager 等待 10 min 未接收到 NodeManager 的心跳，就会将该 NodeManager 移出可用节点资源管理器池。在故障 NodeManager 上运行的所有任务或 ApplicationMaster 将用前两节讲的机制进行恢复。

如果 NodeManager 上任务的运行失败次数过高，那么 NodeManager 可能会被 ApplicationMaster 拉黑。对于 MapReduce 来说，如果一个 NodeManager 上有超过 3 个任务失败，ApplicationMaster 就会尽量将任务调度到不同的 NodeManager 上。

为了提高系统的可靠性，集群支持 NodeManager 重启，重启功能使得 NodeManager 重启后能够保持 Container 的运行。由于 NodeManager 处理容器管理请求，它可以将任何需要的状态存储到本地。当 NodeManager 重启时，它首先会通过加载子系统信息恢复状态，然后让这些子系统各自利用加载信息进行恢复。

NodeManager 的重启功能默认是关闭的，可以通过在 yarn-site.xml 中设置 yarn.nodemanager.recovery.enabled 属性为 true 来打开该功能。开启重启功能后必须指定 NodeManager 用于存储其运行状态的本地路径，可以通过 yarn.nodemanager.recovery.dir 属性进行设置。此外，还要通过

yarn.nodemanager.address 属性设置一个有效的 RPC 地址，其默认的端口号 0 是临时端口，不能使用，因为这样可能使重启前与重启后使用的端口不同，这将打破以前的运行信息。

5.6.4 ResourceManager 运行失败

ResourceManager 是管理资源和调度运行在 YARN 上的应用程序的中央机构，ResourceManager 运行失败是非常严重的问题，没有 ResourceManager，作业和任务容器将无法启动。当 ResourceManager 节点出现故障时，就需要尽快重启，以尽可能地减少损失。ResourceManager 的设计中，从一开始就通过使用检查点机制将其状态持久性存储，从而保证它可以从失败中恢复。因此 ResourceManager 具有重启的特性，该特性使 ResourceManager 在重启后可以继续运行，并且在 ResourceManager 处于故障时对用户不可见。

ResourceManager 重启可以划分为两个阶段。第一阶段，ResourceManager 将应用程序的状态和其他认证信息保存到一个插入式的状态存储中。ResourceManager 重启时将从状态存储中重新加载这些信息，然后重新开始之前正在运行的应用程序，用户不需要重新提交应用程序。第二阶段，重启时专注于通过从 NodeManager 读取容器的状态和从 ApplicationMaster 读取容器的请求，集中重构 ResourceManager 的运行状态。与第一阶段不同的是，在第二阶段中，之前正在运行的应用程序将不会在 ResourceManager 重启后被杀死，所以应用程序不会因为 ResourceManager 中断而丢失工作。

Hadoop 2.4.0 版本仅实现了 ResourceManager 重启的第一阶段，即没有工作保存的重启。通过上面的描述可知，ResourceManager 在客户端提交应用时，将应用程序的元数据保存到了插入式的状态存储中。同时，ResourceManager 还保存了应用程序的最终状态，如完成状态（失败、被杀死或执行成功），以及应用完成时的诊断。除此之外，ResourceManager 还将在安全的环境中保存认证信息，如安全密钥、令牌等。当 ResourceManager 出现故障时，只要请求的信息（如应用程序的元数据和运行在安全环境中的认证信息等）在状态存储中可用，在 ResourceManager 重启时，就可以从状态存储中获取应用程序的元数据然后重新提交应用。如果在 ResourceManager 出故障之前应用程序已经完成，不论是失败、被杀死还是执行成功，在 ResourceManager 重启后都不会再重新提交。

NodeManager 和客户端在 ResourceManager 关闭期间将保持对 ResourceManager 的轮询，直到 ResourceManager 启动。启动后，ResourceManager 将通过心跳机制向正在与其会话的 NodeManager 和 ApplicationMaster 发送同步指令。目前 NodeManager 和 ApplicationMaster 处理该指令的方式为：NodeManager 将杀死它管理的所有容器然后向 ResourceManager 重新注册；对于 ResourceManager 来说，这些重新注册的 NodeManager 与新加入的 NodeManager 相似。ApplicationMaster 在接收到 ResourceManager 的同步指令后，将会关闭。在 ResourceManager 重启后，从状态存储中加载应用元数据和认证信息并放入内存后，ResourceManager 将为每个还未完成的应用创建新的尝试。正如之前描述的，此种方式下之前正在运行的应用程序的工作将会丢失，因为它们已经被 ResourceManager 在重启后使用同步指令杀死了。

Hadoop 2.6.0 版本实现了 ResourceManager 重启的第二阶段，加强了 ResourceManager 的重启功能，使得在其重启后不用杀死任何在 YARN 上运行的应用程序，即有工作保存的重启。由于第一阶段已经保存了应用程序状态并在重启时加载状态进行恢复，完成了准备工作，因此第二阶段的工作主要集中在重建整个 YARN 集群的运行状态，其中大部分是 ResourceManager 中央调度器的状态，因为它记录着所有容器的生命周期、应用空间、资源请求和队列资源使用情况等。通过这种方式，ResourceManager 不需要杀死 ApplicationMaster 和重新运行应用程序，应用程序可以通过 ResourceManager 简单地重新同步到出现故障前的状态。

ResourceManager 恢复其运行状态时利用了所有 NodeManager 向其发送的 Container 的状态信息。当 ResourceManager 重启后进行同步时，NodeManager 不会杀死 Container，它会继续管理 Container，重新向 ResourceManager 注册并发送 Container 的状态信息。ResourceManager 通过 Container 的信息重建 Container 实例和相关的应用程序的调度状态。与此同时，ApplicationMaster 需要重新发送未完成的资源请求给 ResourceManager，因为 ResourceManager 在重启时可能会丢失这些未完成的请求。

ResourceManager 的重启功能默认是关闭的，可以通过在 yarn-site.xml 中设置 yarn.resourcemanager.recovery.enabled 属性为 true 来打开该功能。开启重启功能后必须指定用于状态存储的类，默认为 org.apache.hadoop.yarn.server.resourcemanager.recovery.FileSystemResource Manag--erStateStore（基于 HDFS 的实现），可以通过设置 yarn.resourcemanager.store.class 属性改变其为基于 ZooKeeper 的实现。

5.6.5　日志文件

Hadoop MapReduce 日志分为两部分，一部分是服务日志，一部分是作业日志。

YARN 系统的服务日志包括 ResourceManager 日志和各个 NodeManager 日志，它们的日志位置如下。

（1）ResourceManager 日志存放位置是 Hadoop 安装目录下的 logs 目录下的 yarn-*-resourcemanager-*.log。

（2）NodeManager 日志存放位置是各个 NodeManager 节点上，Hadoop 安装目录下的 logs 目录下的 yarn-*-nodemanager-*.log。

应用程序日志（即作业日志）包括 jobhistory 日志和 Container 日志。其中，jobhistory 日志是应用程序运行日志，包括应用程序启动时间、结束时间，每个任务的启动时间、结束时间，各种 counter 信息等。Container 日志包含 ApplicationMaster 日志和普通 task 日志，它们均存放在 Hadoop 安装目录下的 userlogs 目录中的 application_xxx 目录下，其中 ApplicationMaster 日志目录名称为 container_xxx_000001，普通 task 日志目录名称则为 container_xxx_000002，container_xxx_000003，…，每个目录下包含 3 个日志文件（stdout、stderr 和 syslog），且具体含义是一样的。

5.7　MapReduce 示例演示——WordCount

单词计数（WordCount）是 Hadoop 自带的 MapReduce 示例程序，完整的代码可在安装目录中找到。单词计数主要用于统计一批文本文件中单词出现的次数。其功能示意如图 5-19 所示。

图中有两个文本文件，内容分别为 Hello World 与 Hello Hadoop。通过 WordCount 程序的处理得到的最终结果为：Hello 出现 2 次，World 出现 1 次，Hadoop 出现 1 次。

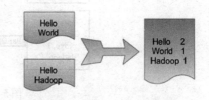

图 5-19　WordCount 功能示意图

对于简单的文本文件来说，直接观察或使用传统的程序进行统计都是可行的，或者说比分布式计算更快；但是当我们面对大量的数据时，分布式计算会有更大的优势。这里以简单的示例说明 MapReduce 中的 WordCount 是如何工作的。

1. 准备数据文件

准备两个小的文本文件 file1.txt 和 file2.txt。

```
file1.txt
Hello World
Bye World
file2.txt
Hello Hadoop
Bye Hadoop
```

2. 处理过程

（1）将文件拆分成 splits，由于测试用的文件较小，所以每个文件为一个 split，并将文件按行分割形成<key, value>键值对。如图 5-20 所示。这步操作由 MapReduce 框架自动完成，其中 key 为每一行相对于文件的偏移量，value 为该行的一行文本。

（2）将分割好的<key, value>键值对交给用户定义的 map 方法进行处理，生成新的<key, value>键值对。如图 5-21 所示。

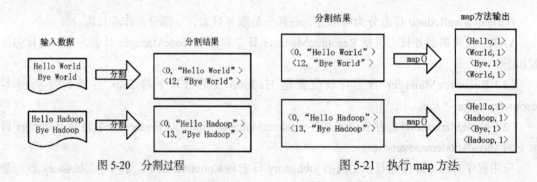

图 5-20　分割过程　　　　　　　　　图 5-21　执行 map 方法

利用 map 方法进行单词的读取，将识别到的单词（以空格为标示符）作为 key，1 作为 value。表示识别到一个单词便标记为 1，方便后面统计。

（3）得到 map 方法输出的<key, value>键值对后，Mapper 类会将它们按照 key 值进行排序（ASCII 码排序），并执行 Combine 过程（Combine 方法可自定义），将 key 值相同的 value 值累加，得到 Mapper 的最终输出结果。如图 5-22 所示。

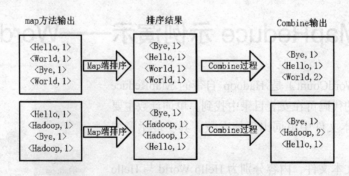

图 5-22　Map 端排序及 Combine 过程

（4）Reducer 类先对从 Mapper 接收的数据进行排序，再交由用户自定义的 reduce 方法进行处理，得到新的<key, value>键值对，并作为 WordCount 的输出结果。如图 5-23 所示。

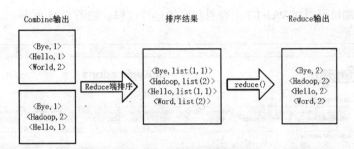

图 5-23　Reduce 端排序及输出结果

3. 执行应用

（1）创建测试文件。

在本地主目录下建立文件夹 file。

```
$ cd
$ mkdir file
```

在文件夹 file 下创建文件 file1.txt 和 file2.txt，并将相关数据写入文件。

```
$ cd file
$ echo -e "Hello World \nBye World" > file1.txt
$echo -e "Hello Hadoop \nBye Hadoop" > file2.txt
```

（2）在 HDFS 上创建输入文件夹（确保 Hadoop 集群已开启）。

```
$ hadoop fs -mkdir /input
```

（3）上传本地 file 文件夹中的所有文件到集群的 input 目录下。

```
$ hadoop fs -put ~/file/*.txt /input
```

（4）运行 WordCount 程序。

回到主目录。

```
$ cd
```

进入 WordCount 示例程序所在目录。

```
$ cd hadoop-2.7.2/share/hadoop/mapreduce
```

使用 jar 命令运行 WordCount 程序所在 jar 包。

```
$ hadoop jar hadoop-mapreduce-examples-2.7.2.jar wordcount /input /output
```

hadoop 表示在 Hadoop 集群上运行，wordcount 表示运行 jar 包中主类名称为 wordcount 的程序，/input 表示 HDFS 上的输入路径（一定要存在），/output 表示 HDFS 上的输出路径（一定不能存在，程序自动创建）。

程序运行过程如图 5-24 所示。

```
hadoop@master:~/hadoop-2.7.2/share/hadoop/mapreduce$ hadoop jar hadoop-mapreduce-
examples-2.7.2.jar wordcount /input /output
16/08/18 05:31:46 INFO client.RMProxy: Connecting to ResourceManager at master/19
2.168.228.200:18040
16/08/18 05:31:49 INFO input.FileInputFormat: Total input paths to process : 2
16/08/18 05:31:49 INFO mapreduce.JobSubmitter: number of splits:2
16/08/18 05:31:50 INFO mapreduce.JobSubmitter: Submitting tokens for job: job_147
1522072428_0002
16/08/18 05:31:52 INFO impl.YarnClientImpl: Submitted application application_147
1522072428_0002
16/08/18 05:31:52 INFO mapreduce.Job: The url to track the job: http://master:808
8/proxy/application_1471522072428_0002/
16/08/18 05:31:52 INFO mapreduce.Job: Running job: job_1471522072428_0002
16/08/18 05:32:25 INFO mapreduce.Job: Job job_1471522072428_0002 running in uber
mode : false
16/08/18 05:32:25 INFO mapreduce.Job:  map 0% reduce 0%
16/08/18 05:33:58 INFO mapreduce.Job:  map 83% reduce 0%
16/08/18 05:34:00 INFO mapreduce.Job:  map 100% reduce 0%
16/08/18 05:34:58 INFO mapreduce.Job:  map 100% reduce 100%
16/08/18 05:35:06 INFO mapreduce.Job: Job job_1471522072428_0002 completed succes
sfully
```

图 5-24　WordCount 运行过程

通过 8088 号端口可以在 Web UI 上查看程序的运行过程。如图 5-25 所示。

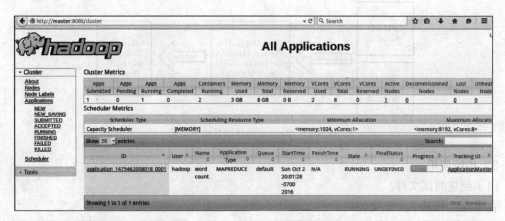

图 5-25　在 Web UI 上查看程序的运行过程

运行完成后，在 HDFS 上会生成/output 目录，查看目录。

```
$ hadoop fs -ls /output
```

里面包含两个文件，一个是标识执行成功的_SUCCESS 文件，另一个是结果文件 part-r-00000。查看最终结果。

```
$ hadoop fs -cat /output/part-r-00000
```

输出结果如图 5-26 所示。

图 5-26　输出结果

5.8　习　　题

1. 简述 Hadoop 的 MapReduce 与 Google 的 MapReduce 之间的关系。

2. 为什么传统多线程或多进程的程序架构无法满足大规模数据集的处理需求？

3. 利用分而治之的思想找出伪币。现在有一个装有 16 个硬币的袋子，16 个硬币中有一个是伪造的，并且那个伪造的硬币比实际的硬币要轻一些。现在只提供一台可用来比较两组硬币重量的仪器，利用其可以知道两组硬币的重量是否相同。

4. 列举 MapReduce 的优点和不足。

5. 简述 ResourceManager 和 NodeManager 的关系。

6. 简述 map 函数和 reduce 函数的功能。

7. 简述 MapReduce 集群上的并行计算。

8. 如何执行 Hadoop 自带的 MapReduce 程序 WordCount？

第6章
MapReduce API 编程

本章目标：
- 了解 MapReduce API 的种类。
- 了解 MapReduce Java API 的常用类。
- 理解 MapReduce Java API 的编程思路。
- 理解 MapReduce 的数据类型。
- 了解序列化。
- 理解 MapReduce 的输入类型与格式。
- 理解 MapReduce 的输出类型与格式。
- 理解 MapReduce 的 map 任务和 reduce 任务。
- 了解 MapReduce 的 combine 任务和 partition 任务。
- 掌握 MapReduce 任务的配置与执行。

本章重点和难点：
- MapReduce Java API 的编程思路。
- MapReduce 的数据类型。
- MapReduce 的输入类型与格式。
- MapReduce 的 map 任务和 reduce 任务。
- MapReduce 任务的配置与执行。

对于 MapReduce 的应用开发，MapReduce 框架为程序员屏蔽了很多底层的处理细节，简化了编程过程，提高了编程效率。对于很多计算问题，通常只需要使用默认设置，实现 map 和 reduce 函数即可。除了 map 和 reduce 函数，MapReduce 框架还提供了其他很多 API 接口供用户使用。本章将详细介绍 MapReduce API 架构及其使用方法。

6.1 MapReduce API 概述

6.1.1 MapReduce API 简介

MapReduce 为用户提供了多种访问接口 API，以解决不同应用的计算问题。下面主要介绍 REST API 和 Java API。

1. REST API

MapReduce 的 REST API 包含两部分内容：ApplicationMaster REST API（应用程序管家 REST API）和 HistoryServer REST API（历史服务器 REST API）。

应用程序管家 REST API 允许用户通过 HTTP 请求获得运行在该节点上的作业的状态。信息包括运行在主节点上所有的作业和所有的工作细节，如任务、计数器、配置、尝试等。应用程序管理需要通过代理进行访问，此代理可配置在资源管理器上，或在一个单独的主机上运行。代理的 URL 格式如下。

http://<proxy http address:port>/proxy/<appid>

其中，<proxy http address:port>表示需要用户输入相应的代理的 IP 地址和端口号，一般将代理配置在资源管理器上，默认端口号为 8088，用户可以在 yarn-site.xml 中修改默认端口值；<appid>表示正在运行的应用程序的 ID。

例如，打开浏览器，在地址栏中输入以下链接并按 Enter 键访问。

http://192.168.228.200:8088/proxy/application_1475844926817_0002

该链接包含的信息是：通过 8088 端口查看运行在 IP 地址为 192.168.228.200 节点上的，应用程序 ID 为 application_1475844926817_0002 的应用，其中应用程序 ID 是在提交作业时主节点为其分配的。得到的页面如图 6-1 所示。

Application application_1475844926817_0002

Kill Application		

	Application Overview
User:	hadoop
Name:	word count
Application Type:	MAPREDUCE
Application Tags:	
YarnApplicationState:	ACCEPTED: waiting for AM container to be allocated, launched and register with RM.
FinalStatus Reported by AM:	Application has not completed yet.
Started:	星期五 十月 07 06:20:26 -0700 2016
Elapsed:	1mins, 7sec
Tracking URL:	ApplicationMaster
Diagnostics:	

	Application Metrics
Total Resource Preempted:	<memory:0, vCores:0>
Total Number of Non-AM Containers Preempted:	0
Total Number of AM Containers Preempted:	0
Resource Preempted from Current Attempt:	<memory:0, vCores:0>
Number of Non-AM Containers Preempted from Current Attempt:	0
Aggregate Resource Allocation:	140361 MB-seconds, 68 vcore-seconds

图 6-1　HTTP 请求作业状态信息

历史服务器 REST API 允许用户通过 HTTP 请求获得已经运行完成的作业的状态。它提供两类信息：历史服务器信息和 MapReduce 信息。其中 MapReduce 信息主要包括作业信息、作业尝试信息、任务信息、任务尝试信息等。对于用户来说，可能更关心作业的相关信息。查看已经完成的 MapReduce 作业信息的 URL 格式如下。

http://<history server http address:port>/ws/v1/history/mapreduce/jobs

其中，<history server http address:port>表示需要用户输入相应的服务器的 IP 地址和端口号，默认端口号为 19888，用户可以在 mapred-site.xml 中修改默认端口值。要成功查看历史信息，还要进行以下配置。

（1）启用 historyserver

首先，打开并编辑 etc/hadoop/mapred-site.xml 文件，添加以下配置代码。

```
<property>
    <name>mapreduce.jobhistory.address</name>
    <value>master:10020</value>
</property>
<property>
    <name> mapreduce.jobhistory.webapp.address</name>
    <value>master:19888</value>
</property>
```

【注意】在以上配置代码中，master 是运行 history server 的节点名称，同时也可以配置为节点的 IP 地址。但是两个 master 所代表的节点要保持一致。

（2）启动 histotyserver 进程

进入 Hadoop 安装目录下的 sbin 目录，执行以下命令即可启动 histotyserver 进程。

```
$ mr-jobhistory-daemon.sh start historyserver
```

（3）查看相关信息

打开浏览器，在地址栏中输入以下链接并按 Enter 键访问。

http://master:19888/ws/v1/history/mapreduce/jobs

该链接包含的信息是：通过 19888 端口查看运行 historyserver 的主机名为 master 上的所有作业历史运行信息。若在集群上运行过 MapReduce 作业，得到的页面如图 6-2 所示。

```
-<jobs>
  -<job>
     <submitTime>1475463687541</submitTime>
     <startTime>1475463759335</startTime>
     <finishTime>1475464489041</finishTime>
     <id>job_1475462008018_0001</id>
     <name>word count</name>
     <queue>default</queue>
     <user>hadoop</user>
     <state>SUCCEEDED</state>
     <mapsTotal>2</mapsTotal>
     <mapsCompleted>2</mapsCompleted>
     <reducesTotal>1</reducesTotal>
     <reducesCompleted>1</reducesCompleted>
  </job>
```

图 6-2　HTTP 请求作业历史运行信息

2．Java API

Java API 主要位于 org.apache.hadoop.mapreduce 和 org.apache.hadoop.io 包中，这些 API 能够支持的操作包括：启动作业、设置作业信息、设置 map、设置 reduce 等。

表 6-1 列出了 MapReduce Java API 的主要接口及其描述，而表 6-2 则列出了 MapReduce Java API 的主要类及其描述。

表 6-1　　　　　　　　　　　　MapReduce Java API 的主要接口及其描述

接　口	描　述
Writable	Hadoop MapReduce 框架中 key 或 value 的类型必须实现的接口
WritableComparable	Hadoop MapReduce 框架中 key 的类型必须实现的接口
RawComparator	一个比较器，可直接对字节表示的对象进行操作
JobContext	给正在运行的 tasks 提供一些只读的 job 信息
MapContext	记录 map 执行的上下文，还包含一些 job 的配置信息
ReduceContext	将 map 的上下文传递给 reduce，并记录 reduce 执行的上下文

表 6-2　　　　　　　　　　　　MapReduce Java API 的主要类及其描述

类　名	描　述
IntWritable	实现了 WritableComparable 接口的 Int 类型
Text	按照 UTF8 标准存储文本
SequenceFile	key-value 键值对的二进制文件
Cluster	访问 MapReduce 集群信息

类　名	描　述
Counter	提供 MapReduce job 运行期的各种细节数据
Job	提供 job 的配置、提交，控制 job 的执行，查询 job 的状态等操作
JobID	job 不变的和独特的标识符
JobStatus	描述 job 的当前状态
InputFormat	描述 job 的输入规范
InputSplit	代表一个 map 处理的数据
Mapper	将输入的 key-value 键值对映射为一组中间 key-value 键值对
Partitioner	控制 map 输出 key 的分区
Reducer	减少一组共享一个 key 值的中间 key-value 键值对中的数量
OutputFormat	描述 job 的输出规范
OutputCommitter	描述 job 中任务的提交输出
RecordReader	将输入数据转换为 key-value 键值对
RecordWriter	将输出的 key-value 键值对写入文件

6.1.2　MapReduce API 编程思路

MapReduce Java API 为客户端提供了并行编程的接口，以便于实现分布式计算。在客户端应用程序中，通常按以下步骤来使用 MapReduce Java API。

1. 实例化 Configuration

Configuration 类位于 org.apache.hadoop.conf 包中，它封装了客户端或服务器的配置。

实例化 Configuration 类的代码如下。

```
Configuration conf = new Configuration();
```

具体描述参见第 4 章 4.1.2 节。

2. 实例化 Job

在 MapReduce 中，用户创建应用程序后，会通过 Job 来描述它各个方面的工作，然后提交工作并监测其进展。

实例化 Job 的代码如下。

```
Job job = Job.getInstance(conf,"word count");
```

其中，通过 conf 配置信息获得 Job 实例，并将作业命名为 word count。

3. 设置作业任务

得到 Job 实例之后，就可以使用该实例提供的方法成员来设置作业执行的任务和一些需要的类型等信息了，例如 map 任务、combine 任务、partition 任务、reduce 任务、输入格式、输出格式等。Job 类设置信息常用成员函数见表 6-3。

表 6-3　Job 类设置信息常用成员函数

返 回 类 型	方法名及参数	功 能 说 明
void	setMapperClass(Class<? extends Mapper> cls)	设置 job 的 Mapper 类，该类执行 map 函数
void	setReducerClass(Class<? extends Reducer> cls)	设置 job 的 Reducer 类，该类执行 reduce 函数

返 回 类 型	方法名及参数	功 能 说 明
void	setCombinerClass(Class<? extends Reducer> cls)	设置 job 的 Combiner 类，该类继 Reducer 类，实现中间数据的合并
void	setPartitionerClass(Class<? extends Partitioner> cls)	设置 job 的 Partitioner 类，实现中间数据的分区，默认为 HashPartitioner
void	setInputFormatClass(Class<? extends InputFormat> cls)	设置 job 的输入文件格式
void	setJarByClass(Class<?> cls)	通过传入的 class 找到 job 的 jar 包
void	setJobName(String name)	设置 job 的名字
void	setMapOutputKeyClass(Class<?> theClass)	设置 map 输出 key 的数据类型
void	setMapOutputValueClass(Class<?> theClass)	设置 map 输出 value 的数据类型
void	setMaxMapAttempts(int n)	设置 map 任务的最大尝试次数
void	setMapSpeculativeExecution(boolean speculative Execution)	设置是否开启 map 阶段的推测执行
void	setMaxReduceAttempts(int n)	设置 reduce 任务的最大尝试次数
void	setNumReduceTasks(int tasks)	设置 reduce 任务的个数
void	setReduceSpeculativeExecution(boolean speculat iveExecution)	设置是否开启 reduce 阶段的推测执行
void	setOutputFormatClass(Class<? extends OutputFormat> cls)	设置 job 的输出文件格式
void	setOutputKeyClass(Class<?> theClass)	设置 job 输出 key 的数据类型
void	setOutputValueClass(Class<?> theClass)	设置 job 输出 value 的数据类型
void	setPriority(JobPriority priority)	设置 job 的优先级

【注意】设置 job 的任务时，如设置 Mapper、Reducer 类，完成任务的类（被设置的类）必须存在，即已经在工程中创建并完成编写。如果没有相应的任务类，则不进行设置（包括 Mapper 类或 Reducer 类）。如果未设置 Mapper 类和 Reducer 类，MapReduce 会原封不动地将<key, value>键值对写到输出。例如，假设已经封装了继承自 Mapper 类的 MyMapper 类和继承自 Reducer 类的 MyReducer 类，可在主类 MyJob 类的 main 函数中，添加以下代码，对 job 进行设置。

```
job.setJarByClass(MyJob.class);
job.setMapperClass(MyMapper.class);
job.setReducerClass(MyReducer.class);
```

4．设置输入输出路径

执行 MapReduce 任务依赖的存储系统是 HDFS，因此需要使用 Path 类来封装文件路径。此外，还要使用文件输入格式类 FileInputFormat 和文件输出格式类 FileOutputFormat 进行路径的添加，其中 FileInputFormat 类位于 org.apache.hadoop.mapreduce.lib.input 包中，FileOutputFormat 类位于 org.apache.hadoop.mapreduce.lib.output 包中。

设置输入输出路径的具体代码格式如下。

```
FileInputFormat.addInputPath(job, new Path("/input"));
FileOutputFormat.setOutputPath(job, new Path("/output"));
```

上述代码将 HDFS 根目录下的 input 目录中的所有文件作为输入，在根目录下的 output 文件夹中输出结果。需要注意的是，input 目录必须是一个已存在目录，而 output 目录则不能存在，它是由程序自动创建而成的。

5. 作业的启动与执行

作业配置完成后，便可启动作业。启动作业的代码如下。

```
job.waitForCompletion(true);
```

用该方法提交作业后，会一直追踪它的进度状态直到任务完成。

6. 作业的监控与管理

在作业运行过程中，用户可以使用 Job 实例提供的方法成员来对作业进行监控和管理，随时了解作业的运行状态。Job 类监控任务的常用成员函数见表 6-4。

表 6-4　　　　　　　　　　　　Job 类监控任务的常用成员函数

返回类型	方法名	功能说明
Counters	getCounters()	获取作业的 counters 信息
long	getFinishTime()	获取作业完成时间
String	getHistoryUrl()	任务完成时，返回 job history 地址，否则返回 null
String	getJobFile()	获取作业的配置文件
org.apache.hadoop.mapreduce.JobStatus.State	getJobState()	获取作业现在的状态
JobPriority	getPriority()	获得作业优先级
String	getSchedulingInfo()	获取调度信息
long	getStartTime()	获取起始时间
JobStatus	getStatus()	获取作业状态信息
org.apache.hadoop.mapreduce.TaskReport[]	getTaskReports(TaskType type)	获取一个作业中的一个 task 的当前状态
boolean	isComplete()	获取作业是否完成
boolean	isRetired()	获取作业是否重新执行过
boolean	isSuccessful()	获取作业是否成功完成
boolean	isUber()	获取是否 ubertask
void	killJob()	杀死作业所有运行的 task，直至没有 task 运行
float	mapProgress()	获取 map 的进度
float	reduceProgress()	获取 reduce 进度
boolean	monitorAndPrintJob()	监控作业并实时打印进度和任务失败，成功返回 true，失败返回 false

【实例 6-1】编程实现单词计数。

单词计数的处理过程在上一章有详细的介绍，这里便直接进行程序的编写。

（1）启动 Eclipse 并新建一个 Map/Reduce Project（如 WordCount）。

（2）添加一个名为 MyMapper.java 的文件，实现 map 函数。在该文件中输入以下代码。

```
import java.io.IOException;
import java.util.StringTokenizer;
import org.apache.hadoop.io.IntWritable;
import org.apache.hadoop.io.Text;
import org.apache.hadoop.mapreduce.Mapper;
public class MyMapper extends Mapper<Object,Text,Text,IntWritable>
{
```

```
        //定义对象存储词出现的次数，最初都为1
private final IntWritable one = new IntWritable(1);
    private Text word = new Text();        //定义一个 Text 对象，用来充当中间变量，存储单词
    public void map(Object key,Text value,Context context)
                            throws IOException,InterruptedException
    {
        StringTokenizer stk = new StringTokenizer(value.toString());
        //将 value 转换为 String 后，创建一个 StringTokenizer 对象进行解析
        while(stk.hasMoreTokens())        //判断是否还有分隔符（有的话代表还有单词）
        {
            //返回从当前位置到下一个分隔符的字符串，并将值赋给 word
            word.set(stk.nextToken());
            context.write(word,one);        //将获得的 key-value 对写入 map 上下文
        }
    }
}
```

MyMapper 类继承 org.apache.hadoop.mapreduce 包中 Mapper 类，并重写了 map 方法。继承 Mapper 时后面带的 4 个参数 Object、Text、Text、IntWritable 分别代表：map 输入的 key 类型，map 输入的 value 类型，map 输出的 key 类型，map 输出的 value 类型。其中 Text、IntWritable 是 Hadoop 中的数据类型（详见 6.2 节）。

重写 map 函数时后面带的 3 个参数 key，value，context 分别代表：map 输入的键 key，map 输入的值 value，记录 map 执行的上下文。其中 key 和 value 的类型与前面定义类时传递的类型保持一致，即 key 为 Object 类型，value 为 Text 类型。

StringTokenizer 是一个用来分隔 String 的应用类，它会将传入的 String 字符串按照分隔符进行分割。默认的分隔符是"空格""制表符('\t')""换行符('\n')"和"回车符('\r')"，默认时，所有的分隔符都会同时起作用。StringTokenizer 对象主要的作用是将输入的每一行（value）拆分成为一个个的单词，再由程序将所得单词与单词数量 1 生成 key-value 键值对<word, one>，<word, one> 被写入 map 的上下文 context，作为 map 方法的结果输出。其中 word 的类型必须是 Text，one 的类型必须是 IntWritable，与前面传入的参数类型相同。

（3）添加一个名为 MyReducer.java 的文件，实现 reduce 函数。然后在该文件中输入以下代码。

```
import java.io.IOException;
import org.apache.hadoop.io.IntWritable;
import org.apache.hadoop.io.Text;
import org.apache.hadoop.mapreduce.Reducer;
public class MyReducer extends Reducer<Text,IntWritable,Text,IntWritable>
{
    private IntWritable result = new IntWritable();        //定义对象存储词出现的总次数
    public void reduce(Text key, Iterable<IntWritable> values,Context context)
                            throws IOException,InterruptedException
    {
        int sum=0;
        for(IntWritable val:values)                        //遍历 values 中的每一个值
        {
            sum+=val.get();                                //得到 values 中的值并进行累加
        }
        result.set(sum);                                   //将最后得到的值赋给 result
        context.write(key,result);                         //将获得的 key-value 对输出
```

```
        }
    }
```

MyReducer 类继承 org.apache.hadoop.mapreduce 包中的 Reducer 类，并重写了 reduce 方法。继承 Reducer 时后面带的 4 个参数 Text、IntWritable、Text、IntWritable 分别代表：reduce 输入的 key 类型，reduce 输入的 value 类型，reduce 输出的 key 类型，reduce 输出的 value 类型。一般情况下 reduce 的输入类型与 map 的输出类型一致，reduce 的输出类型与 job 的输出类型一致。

重写 reduce 函数时后面带的 3 个参数 key、values、context 分别代表：reduce 输入的键 key，reduce 输入的值 value，传递 map 的结果并记录 reduce 执行的上下文。其中 key 和 values 的类型与前面定义类时传递的类型保持一致。需要注意的是，values 的类型 Iterable<IntWritable>，代表 values 是对应单词（key）的计数值所组成的列表。

在 reduce 方法中遍历 values 并求和，即可得到某个单词的总次数。

（4）添加一个名为 WordCount.java 的文件，实现 main 函数，创建 job 对象并进行配置。在该文件中输入以下代码。

```java
import org.apache.hadoop.conf.Configuration;
import org.apache.hadoop.fs.Path;
import org.apache.hadoop.io.IntWritable;
import org.apache.hadoop.io.Text;
import org.apache.hadoop.mapreduce.Job;
import org.apache.hadoop.mapreduce.lib.input.FileInputFormat;
import org.apache.hadoop.mapreduce.lib.output.FileOutputFormat;
import org.apache.hadoop.util.GenericOptionsParser;
public class WordCount
{
    public static void main(String[] args) throws Exception
    {
        // TODO Auto-generated method stub
        Configuration conf = new Configuration();
        String[] ortherArgs = new GenericOptionsParser(conf,args).getRemainingArgs();
        //获取程序的输入参数
        if(ortherArgs.length!=2)          //如果未获得两个输入参数，输出提示信息并结束程序
        {
            System.err.println("Usage:wordcount <in> <out>");
            System.exit(2);
        }
        Job job =Job.getInstance(conf,"Word Count");
        job.setJarByClass(WordCount.class);
        job.setMapperClass(MyMapper.class);          //设置 Mapper 类，执行 map 函数
        //设置 Combiner 类，执行 reduce 函数进行中间整合
        job.setCombinerClass(MyReducer.class);
        job.setReducerClass(MyReducer.class);          //设置 Reducer 类，执行 reduce 函数
        job.setOutputKeyClass(Text.class);          //设置输出 key 格式
        job.setOutputValueClass(IntWritable.class); //设置输出 value 格式
        FileInputFormat.addInputPath(job,new Path(ortherArgs[0]));    //文件输入路径
        FileOutputFormat.setOutputPath(job,new Path(ortherArgs[1])); //结果输出路径
        int isSuccessed = job.waitForCompletion(true)?0:1;    //提交 job 并等待结束
        if(isSuccessed ==0)
        System.out.println("执行成功");
        System.exit(isSuccessed);                              //退出程序
```

```
        }
    }
```

在上面的代码中，程序设置使用 MyMapper 完成 map 过程中的处理，同时使用 MyReducer 完成 combine 和 reduce 过程中的处理。job 输出类型为：key 的类型为 Text，value 的类型为 IntWritable，与前面的 reduce 输出要保持一致。job 的输入和输出路径则由命令行参数或 Run Configurations 中的 Arguments 参数指定，并由 FileInputFormat 和 FileOutputFormat 分别设定。完成相应的参数设定后，则可调用 job.waitForCompletion()方法执行作业，并等待返回执行结果。若成功执行则返回 0，打印"执行成功"，最后退出程序。

（5）准备需要处理的数据。这里直接使用上一章准备好的测试文件，位于 HDFS 的/input 目录下。

（6）配置运行参数。打开 Eclipse 的"Run Configurations"对话框，新建一个 Java Application 并在该 Application 的"Main"选项卡中设置 Project（如 WordCount）和 MainClass（如 WordCount），再在"Arguments"选项卡中添加 Program arguments 值（如 hdfs://master:9000/input 和 hdfs://master:9000/output）。如图 6-3 所示。

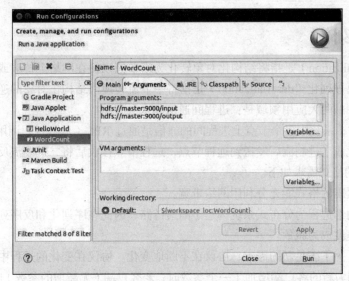

图 6-3　在 Eclipse 中设置 WordCount 的运行参数

（7）运行。单击 Eclipse 的 Run 菜单命令以运行该程序，在 Eclipse 的"Console"子窗口中显示的运行结果如图 6-4 所示。

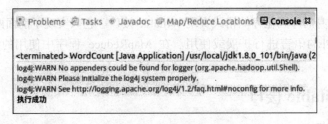

图 6-4　运行效果

执行成功后，在左侧窗口的 DFS 中刷新后会出现新的文件目录 output，里面包含两个文件，一个是表示成功执行的文件，一个是输出结果的文件。如图 6-5 所示。

双击输出文件 part-r-00000，可以在文件编辑区查看文件的具体内容。如图 6-6 所示。

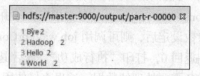

图 6-5　HDFS 上的 output 目录　　　　　　图 6-6　WordCount 输出文件

【注意】图 6-6 中前面的数字 1 ~ 4 是在 Eclipse 中打开文件时显示的行号，不属于文件本身。

6.2　MapReduce 的数据类型

6.2.1　序列化

序列化（serialization）是指将结构化对象转化为字节流以便在网络上传输或写到磁盘进行永久存储的过程。反序列化（deserialization）是指将字节流转换回结构化对象的逆过程。序列化在分布式数据处理中的两大应用领域是：进程间通信和永久存储。

在 Hadoop 中，系统中多个节点上进程间的通信是通过 RPC（远程过程调用）实现的。RPC 协议将消息序列化成二进制流后发送到远程节点，远程节点接收后将二进制流反序列化为原始消息。RPC 序列化的格式需求如下。

（1）紧凑。紧凑的格式能充分利用网络带宽。

（2）快速。内部进程为分布式系统构建了高速链路，因此在序列化和反序列化间必须是快速的，不能让传输速度成为瓶颈。

（3）可扩展。为了满足新的需求，协议在不断地变化。协议在变化的过程中必须具有可扩展性。当新的服务端为新的客户端增加了一个参数时，老客户端（无新增的参数）应照样可以使用。

（4）兼容性好。支持以不同语言写的客户端与服务器交互。

对于永久存储的格式需求与上面 4 点相似：紧凑的格式能高效使用存储空间；快速可以减小读写数据的额外开销；可扩展使得可以透明地读取老格式的数据；兼容性好可以以不同语言读/写永久存储的数据。

Hadoop 使用自身的序列化存储格式实现 Writable 接口。它只实现了前面两点，紧凑和快速，不容易用 Java 以外的语言进行扩展或使用。在 MapReduce 程序中使用的数据类型都实现了 Writable 接口。

6.2.2　Writable 接口

1．Writable 接口

Writable 接口位于 org.apahce.hadoop.io 包中，它定义了两个方法：一个将数据写到 DataOutput 二进制流，另一个从 DataInput 二进制流读取数据。Writable 接口的具体定义如下。

```
package org.apache.hadoop.io;
import java.io.DataOutput;
import java.io.DataInput;
import java.io.IOException;
public interface Writable {
    void write(DataOutput out) throws IOException;
    void readFields(DataInput in) throws IOException;
}
```

MapReduce 的任意 key 和 value 类型都必须实现 Writable 接口并实现 write()和 readFields()方法。其中，DataInput 和 DataOutput 类是 java.io 的类，分别表示数据的输入与输出。接下来我们通过一个实现了 Writable 接口的类 IntWritable（用来封装 Java int 类型）来看一下 Writable 接口与序列化和反序列化的联系。

首先，创建一个 IntWritable 对象并使用 set()方法设置它的值。

```
IntWritable writable = new IntWritable();
writable.set(62);
```

也可以通过使用一个整数值作为输入参数的构造函数来新建一个对象。

```
IntWritable writable = new IntWritable(62);
```

然后，定义一个字节数组来存储序列化后的字节流。

```
byte[] bytes=null;
bytes = serialize(writable);
```

其中，serialize()方法将一个实现了 Writable 接口的对象序列化成字节流，具体实现代码如下。

```
public static byte[] serialize(Writable writable) throws IOException
{
    ByteArrayOutputStream out = new ByteArrayOutputStream();
    DataOutputStream dataOut = new DataOutputStream(out);
    writable.write(dataOut);
    dataOut.close();
    return out.toByteArray();
}
```

获得序列化后的字节流 bytes 后，可以用 JUnit4（一个可编写重复测试的简单框架，提供各种功能开展有效的单元测试）中的 Assert 类提供的方法进行数据测试。例如，测试 bytes 的长度是否为 4（一个整数占用 4 Bytes），结合 Hadoop 的 StringUtils 测试 bytes 中的十六进制的值是否为 72。

```
Assert.assertEquals(bytes.length,4);
Assert.assertEquals(StringUtils.byteToHexString(bytes),"00000048");
```

接着，再来看一下反序列化的过程。

创建一个没有值的 IntWritable 对象，并且通过调用反序列化方法 deserialize()将 bytes 的数据读入到它里面。

```
IntWritable newWritable = new IntWritable();
deserialize(newWritable,bytes);
```

其中，deserialize()方法用于从一个字节数组中读取一个 Writable 对象，具体实现代码如下。

```
public static byte[] deserialize(Writable writable,byte[] bytes) throws IOException
{
    ByteArrayInputStream in=new ByteArrayInputStream(bytes);
    DataInputStream dataIn = new DataInputStream(in);
    writable.readFields(dataIn);
    dataIn.close();
    return bytes;
}
```

获得反序列化后的 Writable 对象后，仍然可用 JUnit4 中 Assert 类提供的方法进行数据测试。例如，测试 Writable 对象中的值是否为 72 的代码如下。

```
Assert.assertEquals(newWritable.get(),72);
```

2. WritableComparable 接口和 comparator

IntWritable 实现原始的 WritableComparable 接口，该接口继承自 Writable 和 java.lang.Comparable 接口。

```
package org.apache.hadoop.io;
public interface WritableComparable<T> extends Writable,Comparable<T>
{
    int comparTo(T object);
}
```

对于 MapReduce 来说，类型比较非常重要，因为中间有基于 key 进行排序的 Shuffle 阶段。Hadoop 提供了如下一个优化的接口 RawComparator（继承自 Java Comparator）。

```
package org.apache.hadoop.io;
import java.util.Comparator;
    public interface RawComparator<T> extends Comparator<T>
{
    public int compare(byte[] b1, int s1, int l1, byte[] b2, int s2, int l2);
}
```

该接口允许实现直接比较数据流中的记录，无须先把数据流反序列化为对象，这样便避免了新建对象的额外开销。例如，根据 IntWritable 类实现的 comparator 实现原始的 compare()方法，该方法可以从每个字节数组 b1 和 b2 中读取给定起始位置（s1 和 s2）以及长度（l1 和 l2）的一个整数进行直接比较。其返回值为一个 int 类型的整型数据，若 b1<b2，则返回一个负数；若 b1=b2，则返回零；若 b1>b2，则返回一个正数。

WritableComparator 类是实现 RawComparator 接口的具体子类，它提供如下两个主要功能。

（1）它提供了对原始 compare()方法的一个默认实现，该方法能够反序列化字节流中要比较的对象，并调用对象的 compare()方法。而对应的基础数据类型的 compare()的实现却巧妙地利用了 WritableComparable 的 compareTo()方法。

（2）它充当的是 RawComparator 实例的工厂（已注册 Writable 的实现），即 Writable 类中都含有相应的 Comparator 内部类。例如，为了获取 IntWritable 的 Comparator，可以直接调用其 get 方法。

```
RawComparator<IntWritable> comparator = WritableComparator.get(IntWritable.class);
```

利用这个 comparator 比较两个 IntWritable 对象的实现代码如下。

```
IntWritable w1 = new IntWritable(72);
IntWritable w2 = new IntWritable(66);
Assert.isTrue(comparator.compare(w1, w2) > 0);
```

而用 comparator 直接比较序列化后对象的实现代码如下。

```
byte[] b1 = serialize(w1);
byte[] b2 = serialize(w2);
Assert.isTrue(comparator.compare(b1, 0, b1.length, b2, 0, b2.length) > 0);
```

6.2.3　Writable 类

Hadoop 中的 org.apache.hadoop.io 包中有非常多的 Writable 类可供使用，这些类都已实现 WritableComparable 接口。Writable 类的层次结构如图 6-7 所示。

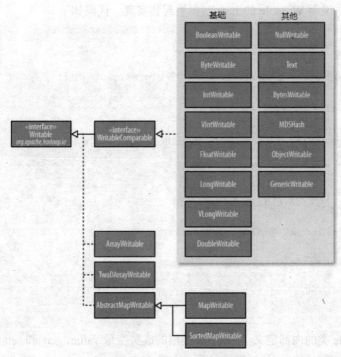

图 6-7　Writable 类的层次结构

1. Java 基本类型封装

对于 Java 中的基本数据类型，除 char 类型以外，Writable 类都提供了封装，即除了 char 类型其他基本类型都有对应的 Writable 类。Writable 类的内部都包含一个对应基本类型的成员变量 value，用户可以通过 get()和 set()方法获取或存储 value 的值。Java 基本类型与 Writable 类之间的对应关系见表 6-5。

表 6-5　　　　　　　　　　　　　　Java 基本类型的 Writable 类

Java 基本类型	Writable 类	序列化大小/Bytes
boolean	BooleanWritable	1
byte	ByteWritable	1
short	ShortWritable	2
int	IntWritable	4
int	VintWritable	1~5
float	FloatWritable	4
long	LongWritable	8
long	VlongWritable	1~9
double	DoubleWritable	6

对整数进行编码时，有两种方式，即定长型（IntWritable 和 LongWritable）和变长型（VIntWritable 和 VLongWritable）。固定长度格式的整型序列化后的数据是定长的，而可变长度格式则使用一种比较灵活的编码方式，对于数值比较小的整型，它们往往比较节省空间。例如，如果输入的整数在-126 ~ 126 之间，那么变长格式编码只需要 1 Bytes；否则，使用第一个字节表示输入整数的符号和后续编码的字节数。另外，VIntWritable 和 VLongWritable 之间可以相互转换，因为它们的编码规则是一样的，所以 VIntWritable 的输出可以用 VLongWritable 读入。下面以

VIntWritable 为例，说明 Writable 的 Java 基本类封装实现。代码如下。

```
public class VIntWritable implements WritableComparable
{
    private int value;
    public void set(int value)          //设置 VIntWritable 的值
    {
        this.value = value;
    }
    public int get()                    // 获取 VIntWritable 的值
    {
        return value;
    }
    public void readFields(DataInput in) throws IOException
    {
        value = WritableUtils.readVInt(in);
    }
    public void write(DataOutput out) throws IOException
    {
        WritableUtils.writeVInt(out, value);
    }
}
```

在 VIntWritable 类的内部定义了一个 int 类型的成员变量 value，get()和 set()方法可对 value 进行取值/赋值操作。而 Writable 接口要求的是 readFields()和 write()方法，VIntWritable 则是通过调用 Writable 工具类中提供的 readVInt()和 writeVInt()方法读/写数据。

2. Text 类型

Text 类使用 UTF-8 编码存储文本，可以看作 Java 中 String 类型的 Writable 封装。它提供了序列化、反序列化和在字节级别上比较文本的方法。Text 类使用变长 int 型格式编码并存储数据，所以 Text 的最大存储为 2GB。此外，Text 采用标准的 UTF-8 编码，所以与其他文本工具可以很好的交互。需要注意的是，这样就和 Java 的 String 类型在检索、Unicode、迭代等方面有了一定的差别。Text 的常用成员函数见表 6-6。

表 6-6   Text 的常用成员函数

返回类型	方 法 名	功 能 说 明
void	append(byte[] utf8, int start, int len)	在给定的 text 末尾追加一个字节数组
int	charAt(int position)	返回 position 位置上字符的 UTF-8 编码值
void	clear()	清空字符
static String	decode(byte[] utf8)	将提供的字节数组转换为 UTF-8 编码的字符串
static ByteBuffer	encode(String string)	将提供的字符串转换为 UTF-8 编码的字节数组
boolean	equals(Object o)	判断两个 text 的内容是否相同
int	find(String what)	返回指定字符串在 text 中的位置
int	find(String what, int start)	返回从 start 位置后指定字符串在 text 中的位置
byte[]	getBytes()	返回原始字节
int	getLength()	返回字节数组里字节的数量
void	readField(DataInput in)	反序列化
static String	readString(DataInput in)	从输入读取一个 UTF-8 编码的字符串

返回类型	方 法 名	功 能 说 明
void	set(String string)	设置值为一个字符串
void	set(byte[] utf8)	设置值为一个 UTF-8 编码的字节数组
static void	skip(DataInput in)	在输入中跳过一个 text
String	toString()	将 text 转换为字符串
void	write(DataOutput out)	序列化
static int	writeString(DataOutput out, String s)	将一个 UTF-8 编码的字符串写入输出

【实例 6-2】Text 成员函数的使用。

```
import org.apache.hadoop.io.Text;
import org.junit.Assert;
public class TextStringComparison {
    public static void main(String[] args)
    {
        Text t = new Text("mapreudce");           //创建并初始化一个 Text 对象
        //求长度
        Assert.assertEquals(t.getLength(), 9);          //t 的长度为 9
        Assert.assertEquals(t.getBytes().length, 9);
        //find 方法进行字符查找
        //字符串 "ap" 位于下标为 1 的位置
        Assert.assertEquals("find a substring",t.find("ap"),1);
        Assert.assertEquals("find first 'e'",t.find("e"),4);//字符 "e" 位于下标为 4 的位置
        //位置在 5 以后的字符 "e" 位于下标为 8 的位置
        Assert.assertEquals("find 'e' from position 5",t.find("e",5),8);

        //没有找到字符串 "hadoop"，返回-1
        Assert.assertEquals("No match",t.find("hadoop"),-1);
        //根据下标找字符
        //找到下标为 4 的字符为 e，返回值为 e 的 ASCII 码
        Assert.assertEquals(t.charAt(4),(int)'e');
        Assert.assertEquals("Out of bounds",t.charAt(20),-1); //查找超出范围，返回-1
        //重设 Text 的值
        t.set("hadoop");
        Assert.assertEquals(t.getLength(), 6);
        //将 Text 转换为 String
        Assert.assertEquals(t.toString(), "hadoop");
    }
}
```

3. BytesWritable

BytesWritable 是对二进制数组的封装。它的序列化格式是以一个 4 Bytes 的整数（这点与 Text 不同，Text 是以变长 int 开头的）开始表明字节数组的长度，后面就是数组本身。例如，一个字节数组包含数值 2，4，6，长度为 3，序列化后的形式为一个 4 Bytes 的整数（00000003）和数组中的 3 个字节（02、04、06）。

```
BytesWritable bw = new BytesWritable(new byte[] {2,4,6});
byte[] btyes =serialize(bw);
Assert.assertEquals(StringUtils.byteToHexString(btyes),"000000003020406");
```

和 Text 相似，ByteWritable 可以通过 set 方法修改内容。BytesWritable 的 getLength()方法返回

其对象真实大小，而 getBytes()方法返回的是字节数组的长度，即容量。一个示例如下。

```
bw.setCapacity(10);
Assert.assertEquals(bw.getLength(),3);
Assert.assertEquals(bw.getBytes().length,10);
```

4. NullWritable

NullWritable 是一个非常特殊的 Writable 类型，序列化不包含任何字符，不会从数据流中读数据也不会写入数据。它仅仅相当于占位符。在 MapReduce 编程时，如果 key 或者 value 无需使用，可以定义为 NullWritable。NullWritable 是一个不可变的单实例类型，可以调用 NullWritable.get()方法来获取实例。

```
NullWritable nullWritable=NullWritable.get();
```

5. ObjectWritable 和 GenericWritable

针对 Java 基本类型、字符串、枚举、Writable、空值、Writable 的其他子类，ObjectWritable 提供了一个封装，适用于字段需要使用多种类型的情况。ObjectWritable 可以在 Hadoop RPC（远程过程调用）中对参数和返回类型进行序列化和反序列化。

ObjectWritable 的主要应用是在需要序列化不同类型的对象到某一个字段，例如在一个 SequenceFile 的值中要保存不同类型的对象（如 LongWritable 值或 Text 值）时，可以将该值声明为 ObjectWritable。对于 ObjectWritable 来说，有个不好的地方就是占用的空间太大，因为即使只存储一个字母，它也需要保存封装前的类型，每次序列化都要写封装类型的名称。

针对 ObjectWritable 的不足，人们又提出了 GenericWritable 类。GenericWritable 的机制是：如果封装的类型数量比较少，并且能够提前知道，那么使用静态类型的数组来存储序列化后的类型的引用，以提高性能。使用 GenericWritable 类，必须要继承它，并通过重写 getTypes 方法指定哪些类型需要支持即可。

6. Writable 集合类

在 Hadoop 包（org.apache.hadoop.io）中一共有 6 个 Writable 集合类：ArrayWritable、ArrayPrimitive Writable、TwoDArrayWritable、MapWritable、SortedMapWritable 和 EnumMapWritable。

ArrayWritable 和 TwoDArrayWritable 分别表示数组和二维数组的 Writable 类型。ArrayWritable、TwoDArrayWritable 中所有元素的类型必须相同。指定数组的类型有两种方法，构造方法里设置或者继承于 ArrayWritable 或 TwoDArrayWritable。例如如下设置：

```
ArrayWritable array = new ArrayWritable(Text.class);
```

ArrayPrimitiveWritable 表示 Java 基本数组的 Writable 类型。调用 set()方法时，可以识别相应对象的类型，无需通过继承该类来设置类型（ArrayWritable 需要继承）。

MapWritable 对应 java.util.Map<Writable,Writable>实现，SortedMapWritable 对应 java.util.SortedMap <WritableComparable,Writable>实现。它们以 4 个字节开头，存储集合大小，然后每个元素以一个字节开头存储类型的索引（类似 GenericWritable，所以总共的类型总数不能大于 126），接着是元素本身，先写 key 后写 value，这样一对对排开。存储不同键值类型的 MapWritable 如下。

```
MapWritable m = new MapWritable();
m.put(new IntWritable(1),new Text("map"));
m.put(new IntWritable(2),new LongWritable(62));
Assert.assertEquals((Text) m.get(new IntWritable(1)),new Text("map"));
Assert.assertEquals((LongWritable)m.get(new IntWritable(2)),new LongWritable ("62"));
```

对于 Java 中的 set 集合和 list 集合，可以用已有的 Writable 类代替实现。用 MapWritable 代替 set 时，只需将它们的 values 设置成 NullWritable 即可（NullWritable 不占空间）。对集合的枚举类型可采用 EnumSetWritable。对于相同类型构成的 list，可以用 ArrayWritable 代替；不同类型的 list 可以用 GenericWritable 实现类型，然后再使用 ArrayWritable 进行封装。当然 MapWritable 一样可以实现 list：把 key 设置为索引，values 为 list 里的元素。

6.3　MapReduce 的输入

文件是 MapReduce 任务数据的初始存储地。一般情况下，输入文件是存储在 HDFS 中的。Hadoop 可以处理很多不同类型的数据格式，例如基于行的日志文件、二进制格式文件、多行输入记录、数据库记录或其他一些格式。

6.3.1　输入分片

在上一章讲过，一个输入分片（InputSplit）就是一个 map 任务的输入数据。每个 map 任务只处理一个输入分片，也就是说有多少个分片就有多少个 map 任务。分片可以看作 MapReduce 的处理单位。每个分片会被划分为若干个记录，每条记录就是一个 key-value 键值对，由 map 函数依次处理。

输入分片是一个逻辑概念，没有对应到文件，它被表示为 org.apache.hadoop.mapreduce 包中的 InputSplit 抽象类。需要注意的是，分片不是数据本身，而是指向可分片数据的引用。InputSplit 包含一些元数据信息，比如数据的起始位置、数据长度、数据所在节点等。MapReduce 框架可以根据存储的数据位置信息，将 map 任务尽可能地放在分片数据所在地或其附近；此外，MapReduce 还会根据分片大小进行排序，优先处理最大的分片，从而最小化作业运行时间。

MapReduce 的开发人员不需要直接处理 InputSplit，因为它是由 InputFormat 进行创建的。

InputFormat 位于 org.apache.hadoop.mapreduce 包，它负责处理 MapReduce 的输入部分，提供 3 种功能：检查作业的输入是否规范；把输入文件切分成 InputSplit；提供 RecordReader 的实现，把 InputSplit 读到 Mapper 中进行处理。InputFormat 的定义如下。

```
public abstract class InputFormat< K, V>
{
    public abstract List<InputSplit> getSplits(JobContext context)
                                throws IOException,InterruptedException;
    public abstract RecordReader<K,V>
        createRecordReader(InputSplit split,TaskAttemptContext context)
                                throws IOException,InterruptedException;
}
```

其中，getSplits(JobContext context)方法负责在逻辑上将一个大数据进行分片。例如，数据库表有 100 条数据，按照主键 ID 升序存储。假设每 20 条分成一个分片，这个 List 的大小就是 5，然后每个 InputSplit 记录两个参数，第一个为这个分片的起始 ID，第二个为这个分片数据的大小，这里是 20。很明显 InputSplit 并没有真正存储数据，而是提供了一个如何将数据分片的方法。getSplits()用来获取由输入文件计算出来的 InputSplit，在计算 InputSplit 时，会考虑输入文件是否可分割、文件存储时分块的大小和文件大小等因素。

createRecordReader(InputSplit split,TaskAttemptContext context)方法根据 InputSplit 定义的方法，返回一个能够读取分片记录的 RecordReader。RecordReader 用于将 key-value 键值对从 InputSplit 中正确读出来，例如 LineRecordReader，它是以偏移值为 key，每行的数据为 value，这

时所有 createRecordReader()返回 LineRecordReader 的 InputFormat 都是以偏移值为 key，以每行数据为 value 的形式读取输入分片的。

运行作业时，客户端通过调用 getSplits()计算分片，然后将它们发送到 ApplicationMaster，ApplicationMaster 通过其存储的数据位置信息来调度 map 任务，从而在 NodeManager 上处理这些分片数据。在 NodeManager 上，map 任务把输入分片传给 InputFormat 的 getRecordReader()方法来获得这个分片的 RecordReader。map 任务用这个 RecordReader 来生成记录的 key-value 键值对，然后再传递给 map 函数。

一般情况下，不需要我们自己实现 InputFormat 来读取数据，Hadoop 自带有很多数据输入格式，它们已经实现了 InputFormat。InputFormat 类的层次结构如图 6-8 所示。

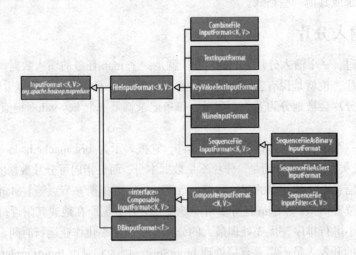

图 6-8　InputFormat 类的层次结构

6.3.2　文件输入

1. FileInputFormat 类

FileInputFormat 类位于 org.apache.hadoop.mapreduce.lib.input 包，是所有使用文件作为其数据源的 InputFormat 实现的基类。它不能直接使用，但提供了两个功能：指出作业的输入文件位置；输入文件生成分片的代码实现，即实现了 InputFormat 抽象类的 getSplits 方法。如何把分片分割成记录的功能（即 InputFormat 的 createRecordReader 方法）由其子类来完成。子类还可以重写 isSplitable(JobContext, Path)方法，从而让文件不被分割而是以整体的形式被 Mapper 处理。

MapReduce 作业的输入被设定为一组路径，这对指定作业输入提供了很强的灵活性。FileInputFormat 提供了如下 4 种静态方法来设定 Job 的输入路径。

```
public static void addInputPath(Job job,Path path);
public static void addInputPaths(Job job,String commaSeparatedPaths);
public static void setInputPaths(Job job,Path… inputPaths);
public static void setInputPaths(Job job,String commaSeparatedPaths);
```

addInputPath()、addInputPaths()方法可以将一个或多个路径加入路径列表，可以分别调用这两种方法来建立路径列表；setInputPaths()方法一次设定完整的路径列表，替换前面调用中在 Job 上所设置的所有路径。至于它们具体的使用方法，示例如下。

```
//设置一个源路径
FileInputFormat.addInputPath(job, new Path("hdfs://master:9000/input1"));
//设置多个源路径，多个源路径之间用逗号分开
FileInputFormat.addInputPaths(job,"hdfs://master:9000/input1,hdfs://master:9000/
input2,...");
//inputPaths 是一个 Path 类型的数组，可以包含多个源路径，比如 hdfs://master:9000/input1,hdfs:
//master:9000/input2 等
FileInputFormat.setInputPaths(job, inputPaths);
//设置多个源路径，多个源路径之间用逗号分开
FileInputFormat.setInputPaths(job,"hdfs://master:9000/input1,hdfs://master:9000/
input2,...""); 
```

【注意】FileInputFormat 设置输入路径的时候，如果包含子路径，默认是当作文件处理的。如果需要递归地读取子目录文件，那么需要设置 mapreduce.input.fileinputformat.input.dir.recursive 属性为 true。

上述设置路径的方法可以指定输入的文件。如果需要排除特定的文件，可以像下面代码一样使用 FileInputFormat 的 setInputPathFilter()方法设置一个过滤器。

```
public static void setInputPathFilter(Job job,Class<? extends PathFilter filter);
```

即使不设置过滤器，FileInputFormat 也会使用一个默认的过滤器来排除隐藏文件（一般以"."和"_"开头的文件）。如果调用 setInputPathFilter()设置了过滤器，它会在默认过滤器的基础上进行过滤，也就是说，自定义的过滤器只能看到非隐藏文件。

2. FileInputFormat 的输入分片

对于 FileInputFormat 类指定输入的一组文件，它的 getSplit()方法是如何将数据切分成一个个分片的？一般来说，FileInputFormat 只切分大文件，大文件是指文件超过 HDFS 块的大小，因为通常分片大小是和 HDFS 块大小相同的。输入分片的大小是可以通过属性来控制的，如表 6-7 所示。

表 6-7　　　　　　　　　　　　　控制分片大小的属性

属　性　名	类　型	默　认　值	描　述
mapreduce.input.fileinputformat.split.minsize	int	1 Byte	Input Split 的最小字节数
mapreduce.input.fileinputformat.split.maxsize	long	Long.MAX_VALUE	Input Split 的最大字节数
dfs.blocksize	long	128MB	HDFS 块大小

通过这 3 个属性来控制输入分片的大小的同时，也可以控制作业的 map 任务数（有多少个分片就有多少个 map 任务）。定义分片大小的时候要注意：太大，会导致 map 读取的数据可能跨越不同的节点，没有数据本地化的优势；太小，会导致 map 数量过多，任务启动和切换开销太大，并行度过高。

根据上面 3 个属性的值，分片的大小计算公式如下。

```
max(minimumSize, min(maximumSzie, blockSize))
```

首先从最大分片大小和 Block 大小之间选出一个比较小的，再和最小分片大小相比选出一个较大的。由于默认情况下，minimumSize 小于 blockSize 小于 maximumSzie，所以分片的默认大小和 blockSize 一致。

3. 小文件和 CombineFileInputFormat

前面提到过，默认情况下 FileInputFormat 只划分比 HDFS block 大的文件，所以 FileInputFormat 划分的结果是这个文件或者是这个文件中的一部分。

如果一个文件的大小比 Block 小，它将不会被划分。当 Hadoop 处理很多小文件（文件大小小于 hdfs block 大小）的时候，由于 FileInputFormat 不会对小文件进行划分，所以每一个小文件都会被当作一个 split 并分配一个 map 任务，这会导致效率低下。例如，一个 1GB 的文件，会被划分成 16 个 64MB 的 split，并分配 16 个 map 任务处理，而 10000 个 100 kB 的文件会被 10000 个 map 任务处理。后者的作业速度会比前者的速度慢几十甚至几百倍。那么相对于大批量的小文件，Hadoop 更适合处理少量的大文件。

针对上述 Hadoop 的不足，CombineFileInputFormat 对这种情况做了一定的优化。FileInputFormat 将每个文件分割成 1 个或多个单元，而 CombineFileInputFormat 可以将多个文件打包到一个输入单元中，这样每次 map 操作就会有更多的数据来处理。但是 CombineFileInputFormat 会考虑节点和集群的位置信息以决定哪些文件应该打包到一个单元中，所以原本的 MapReduce 的效率就会下降。

6.3.3 文本输入

对于输入的数据源是文件类型的情况下，Hadoop 非常擅长处理非结构化文本数据，它们的基类都是 FileInputFormat。接下来我们看一下几种常用的文本输入格式。

1. TextInputFormat

TextInputFormat 是默认的 InputFormat，它把输入文件的每一行作为单独的一个记录（默认以换行符或回车符作为一行记录）。键是 LongWritable 类型，存储该行在整个文件中的字节偏移量；值是这行的内容，不包括行终止符（换行符、回车符），它被打包成一个 Text 对象。例如，一个分片包含了如下 3 条文本记录：

```
Hadoop is well suited for distributed storage.
Hadoop is written in Java and is supported on all major platforms.
Hadoop supports shell-like commands to interact with HDFS directly.
```

每条记录可表示为以下键值对：

```
(0, Hadoop is well suited for distributed storage.)
(47, Hadoop is written in Java and is supported on all major platforms.)
(114, Hadoop supports shell-like commands to interact with HDFS directly.)
```

很明显，键并不是行号。一般情况下，很难取得行号，因为文件是按字节而不是按行切分为分片的。但是每一行在文件中的偏移量是可以在分片内单独确定的，因为每个分片都知道上一个分片的大小，只需要加到分片内的偏移量上，就可以获得每行在整个文件中的偏移量。

如果用户想显式地设置 job 的输入格式为 TextInputFormat，可使用 setInputFormatClass 方法，即 job. setInputFormatClass(TextInputFormat.class)。

2. KeyValueTextInputFormat

KeyValueTextInputFormat 与 TextInputFormat 一样，每一行均为一条记录。但 KeyValueTextInput Format 会用分隔符将一行的数据分割为一个 key-value 键值对，分隔符前面的字符为 key，后面的字符为 value。它的默认值是一个制表符(\t)。用户可以通过 mapreduce.input.keyvaluelinerecordreader. key.value.separator 属性来设定分隔符。例如，一个分片包含了如下 3 条文本记录，记录之间使用 tab（水平制表符）分隔：

```
1    Hadoop is well suited for distributed storage.
2    Hadoop is written in Java and is supported on all major platforms.
3    Hadoop supports shell-like commands to interact with HDFS directly.
```

每条记录可表示为以下键值对。

```
(1, Hadoop is well suited for distributed storage.)
(2, Hadoop is written in Java and is supported on all major platforms.)
(3, Hadoop supports shell-like commands to interact with HDFS directly.)
```

此时的 key 是每行排在制表符之前的 Text 序列。当输入数据的每一行是两列，并采用 tab 分隔的形式的时候，KeyValueTextInputformat 处理这种格式的文件非常适合。需要注意的是，如果行中有分隔符，那么分隔符前面的作为 key，后面的作为 value；如果行中没有分隔符，那么整行作为 key，value 为空。

3．NLineInputFormat

通过 TextInputFormat 和 KeyValueTextInputFormat，每个 Mapper 收到的输入行数是不同的，因为行数取决于输入分片的大小和行的长度。如果用户希望 Mapper 收到固定行数的输入，则需要将 NLineInputFormat 作为 InputFormat，即 NLineInputFormat 可以设置每个 Mapper 处理的行数。它与 TextInputFormat 一样，键 key 是文件中行的字节偏移量，值 value 是行本身。

N 是每个 Mapper 收到的输入行数。N 设置为 1（默认值）时，每个 Mapper 正好收到 1 行输入。用户可以通过 mapreduce.input.lineinputformat.linespermap 属性修改 N 的值。示例如下。

```
//设置具体输入处理类
job.setInputFormatClass(NLineInputFormat.class);
//设置每个 split 的行数为 2
NLineInputFormat.setNumLinesPerSplit(job,2));
```

NLineInputFormat 对数据的处理仍然以上面的 3 行输入为例：

```
Hadoop is well suited for distributed storage.
Hadoop is written in Java and is supported on all major platforms.
Hadoop supports shell-like commands to interact with HDFS directly.
```

如果 N 为 2，则每个输入分片包含两行。一个 Mapper 收到两行键值对：

```
(0, Hadoop is well suited for distributed storage.)
(47, Hadoop is written in Java and is supported on all major platforms.)
```

另一个 Mapper 则收到后一行（因为总共才 3 行，所以另一个 Mapper 只能收到一行）：

```
(114, Hadoop supports shell-like commands to interact with HDFS directly.)
```

这里的键和值与 TextInputFormat 生成的一样。NLineInputformat 可以控制在每个 split 中数据的行数。

一般来说，对少量输入行执行 map 任务是比较低效的（任务初始化的额外开销较大），但有些应用程序会对少量数据做一些扩展的计算任务，然后产生输出，例如仿真。

6.3.4　二进制输入

Hadoop 不仅擅长处理非结构化文本数据，而且可以处理二进制格式的数据，也都继承自 FileInputFormat 类。

1．SequenceFileInputFormat

SequenceFileInputFormat 用于读取 sequence file，键和值由用户定义。序列文件是 Hadoop 专用的、压缩的、高性能的二进制文件格式。由于序列文件有同步点，所以读取器可以从文件中的任意一点与记录边界（例如分片的起始点）进行同步，实现数据的分割。

如果要用序列文件作为 MapReduce 的输入，应使用 SequenceFileInputFormat。key 和 value 由序列文件决定，它只需要保证输入文件中 key、value 的格式与 Mapper 类定义时的类型一致即可。示例如下。

```
public static class SequenceFileMapper extends
                  Mapper<LongWritable, Text, Text, Text>
{
    public void map(LongWritable key, Text value, Context context)
                               throws IOException, InterruptedException
    {
        System.out.println("key: " + key.toString() + " ; value: "+ value.toString());
    }
}
```

上述代码中，未做任何有用的操作，仅仅打印输出 key 和 value。只要在序列文件中 key 的类型为 LongWritable（即由 LongWritable 类型进行序列化得到的结果），value 的类型为 Text，那么 map 函数就可获得 LongWritable 的 key 和 Text 的 value。

序列文件也可以作为 MapReduce 任务的输出数据，并且用它作为一个 MapReduce 作业到另一个作业的中间数据是很高效的，即适用于与多个 MapReduce 的链接操作。

2. SequenceFileAsTextInputFormat

SequenceFileAsTextInputFormat 是 SequenceFileInputFormat 的变体，用于将键和值转换为 Text 对象。转换的时候会调用键和值的 toString()方法。这个格式可以是序列文件作为流的合适的输入类型。

3. SequenceFileAsBinaryInputFormat

SequenceFileAsBinaryInputFormat 是 SequenceFileInputFormat 的另一种变体，它将顺序文件的键和值作为二进制对象，并封装为 BytesWritable 对象，因而应用程序可以任意地将这些字节数组解释为需要的类型。

6.3.5 多个输入

虽然一个 MapReduce 作业的输入可以包含多个输入文件，但所有文件都由同一个 InputFormat 和同一个 Mapper 来处理。然而，随着时间的推移，数据格式可能会有所不同，那么就必须重写 Mapper 来处理应用中的数据格式问题。或者，有些数据源会提供相同的数据，但是格式却有了改变。

这些问题可以使用 MultipleInputs 类来妥善处理。它允许为每条输入路径指定 InputFormat 和 Mapper。例如，我们想把英国 Met Office 的气象站数据和 NCDC 的气象站数据放在一起来统计平均气温，则可以按照下面的方式来设置输入路径。

```
MultipleInputs.addInputPath(job,ncdcInputPath,TextInputFormat.class,NCDCTemperatureMapper.class);
MultipleInputs.addInputPath(job,metofficeInputPath,TextInputFormat.class,MetofficeTemperatureMapper.class);
```

这段代码取代了对 FileInputFormat.addInputPath()和 job.setMapperClass()的常规调用。Met Office 和 NCDC 的数据都是文本文件，所以对两者都使用 TextInputFormat 数据类型。但这两个数据源的行格式不同，所以我们使用了两个不一样的 Mapper，分别为 NCDCTemperatureMapper 和 MetofficeTemperatureMapper。重要的是两个 Mapper 的输出类型一样，因此，Reducer 看到的是聚集后的 map 输出，并不知道这些输入是由不同的 Mapper 产生的。

MultipleInputs 类还有一个重载版本的 addInputPath()方法，它没有 Mapper 参数。如果有多种输入格式而只有一个 Mapper（通过 Job 的 setMapperClass()方法设定），这种方法很有用。其具体实现方法如下所示。

```
public static void addInputPath(Job job,Path path,
                        class< ? extends InputFormat> inputFormatClass);
```

6.3.6　数据库输入

DBInputFormat 是一个使用 JDBC 并且从关系数据库中读取数据到 HDFS 上的一种输入格式。由于它没有任何共享能力，所以在访问数据库的时候必须非常小心，太多的 Mapper 读数据可能会使数据库承受不了。因此 DBInputFormat 最好在加载小量数据集的时候用。

DBInputFormat 使用时 map 函数的操作与使用其他输入类相同，但不同于对 job 的配置。示例如下。

```
//通过 conf 创建数据库配置信息
DBConfiguration.configureDB(conf, "com.mysql.jdbc.Driver", "jdbc:mysql://master:3306/myDB","root","123456");
//设置数据来源
DBInputFormat.setInput(job, Student.class, "student", null, null, new String[]{"id","name"});
```

上面创建数据库的配置信息时指定了需要连接的 mysql 数据库的地址、端口（3306）、数据库名（myDB）、登录用户名（root）和密码（123456）。设置数据来源的代码里，Student.class 表示实现了 DBWritable 接口的类，即重写 readFields()和 write()方法；student 表示 myDB 数据库里的 student 表；以及读取的表字段名为 id 和 name。

6.4　MapReduce 的输出

对于上一节介绍的输入格式，Hadoop 都有相应的输出格式，处理输出格式的类都继承自 OutputFormat 类。

OutputFormat 位于 org.apache.hadoop.mapreduce 包，它的功能跟前面描述的 InputFormat 类相似，OutputFormat 的实例会将输出的键值对写到本地磁盘或 HDFS 上。一般来说，Mapper 类和 Reducer 类都会用到 OutputFormat 类。Mapper 类用它存储中间结果，Reducer 类用它存储最终结果。OutputFormat 的定义如下。

```
public abstract class OutputFormat<K, V>
{
    public abstract RecordWriter<K, V> getRecordWriter(TaskAttemptContext context);
    public abstract void checkOutputSpecs(JobContext context);
    public abstract OutputCommitter getOutputCommitter(TaskAttemptContext context);
}
```

其中，最主要的函数是 getRecordWriter，它返回 RecordWriter，负责将键值对写入存储部件。函数 checkOutputSpecs 检查输出参数是否合理，一般是检查输出目录是否存在，如果已经存在就会报错。函数 getOutputCommitter 获取 OutputCommitter，OutputCommitter 类主要是用来对任务的输出进行管理，诸如初始化临时文件，任务完成后清理临时目录、临时文件，处理作业的临时目录、临时文件等。

Hadoop 自带的数据输出格式都实现了 OutputFormat。OutputFormat 类的层次结构如图 6-9 所示。

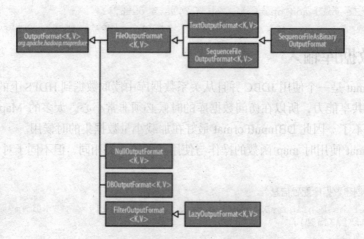

图 6-9　OutputFormat 类的层次结构

6.4.1　文本输出

TextOutputFormat 是默认的输出格式，它将每条记录写为文本行。它的键和值可以是任意的类型，因为 TextOutputFormat 会调用 toString()方法将它们转换为字符串。每个 key-value 键值对由制表符进行分割。key-value 之间的分隔符可以通过 mapreduce.output.textoutputformat.separator 属性来设置。6.1.2 节中的 WordCount 示例的输出结果就是以制表符为分割的输出文件。

使用 TextOutputFormat 格式输出，后面的 MapReduce 任务就可以通过 KeyValueInputFormat 类重新读取所需的输入数据，直接以分隔符将数据分割为 key-value 键值对，非常方便。

在输出时，可以使用 NullWritable 省略输出的 key 或 value（如果两者都省略，就相当于 NullOutputFormat 输出格式，什么也不输出），此时会没有分隔符输出。使用这种输出格式，后续会方便 TextInputFormat 进行读取。

6.4.2　二进制输出

1. SequenceFileOutputFormat

SequenceFileOutputFormat 将它的 key-value 键值对写到一个序列文件。由于它的格式紧凑，很容易被压缩，所以易于作为 MapReduce 的输入。

2. SequenceFileAsBinaryOutputFormat

SequenceFileAsBinaryOutputFormat 与 SequenceFileAsBinaryInputFormat 相对应，它把 key-value 键值对作为二进制格式写到一个序列文件中。

3. MapFileOutputFormat

MapFileOutputFormat 把 MapFile 作为输出。MapFile 中的 key 必须顺序添加，所以必须确保 Reducer 输出的 key 已经排好序。

6.4.3　多个输出

FileOutputFormat 及其子类产生的文件放在输出目录下。默认情况下，每个 Reducer 会产生一个文件，并且文件由分区号命名，如 part-r-00000、part-r-00001 等。前面的动作是框架自动完成的。有时候我们可能需要对输出文件的文件名和数量进行控制，此时 Hadoop 为我们提供了

MultipleOutputFormat 类。

MultipleOutputFormat 类可以将数据写到多个文件中，这些文件名称源于输出的键和值。文件名的格式为 "name-m-nnnnn" 或者 "name-r-nnnnn"，分别代表 Mapper 和 Reducer 的输出。其中 "name" 是程序中指定的字符串，"nnnnn" 是一个代表区分号的整数（从 0 开始）。

MultipleOutputs 类用于生成多个输出的库，可以为不同的输出产生不同的类型，但无法控制输出的命名。它用于在原有输出基础上附加输出。

MultipleOutputFormat 和 MultipleOutputs 这两个类库的功能几乎相同。MultipleOutputs 功能更齐全，但 MultipleOutputFormat 可以实现对目录结构和文件命令更多的控制。它们之间的比较如表 6-8 所示。

表 6-8　　　　　　　　　　　　MultipleOutputFormat 与 MultipleOutputs 的区别

特　征	MultipleOutputFormat	MultipleOutputs
完全控制文件名和目录名	是	否
不同输出有不同的键和值类型	否	是
从同一作业的 Map 和 Reduce 使用	否	是
每个记录多个输出	否	是
与任意 OutputFormat 一起使用	否，需要子类	是

6.4.4　延迟输出

FileOutputFormat 的子类在即使没有数据的情况下也会产生一个空文件。但有时候我们并不想创建空文件，这时候就可以使用 LazyOutputFormat。LazyOutputFormat 类只有在第一条数据真正输出的时候才会创建文件。

6.4.5　数据库输出

DBOutputFormat 与 DBInputFormat 相对应，它将作业输出数据（中等规模的数据）存储到数据库中。

6.5　MapReduce 的任务

MapReduce 任务的执行是 MapReduce 程序的主体，每个任务之间不是独立的而是相互联系的。一个 job 的完成，依赖于所有任务的正确执行。当然，不同的 job 所需要完成的任务不尽相同。有的 job 可能只需要一个 map 任务即可，其他的任务没有必要执行；而有的 job 可能只需要一个 reduce 任务即可。下面我们就结合一个"求平均成绩"的例子来学习 MapReduce 的各个任务、每个任务所完成的功能以及它们之间的联系。

任务描述：根据输入文件中的数据计算学生的平均成绩。输入文件中的每行内容均为一个学生的姓名和他相应的成绩，如果有多门学科，则每门学科为一个文件。要求在输出中每行有两个间隔的数据，其中，第一个代表学生的姓名，第二个代表其平均成绩。

样本输入：

```
Math.txt
张三    88
李四    99
王五    66
赵六    77
Chinese.txt
张三    78
李四    89
王五    96
赵六    67
English.txt
张三    80
李四    82
王五    84
赵六    86
```

样本输出：

```
张三    82
李四    90
王五    82
赵六    76
```

6.5.1　map 任务

每个 map 任务都是一个 Java 进程。从广义上来讲，map 任务会读取指定的 HDFS 中的文件，解析成很多的键值对，调用 map 方法处理后，转换为相应的键值对再输出。通过前面的学习我们知道，读取文件和解析文件生成初始键值对是 job 设置的 InputFormat 类（默认为 TextInputFormat 类）进行处理的。因此，本节主要讨论 map 任务中的 map 函数。

map 函数会根据输入的 key-vlaue 键值对生成中间结果。用户可以通过 job.setMapperClass() 方法进行设置。默认使用 Mapper 类，Mapper 类位于 org.apache.hadoop.mapreduce 包中。Mapper 中的 map 函数不做任何处理，会将输入的 key-value 键值对原封不动地作为中间结果输出。因此，要完成 key-value 的映射，必须要继承 Mapper 类并重写其中的 map 函数。重写代码如下所示。

```
public static class AverageMapper extends Mapper<Object, Text, Text, IntWritable>
{
        public void map(Object key, Text value, Context context)
                            throws IOException, InterruptedException
        {}
}
```

现在来解析要实现本节的例子，map 任务将要完成的内容。对于输入文本的内容进行分析，每行只有两列，那我们既可以使用默认的 TextInputFormat 类，也可以使用 KeyValueTextInputFormat 类进行解析。这里我们选择 TextInputFormat 类。其产生的初始键值对的值为一行文本，我们的目的是求取平均值，那在 map 阶段需要将学生的名字和成绩做一个分割，得到学生姓名作为 key，成绩作为 value。分割代码如下。

```
public class AverageMapper extends Mapper<LongWritable, Text, Text, IntWritable>
{
        private Text name = new Text();          //定义一个 Text 对象，用来存储学生姓名
```

```
    private IntWritable score = new IntWritable();    //存储学生的成绩
    //实现 map 函数
    public void map(LongWritable key, Text value, Context context)
                              throws IOException, InterruptedException
    {
        StringTokenizer stk = new StringTokenizer(value.toString());
        //将 value 转换为 String 后，创建一个 StringTokenizer 对象进行解析
        while(stk.hasMoreTokens())               //判断是否还有分隔符（有的话代表还有内容）
        {
            //返回从当前位置到下一个分隔符的字符串，并将值赋给 name
          name.set(stk.nextToken());
            //将得到的字符串转换为 Int 后赋给 score
          score.set(Integer.parseInt(stk.nextToken()));
          context.write(name,score);              //将获得的 key-value 对写入 Map 上下文
        }
      }
    }
```

我们可以看到，map 函数将类型为<LongWritable,Text>的键值对映射为了类型为<Text,Int Writable>的键值对，从而获得了<学生姓名，成绩>的键值对。我们可以通过学生姓名集合学生的成绩，再进行相应的运算。

6.5.2　combine 任务

每一个 map 都可能会产生大量的本地输出，combine 任务（也称为 Combiner 类）的作用就是对 map 端的输出先做一次合并，以减少在 map 和 reduce 节点之间的数据传输量，从而提高网络 I/O 性能，是 MapReduce 的一种优化手段之一。combine 任务的具体作用如下。

（1）Combiner 类最基本的功能是实现本地 key 的聚合，对 map 输出的 key 排序，对 value 进行迭代。如下所示。

```
map: (K1, V1) → list(K2, V2)
combine: (K2, list(V2)) → list(K2, V2)
reduce: (K2, list(V2)) → list(K3, V3)
```

（2）Combiner 类还有本地 reduce 功能（其本质上就是一个 reduce），例如在 Hadoop 自带的 WordCount 的例子和找出 value 的最大值的程序中，Combiner 和 reduce 完全一致。如下所示。

```
map: (K1, V1) → list(K2, V2)
combine: (K2, list(V2)) → list(K3, V3)
reduce: (K3, list(V3)) → list(K4, V4)
```

【注意】Combiner 与 Mapper 和 Reducer 是不同的，Combiner 没有默认的实现，需要显式地在 job 中设置才有作用。另外，并不是所有的 job 都适用 Combiner，只有操作满足结合律的才可设置 Combiner。combine 操作类似于：opt(opt(1, 2, 3), opt(4, 5, 6))。如果 opt 为求和、求最大值的话，可以使用，但是如果是求中值的话则不适用。因此，在求成绩平均值的示例中不适合用 Combiner。

如果一个 combine 过程适合于一个作业，Combiner 实例会在每一个运行 map 任务的节点上运行。Combiner 会接收特定节点上的 Mapper 实例的输出作为输入，接着 Combiner 的输出会被发送到 Reducer 那里。Combiner 是一个"迷你 reduce"过程，它只处理单台机器生成的数据。它的具体用法将在下一节中进行讲解。

6.5.3 partition 任务

通过前面的学习我们知道 Mapper 最终处理的 key-value 键值对，是需要送到 Reducer 去合并的，合并的时候，有相同 key 的键值对会送到同一个 Reducer 节点中进行归并。哪个 key 到哪个 Reducer 的分配过程，是由 Partitioner 规定的。由此可知，partition 任务的主要作用就是将 map 的结果发送到相应的 reduce。一般对 Partitioner 有如下两个要求。

（1）均衡负载。尽量将工作均匀地分配给不同的 reduce。

（2）效率。分配速度一定要快。

MapReduce 用户通常会指定 reduce 任务和 reduce 任务输出文件的数量（R）。用户在中间 key 上使用分区函数来对数据进行分区，之后再输入到后续任务执行进程。一个默认的分区函数式使用 hash 方法。常见的方法使用 hash(key) mod R 进行分区，即通过 hash 操作获得一个非负整数的 hash 码，然后用当前作业的 reduce 节点数（分区数）进行取模运算，以此决定该记录将被分区到哪个 reduce 节点。hash 方法能够产生非常平衡的分区，鉴于此，Hadoop 中自带了一个默认的分区类 HashPartitoner，它继承了 Partitioner 类，提供了一个 getPartition 的方法，它的定义如下所示。

```
public class HashPartitioner<K, V> extends Partitioner<K, V>
{
  /** Use {@link Object#hashCode()} to partition. */
  public int getPartition(K key, V value, int numReduceTasks)
  {
    return (key.hashCode() & Integer.MAX_VALUE) % numReduceTasks;
  }
}
```

这段代码实现的目的是将 key 均匀分布在 Reduce Tasks 上。HashPartitoner 所做的事情，其关键代码就一句：(key.hashCode() & Integer.MAX_VALUE) % numReduceTasks。

6.5.4 reduce 任务

reduce 任务有如下 3 个主要阶段。

（1）shuffle。把来自 Mapper 的已经排序的输出数据通过网络经 HTTP 复制到本地。

（2）sort。MapReduce 框架按 key 对 Reducer 输入进行合并、排序。因为不同的 Mapper 可能会输出同样的 key 给某个 Reducer。

（3）reduce。此时，会为已排序的 reduce 输入中的每个 key-values 键值对调用 reduce 函数。

reduce 函数用于对传入的中间结果列表数据进行某种整理或进一步处理，并产生最终的某种形式的结果输出。用户可以通过 job.setReducerClass()方法进行设置。默认使用 Reducer 类，Reducer 类位于 org.apache.hadoop.mapreduce 包中。Reducer 中的 reduce 函数会遍历每个 key 的列表数据并输出。因此，要完成特定的输出，必须要继承 Reducer 类并重写其中的 reduce 函数。重写代码如下所示。

```
public class Reducer<KEYIN,VALUEIN,KEYOUT,VALUEOUT>
{
    protected void reduce(KEYIN key, Iterable<VALUEIN> values, Context context)
                    throws IOException, InterruptedException
    {
    for(VALUEIN value: values)
    {
        context.write((KEYOUT) key, (VALUEOUT) value);
```

```
    }
}
```

对于求平均成绩的例子，reduce 任务将要完成输出学生的平均成绩。map 任务输出的是<学生姓名，成绩>的键值对，reduce 任务的输入则以学生姓名为 key，以该学生的所有成绩列表为 value。reduce 函数只需进行将输入求平均数的处理并输出即可。实现代码如下。

```
public static class AverageReducer extends Reducer<Text, IntWritable, Text, IntWritable>
{
    //实现 Reduce 函数
    public void reduce(Text key, Iterable<IntWritable> values,Context context)
                        throws IOException, InterruptedException
    {
        int sum = 0;                        //定义变量存储学生的总成绩
        int count = 0;                      //定义变量存储学生的总科目
        for(IntWritable val:values)         //遍历 values 中的每一个值
        {
            sum+=val.get();         //得到 values 中的值并进行累加，得到该学生的总成绩
            count++;                //统计总科目
        }
        int average = (int) sum / count;    //计算平均成绩
        //将获得的 key-value 对写入 reduce 上下文
        context.write(key, new IntWritable(average));
    }
}
```

我们可以看到，reduce 函数完成了对输入的学生成绩进行算术平均计算，最后得到了每个学生的平均成绩。

6.5.5　任务的配置与执行

完成上述任务代码的编写后，必须在 job 对象中进行相应设置才能正常运行。设置代码如下。

```
public class AverageScore
{
    public static void main(String[] args) throws Exception
    {
        Configuration conf = new Configuration();               //获得配置信息
        String[] ortherArgs = new GenericOptionsParser(conf,args).getRemainingArgs();
        //获取程序的输入参数
        Job job =Job.getInstance(conf,"Average Score");
        job.setJarByClass(AverageScore.class);
        job.setMapperClass(AverageMapper.class);                //设置 Mapper
        job.setReducerClass(AverageReducer.class);              //设置 Reducer
        job.setOutputKeyClass(Text.class);                      //设置输出 key 格式
        job.setOutputValueClass(IntWritable.class);             //设置输出 value 格式
        FileInputFormat.addInputPath(job,new Path(ortherArgs[0]));   //文件输入路径
        FileOutputFormat.setOutputPath(job,new Path(ortherArgs[1])); //结果输出路径
        System.exit(job.waitForCompletion(true)?0:1);           //提交 job 并等待结束
    }
}
```

这里列出了主要的配置信息。可以看出对于配置信息，MapReduce 程序都大致相同，只是对

应不同的任务执行类。

"平均成绩"例子的执行可以使用实例 6-1 的方式，也可以使用下面描述的方法。

（1）准备需要处理的数据

在本地主目录创建 InputTest 文件夹。在 InputTest 文件夹中创建样本输入中的 3 个文件，写入相应的数据，并上传到 HDFS 的/ScoreInput 目录下。在此操作前请保证 Hadoop 集群已经启动，并正常工作。

```
$ cd
$ hadoop fs -mkdir /ScoreInput
$ hadoop fs -put ./InputTest/*.txt /ScoreInput
```

上传成功后，可用以下命令查看结果。如图 6-10 所示。

```
$hadoop fs -ls /ScoreInput
```

```
hadoop@master:~$ hadoop fs -mkdir /ScoreInput
hadoop@master:~$ hadoop fs -put ./InputTest/*.txt /ScoreInput
hadoop@master:~$ hadoop fs -ls /ScoreInput
Found 3 items
-rw-r--r--   1 hadoop supergroup         41 2016-10-24 07:59 /ScoreInput/Chinese.
txt
-rw-r--r--   1 hadoop supergroup         40 2016-10-24 07:59 /ScoreInput/English.
txt
-rw-r--r--   1 hadoop supergroup         41 2016-10-24 07:59 /ScoreInput/Math.txt
```

图 6-10　查看输入路径的文件

（2）将程序打成 jar 包

在 Eclipse 中，选中当前项目 AverageScore 后单击鼠标右键，会弹出选项框，在其中选择"Export"。如图 6-11 所示。

单击"Export"后，会出现导出对话框，选择"Java"下的"JAR file"，表示导出为 jar 包。如图 6-12 所示。

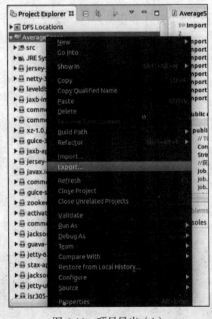

图 6-11　项目导出（1）

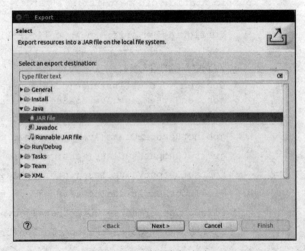

图 6-12　项目导出（2）

选择好之后，单击对话框下方的"Next"按钮，进入"JAR Export"对话框。这里我们需要选择 jar 的存储位置。单击"Browse"按钮选择相应目录（jar 包名字默认为 Project 的名字），或直接在"JAR file："后面的文本框里输入路径（包含 jar 包的名字）。我们将 jar 包命名为 AverageScore.jar，并放在路径/home/hadoop（即主目录）下。如图 6-13 所示。

　　确定路径之后，单击下方的"Finish"按钮，完成 jar 包的导出。打开命令行终端，在主目录下用 ls 命令查看 jar 包是否存在。如图 6-14 所示。

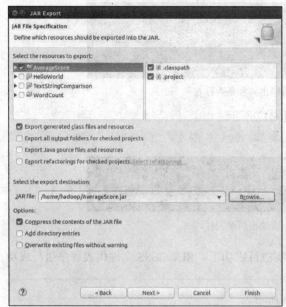

图 6-13　项目导出（3）

图 6-14　查看 jar 包

（3）运行 jar 包

确定 jar 包成功导出后，我们可以使用下面的命令运行 jar 包。

```
$ hadoop jar AverageScore.jar AverageScore /ScoreInput /ScoreOutput
```

　　其中 AverageScore.jar 为要运行的 jar 包的名字（相对路径，运行时当前路径下必须包含此 jar 包）；AverageScore 为 jar 包中要运行的主类名称（包含 main 函数的类）；/ScoreInput 为输入路径，该目录下的所有文件为输入数据，必须存在；/ScoreOutput 为输出路径，运行结果保存在该目录下，此目录由程序自动创建，因此在运行前它不能存在，否则程序会报错。程序运行过程如图 6-15 所示。

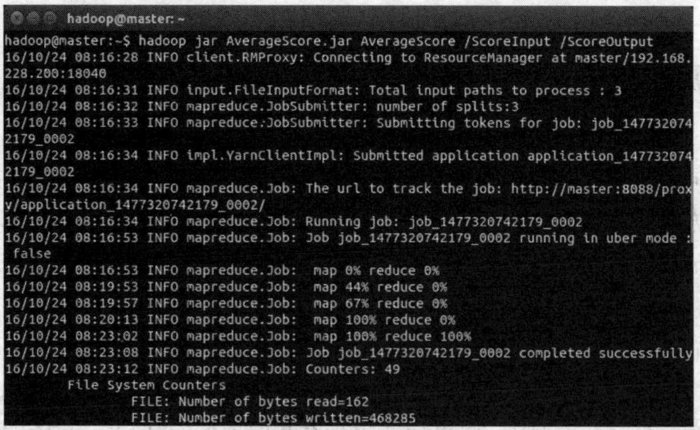

图 6-15　程序运行过程

从图 6-15 中我们可以看出，程序经过 Map 和 Reduce 后，最终成功运行。

（4）查看结果

当 jar 包成功运行后，我们可以通过命令行来查看其运行结果。

首先，查看 HDFS 上是否生成了相应的输出路径。如图 6-16 所示。

```
$ hadoop fs -ls /
```

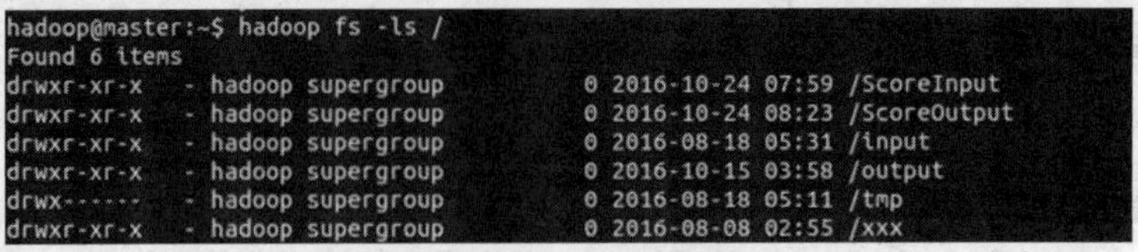

```
hadoop@master:~$ hadoop fs -ls /
Found 6 items
drwxr-xr-x   - hadoop supergroup          0 2016-10-24 07:59 /ScoreInput
drwxr-xr-x   - hadoop supergroup          0 2016-10-24 08:23 /ScoreOutput
drwxr-xr-x   - hadoop supergroup          0 2016-08-18 05:31 /input
drwxr-xr-x   - hadoop supergroup          0 2016-10-15 03:58 /output
drwx------   - hadoop supergroup          0 2016-08-18 05:11 /tmp
drwxr-xr-x   - hadoop supergroup          0 2016-08-08 02:55 /xxx
```

图 6-16　查看输出路径是否存在

然后，查看输出路径下的具体内容。如图 6-17 所示。

```
$ hadoop fs -ls /ScoreOutput
```

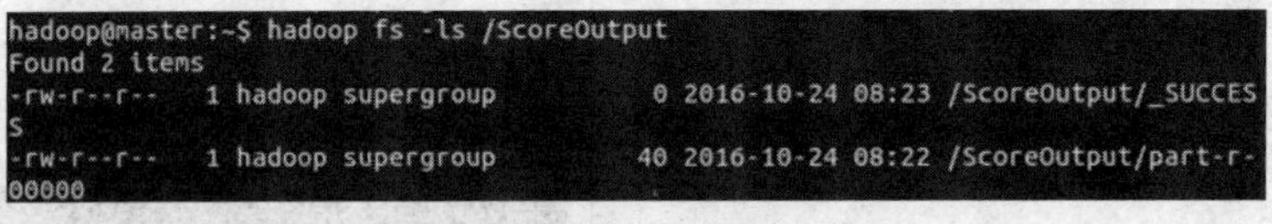

```
hadoop@master:~$ hadoop fs -ls /ScoreOutput
Found 2 items
-rw-r--r--   1 hadoop supergroup          0 2016-10-24 08:23 /ScoreOutput/_SUCCES
S
-rw-r--r--   1 hadoop supergroup         40 2016-10-24 08:22 /ScoreOutput/part-r-
00000
```

图 6-17　查看输出目录文件

从图 6-17 可以看出，AverageScore 程序确实执行成功了。_SUCCESS 文件代表程序执行成功；part-r-00000 为输出文件。

最后，查看输出文件中的内容。如图 6-18 所示。

```
$ hadoop fs -cat /ScoreOutput/part-r- 00000
```

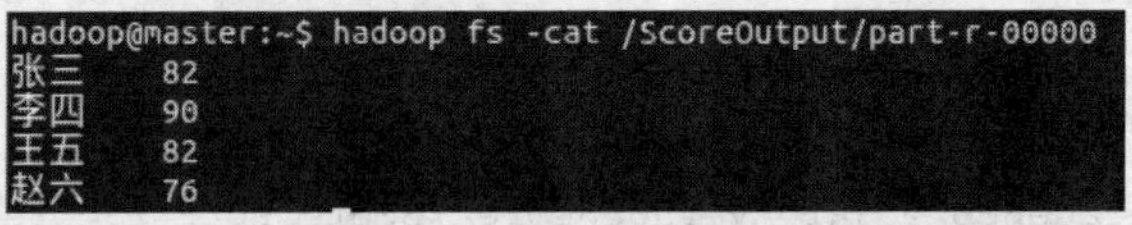

```
hadoop@master:~$ hadoop fs -cat /ScoreOutput/part-r-00000
张三      82
李四      90
王五      82
赵六      76
```

图 6-18　查看输出结果

从图 6-18 可以看出，程序执行的输出结果与样本输出一致。

6.6　MapReduce 应用举例——倒排索引

6.6.1　功能介绍

"倒排索引"是文档检索系统中最常用的数据结构，被广泛地应用于全文搜索引擎。它主要是用来存储某个单词（或词组）在一个文档或一组文档中的存储位置的映射，即提供了一种根据内容来查找文档的方式。由于不是根据文档来确定文档所包含的内容，而是进行相反的操作，因而称为倒排索引（Inverted Index）。

通常情况下，倒排索引由一个单词（或词组）以及相关的文档列表组成，文档列表中的文档可以是标识文档的 ID 号，也可以是指文档所在位置的 URL。如图 6-19 所示。

从图 6-19 可以看出，单词 1 出现在{文档 1，文档 4，文档 13，……}中，单词 2 出现在{文档 3，文档 5，文档 15，……}中，而单词 3 出现在{文档 1，文档 8，文档 20，……}中。在实际应用中，还需要给每个文档添加一个权值，用来指出每个文档与搜索内容的相关度，如图 6-20 所示。

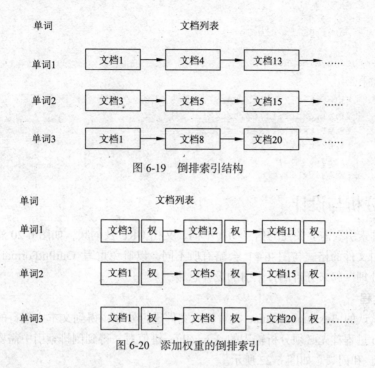

图 6-19　倒排索引结构

图 6-20　添加权重的倒排索引

最常用的是使用词频作为权重，即记录单词在文档中出现的次数。以英文为例，如图 6-21 所示，索引文件中的"MapReduce"一行表示："MapReduce"这个单词在文本 T0 中出现过 1 次，T1 中出现过 1 次，T2 中出现过 2 次。当搜索条件为"MapReduce""is""Simple"时，对应的集合为：{T0，T1，T2}∩{T0，T1}∩{T0，T1}={T0，T1}，即文档 T0 和 T1 包含了所要索引的单词，而且只有 T0 是连续的。

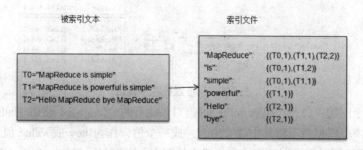

图 6-21　倒排索引示例

更复杂的权重还可能要记录单词在多少个文档中出现过，以实现 TF-IDF（Term Frequency-Inverse Document Frequency）算法，或者考虑单词在文档中的位置信息（单词是否出现在标题中，反映了单词在文档中的重要性）等。

6.6.2　准备数据

为验证输出的结果是否正确，准备了 3 个小的测试文件：file1.txt，file2.txt，file3.txt。

样本输入如下。

```
file1.txt
MapReduce is simple
file2.txt
MapReduce is powerful is simple
file3.txt
Hello MapReduce bye MapReduce
```

样本输出如下。

```
MapReduce    file1.txt:1;file2.txt:1;file3.txt:2;
is           file1.txt:1;file2.txt:2;
simple       file1.txt:1;file2.txt:1;
powerful     file2.txt:1;
Hello        file3.txt:1;
bye          file3.txt:1;
```

6.6.3　分析与设计

实现"倒排索引"需要关注的信息为：单词、文档 URL 及词频，如图 6-20 所示。但是在实现过程中，索引文件的格式与图 6-21 会略有所不同，以避免重写 OutPutFormat 类。下面根据 MapReduce 的处理一起来分析倒排索引的设计思路。

1．Map 过程

首先使用默认的 TextInputFormat 类对输入文件进行处理，得到文本中每行的偏移量及其内容。显然，Map 过程首先必须分析输入的<key,value>键值对，得到倒排索引中需要的 3 个信息：单词、文档 URL 和词频。如图 6-22 所示。

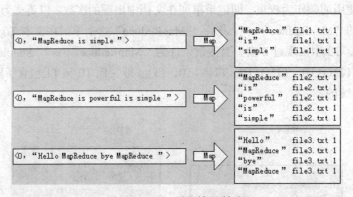

图 6-22　Map 过程输入/输出

这里存在两个问题：第一，<key,value>键值对只能有两个值，在不使用 Hadoop 自定义数据类型的情况下，需要根据情况将其中两个值合并成一个值，作为 key 或 value 值；第二，通过一个 Reduce 过程无法同时完成词频统计和生成文档列表，所以必须增加一个 Combine 过程完成词频统计。

这里将单词和 URL 组成 key 值（如"MapReduce：file1.txt"），将词频作为 value。这样做的好处是可以利用 MapReduce 框架自带的 Map 端排序，将同一文档的相同单词的词频组成列表，传递给 Combine 过程，实现类似于 WordCount 的功能。

2．Combine 过程

经过 map 方法处理后，Combine 过程将 key 值相同的 value 值累加，得到一个单词在文档中的词频。如图 6-23 所示。

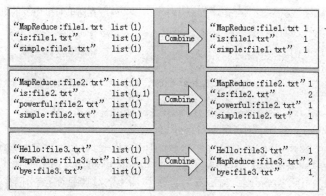

图 6-23　Combine 过程输入/输出

如果直接将图 6-23 所示的输出作为 reduce 过程的输入，在 shuffle 过程时将面临一个问题：所有具有相同单词的记录（由单词、URL 和词频组成）应该交由同一个 Reducer 处理，但当前的 key 值无法保证这一点，所以必须修改 key 值和 value 值。这次将单词作为 key 值，URL 和词频组成 value 值（如"file1.txt：1"）。这样做的好处是可以利用 MapReduce 框架默认的 HashPartitioner 类完成 shuffle 过程，将相同单词的所有记录发送给同一个 Reducer 进行处理。

3. Reduce 过程

经过上述两个过程后，Reduce 过程只需将具有相同 key 值的 value 值组合成倒排索引文件所需的格式即可，剩下的事情就可以直接交给 MapReduce 框架进行处理了。Reduce 过程输入/输出如图 6-24 所示。索引文件的内容除分隔符外与图 6-21 解释相同。

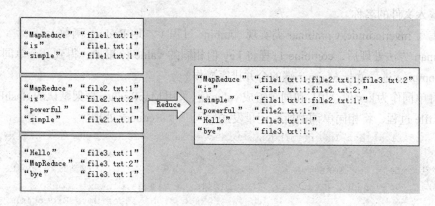

图 6-24　reduce 过程输入/输出

6.6.4　MapReduce 编码实现

MapReduce 编码实现步骤如下。

（1）编写 InvertedIndexMap 类实现 map 函数。

程序使用默认的 TextInputFormat 类对输入文件进行处理，得到文本中每行的偏移量及其内容。

Map 过程首先必须分析输入的<key,value>键值对，得到倒排索引中需要的 3 个信息：单词、文档 URL 和词频。

```
public class InvertedIndexMap extends Mapper<Object, Text, Text, Text>
{
```

```
        private Text  keyInfo = new Text();            //存储单词和 URL 的组合
        private Text  valueInfo = new Text();          //存储词频
        private FileSplit split;                       //存储 Split 对象
        public void map(Object key, Text value,Context context)
                        throws IOException, InterruptedException
        {
            split = (FileSplit) context.getInputSplit();
            //获取<key value>对所属的 FileSplit 对象
            StringTokenizer stk = new StringTokenizer(value.toString());
            //将 value 转换为 String 后，创建一个 StringTokenizer 对象进行解析
            while (stk.hasMoreElements())              //判断是否还有分隔符（有的话代表还有单词）
            {
                keyInfo.set(stk.nextToken()+":"+split.getPath().getName().toString());
                //key 值由（单词: URI）组成
                valueInfo.set("1");
                //词频初始化为 1
                context.write(keyInfo, valueInfo);
            }
        } }
```

前面我们学习过输入分片 InputSplit，InputSplit 是一个抽象类，它在逻辑上包含了提供给处理这个 InputSplit 的 Mapper 的所有键值对。FileSplit 类是 InputSplit 的子类。FileSplit 有 4 个属性：文件路径、分片起始位置、分片长度和存储分片的 hosts。用这 4 个数据，就可以计算出提供给每个 Mapper 的分片数据。因此，使用 split.getPath()可以获取输入文件的路径；split.getPath().getName()可以获取输入文件的名称。

（2）编写 InvertedIndexCombiner 类实现 combine 过程（本地 Reduce 函数）。

经过 map 方法处理后，combine 过程将 key 值相同的 value 值累加，得到一个单词在文档中的词频。combine 过程就是 Mapper 端的合并排序操作。

接着将单词作为 key 值，URL 和词频组成 value 值，采用 MapReduce 框架默认的 HashPartitioner 类完成 shuffle 过程，将相同单词的所有记录发送给同一个 Reducer 处理。

```
public static class InvertedIndexCombiner extends Reducer<Text, Text, Text, Text>
{
    Text info = new Text();                            //存储新的 value 值
    public void reduce(Text key, Iterable<Text> values,Context  contex)
                        throws IOException, InterruptedException
    {
        int sum = 0;                                   //统计词频
        for (Text value : values)
        {
            sum += Integer.parseInt(value.toString()); //迭代加
        }
        int splitIndex = key.toString().indexOf(":");
        info.set(key.toString().substring(splitIndex+1) +":"+ sum);
        //重新设置 value 值由（URI+:词频组成）
        key.set(key.toString().substring(0,splitIndex));
        //重新设置 key 值为单词
        contex.write(key, info);
    }
}
```

（3）编写 InvertedIndexReduce 类实现 reduce 函数。

Reduce 过程只需将相同 key 值的 value 值组合成倒排索引文件所需的格式即可。

```
public static class InvertedIndexReduce extends Reducer<Text, Text, Text, Text>
{
    private Text result = new Text();    //存储新的value值
    public void reduce(Text key, Iterable<Text> values,Context  contex)
                                throws IOException, InterruptedException
    {
        String fileList = new String();  //生成文档列表
        for (Text value : values)
        {
            fileList += value.toString()+";";
        }
        result.set(fileList);
        contex.write(key, result);
    }
}
```

（4）编写 InvertedIndex 类实现 main 函数。

```
public class InvertedIndex
{
    public static void main(String[] args)
        throws IOException, InterruptedException, ClassNotFoundException
    {
        Configuration conf = new Configuration();
        String[] ortherArgs = new GenericOptionsParser(conf,args).getRemainingArgs();
        //获取程序的输入参数
        if(ortherArgs.length!=2)
        //如果未获得两个输入参数，输出提示信息并结束程序
        {
        System.err.println("Usage: InvertedIndex <in> <out>");
        System.exit(2);
        }
        Job job =Job.getInstance(conf," InvertedIndex ");
        job.setJarByClass(InvertedIndex.class);
        job.setMapperClass(InvertedIndexMap.class);
        job.setMapOutputKeyClass(Text.class);
        job.setMapOutputValueClass(Text.class);
        job.setCombinerClass(InvertedIndexCombiner.class);
        job.setReducerClass(InvertedIndexReduce.class);
        job.setOutputKeyClass(Text.class);
        job.setOutputValueClass(Text.class);
        FileInputFormat.addInputPath(job,new Path(ortherArgs[0]));      //文件输入路径
        FileOutputFormat.setOutputPath(job,new Path(ortherArgs[1]));    //结果输出路径
        System.exit(job.waitForCompletion(true)? 0:1);
    }
}
```

6.6.5　测试结果

运行程序的步骤与【实例 6-1】相同，只有参数的配置与运行结果不同。运行过程可以参考实例 6-1 或 6.5.5 节。

（1）上传数据

将 6.6.2 节中准备的数据上传到 HDFS 中的/in/invertedindex 目录下。

（2）配置运行参数

将输入路径设置为 HDFS 上的/in/invertedindex 目录，输出路径为/out。如图 6-25 所示。

（3）运行程序

单击 Eclipse 的 Run 菜单命令以运行该程序。执行成功后，在左侧窗口的 DFS 中刷新后会出现新的文件目录 out。双击/out 目录下的输出文件 part-r-00000，可以在文件编辑区查看文件的具体内容。输出结果如图 6-26 所示。

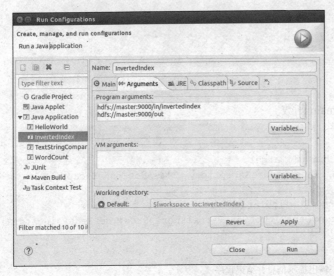

图 6-25 参数配置

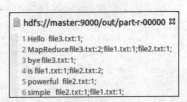

图 6-26 输出结果

6.7 习　　题

1. MapReduce 中 Java API 主要有哪些类？它们主要的功能是什么？

2. 描述 MapReduce API 编程的步骤。

3. 在 MapReduce API 编程时，得到 Job 实例之后可以设置哪些作业任务？

4. 进行 MapReduce 编程时，若需要进行 map 任务和 reduce 任务，则应定义类分别继承哪两个类？并重写什么函数？

5. 请描述 StringTokenizer 类的作用及其常用的方法。

6. Writable 接口中声明了哪两个方法？

7. Hadoop 中有哪些 Writable 类？

8. 简述输入分片。

9. 解释 TextInputFormat 与 KeyValueTextInputFormat 的区别。

10. 描述 map 任务、combine 任务、partition 任务、reduce 任务的作用。

6.8　实　　训

一、实训目的

1. 理解 MapReduce Java API 编程的思路与步骤。
2. 掌握使用 MapReduce Java API 编写程序的方法。

二、实训内容

本章列举了两个 MapReduce 编程的示例，展示了 MapReduce 编程的思路与步骤。请同学们参照示例完成以下实训内容。

【注意】将每个任务的最终运行效果截图并添加到 Word 文档中，使用自己的学号保存，然后连同程序源代码也一起压缩打包提交。

（1）数据去重

"数据去重"主要是为了掌握和利用并行化思想来对数据进行有意义的筛选。统计大数据集上的数据种类个数、从网站日志中计算访问地等这些看似复杂的任务都会涉及数据去重。下面给出样例输入与输出。

样例输入如下。

```
file1.txt
2016.9.1 map
2016.9.2 reduce
2016.9.3 yarn
2016.9.4 hadoop
2016.9.5 map
2016.9.6 reduce
2016.9.7 yarn
2016.9.3 yarn
file2.txt
2016.9.1 reduce
2016.9.2 map
2016.9.3 reduce
2016.9.4 hadoop
2016.9.5 map
2016.9.6 yarn
2016.9.7 hadoop
2016.9.3 yarn
```

样例输出如下。

```
2016.9.1 map
2016.9.1 reduce
2016.9.2 map
2016.9.2 reduce
2016.9.3 reduce
2016.9.3 yarn
2016.9.4 hadoop
2016.9.5 map
2016.9.6 reduce
2016.9.6 yarn
2016.9.7 yarn
2016.9.7 hadoop
```

（2）数据排序

"数据排序"是许多实际任务执行时要完成的第一项工作，比如学生成绩评比、数据建立索引等。这个实例和数据去重类似，都是先对原始数据进行初步处理，为进一步的数据操作打好基础。下面给出样例输入与输出。

样例输入如下。

```
file1.txt
5
46
789
46
17
793
file2.txt
24
89
6
65540
file3.txt
5466
24
678
96
```

样例输出如下。

```
1    5
2    6
3    17
4    24
5    24
6    46
7    46
8   .89
9    96
10   678
11   789
12   793
13   5466
14   65540
```

第7章
MapReduce 高级编程

本章目标:
- 理解如何自定义数据类型。
- 理解 RecordReader 与 RecordWriter。
- 掌握自定义输入。
- 掌握自定义输出。
- 理解如何自定义 Combiner 与 Partitioner。
- 理解组合式计算作业。
- 了解 MapReduce 的特性。

本章重点和难点:
- 自定义数据类型。
- 自定义输入/输出。
- 自定义 Combiner/Partitioner。

上一章学习了 MapReduce 的应用开发,了解了 MapReduce 开发的基本流程和最简单的实现。为了增强 MapReduce 的适应性,MapReduce 框架还提供了很多丰富而灵活的处理机制和 API,可以实现各种复杂的计算问题。本章将介绍 MapReduce 的高级编程以及它的一些重要特性。

7.1 自定义数据类型

通过 6.2.3 节的学习,我们知道 Hadoop 提供了很多内置的数据类型,常用的是 Java 基本类型的 Writable 封装,例如:

FloatWritable:浮点数。

IntWritable:整型数。

LongWritable:长整型数。

Text:使用 UTF-8 格式存储文本。

这些数据类型都实现了 WritableComparable 接口,可以进行网络的传输和文件存储,以及大小的比较。其中,WritableComparable 派生自 Writable 和 Comparable 接口。Writable 提供对象序列化和反序列化的支持。Comparable 则允许直接比较序列化之后的数据流,而无须反序列化操作。WritableComparable 接口的定义如下。

```
public interface WritableComparable<T>
{
    public void readFields(DataInput in);
    public void write(DataOutput out);
    public int compareTo(T other);
}
```

相较于 Writable 接口，WritableComparable 接口多了一个 compareTo()方法，用于实现数据的比较。

对于一般的应用计算，使用 Hadoop 内置的数据类型就足够了。但是当遇到复杂的计算且使用已有的数据类型显得非常麻烦的时候，就会影响程序的执行效率。MapReduce 框架提供了自定义数据类型的接口，让用户可以高效地处理一些特定的数据。

自定义数据类型可以实现两个接口：一个是 Writable 接口，需要实现其 write()和 readFields()方法，以便数据能被序列化后完成网络传输或文件输入/输出；另一个则是 WritableComparable 接口，需要实现 write()、readFields()、compareTo()方法，以便数据能用作 key 或比较大小。

当一个应用需要处理三维空间中的数据时，使用内置的数据类型就会比较麻烦，大家想到的处理方式可能是将 3 个坐标值进行字符串拼接，需要使用时再截取字符串转换成数值类型进行运算。如果使用自定义数据类型，可以将三维空间的坐标点 $P(x,y,z)$ 定义成一个数据类型 Point3D，那么在计算时就不用考虑如何去获取并存储数据了，从而可提高计算效率。自定义 Point3D 的方法如下。

```java
public class Point3D implement Writable
{
    public float x, y, z;                              //定义三维空间变量分别为 x,y,z
    public Point3D(float fx, float fy, float fz)       //带 3 个参数的构造函数
    {
        this.x = fx;
        this.y = fy;
        this.z = fz;
    }
    public Point3D()                                   //无参数构造函数
    {
        this(0.0f, 0.0f, 0.0f);
    }
    //重写 readFields()方法实现读取数据
    public void readFields(DataInput in) throws IOException
    {
        x = in.readFloat();
        y = in.readFloat();
        z = in.readFloat();
    }
    //重写 write()方法实现写入数据
    public void write(DataOutput out) throws IOException
    {
        out.writeFloat(x);
        out.writeFloat(y);
        out.writeFloat(z);
    }
    //定义 toString()方法将类型转换为字符串类型
    public String toString()
    {
```

```
        return Float.toString(x) + ", "+ Float.toString(y) + ", "+ Float.toString(z);
    }
}
```

上述代码中，定义了包含 3 个实例变量的数据类型 Point3D，同时重写了 write()和 readFields()
方法以实现 Point3D 类型数据的输入和输出。此外，还为 Point3D 类实现了构造函数和将实例变
量转换为字符串的方法。

若 Point3D 需要作为主键（key）使用，或者虽然作为一般数值，但需要在计算过程中比较数
值的大小时，则该数据类型要实现 WritableComparable 接口。因此，Point3D 类还需要实现
compareTo()方法。代码如下。

```
public class Point3D inplements WritableComparable
{
    public float x, y, z;
    public Point3D(float fx, float fy, float fz) {……}
    public Point3D() {……}
    public void readFields(DataInput in) throws IOException {……}
    public void write(DataOutput out) throws IOException {……}
    public String toString() {……}
    //计算点到原点的距离
    public float distanceFromOrigin()
    {
        return (float) Math.sqrt( x*x + y*y +z*z);
    }
    //重写 compareTo()方法实现比较
    public int compareTo(Point3D other)
    {
        return Float.compareTo(distanceFromOrigin(), other.distanceFromOrigin());
    }
}
```

上述代码中，Point3D 类实现了 WritableComparable 接口，在实现 Writable 接口代码的基础上
实现了 compareTo()方法，空间坐标点的大小比较是通过比较点到原点的距离来确定的，使用了
distanceFromOrigin()方法来计算距离值。

这样就自定义了一个 Point3D 的数据类型。如果输出时要使用该数据类型，应该明确地告诉
MapReduce 来使用它，即在 job 对象中使用 setOutputKeyClass()或 setOutputValueClass()进行设置。
例如，MapReduce 的输出结果中 key 的类型为 Text，value 的类型为 Point3D，则可做如下设置。

```
job. setOutputKeyClass(Text.class);
job. setOutputValueClass(Point3D.class);
```

默认条件下，这两个方法对 Map 和 Reduce 阶段的输出都能起到作用。当然也有只针对 Map
阶段输出的设置：setMapOutputKeyClass()和 setMapOutputValueClass()。

【实例 7-1】从给定的日志文件中统计手机流量。

（1）文件格式

原始数据是由如下所示的若干条数据组成的。

```
1363157985066     13726230503   00-FD-07-A4-72-B8:CMCC      120.196.100.82
i02.c.aliimg.com           24   27  2481 24681     200
1363157993044     18211575961   94-71-AC-CD-E6-18:CMCC-EASY     120.196.100.99
iface.qiyi.com     视频网站  15   12   1527 2106 200
```

数据格式及字段顺序如表 7-1 所示。

表 7-1 数据格式及字段顺序

序 号	字 段	字段类型	描 述
0	reportTime	long	记录日志时间戳
1	msisdn	String	手机号码
2	apmac	String	AP mac
3	acmac	String	AC mac
4	host	String	访问的网址
5	siteType	String	网址各类
6	upPackNum	long	上行数据包数，单位：个
7	downPackNum	long	下行数据包数，单位：个
8	upPayLoad	long	上行总流量，单位：byte
9	downPayLoad	long	下行总流量，单位：byte
10	httpStatus	String	HTTP Response 的状态

（2）需求分析

统计手机流量，即以手机号码为 key，分别计算同一个手机号码的 upPackNum、downPackNum、upPayLoad、downPayLoad 这 4 个字段的累加值。

要计算 4 个字段的累加值，就需要将 4 个字段一起作为 value 进行数据传递。若按照前一章的思路，我们需要进行字符串的拼接与截取，非常麻烦。因此，这里我们将自定义数据类型，用来封装 upPackNum、downPackNum、upPayLoad、downPayLoad 这 4 个字段的数据。

（3）代码编写

① 启动 Eclipse 并新建一个 Map/Reduce Project（如 TrafficStatistics）。

② 添加一个名为 TrafficWritable.java 的文件，实现自定义 TrafficWritable 数据类型。在该文件中输入以下代码。

```java
import java.io.DataInput;
import java.io.DataOutput;
import java.io.IOException;
import org.apache.hadoop.io.Writable;
public class TrafficWritable implements Writable
{
    long upPackNum, downPackNum,upPayLoad,downPayLoad;
    public TrafficWritable()                 //无参数构造函数
    {
        super();
    }
    public TrafficWritable(String upPackNum, String downPackNum, String upPayLoad,
            String downPayLoad)
    {
        super();
        //将传递进来的String值转换为Long类型
        this.upPackNum = Long.parseLong(upPackNum);
        this.downPackNum = Long.parseLong(downPackNum);
        this.upPayLoad = Long.parseLong(upPayLoad);
        this.downPayLoad = Long.parseLong(downPayLoad);
    }
    @Override
```

```
public void write(DataOutput out) throws IOException
{
    //序列化
    out.writeLong(upPackNum);
    out.writeLong(downPackNum);
    out.writeLong(upPayLoad);
    out.writeLong(downPayLoad);
}
@Override
public void readFields(DataInput in) throws IOException
{
    //反序列化
    this.upPackNum=in.readLong();
    this.downPackNum=in.readLong();
    this.upPayLoad=in.readLong();
    this.downPayLoad=in.readLong();
}
@Override
public String toString()
{
    return upPackNum + "\t"+ downPackNum + "\t" + upPayLoad + "\t"
            + downPayLoad;
}
}
```

上述代码中，自定义了一个数据类型 TrafficWritable，它实现了 Writable 接口。在 TrafficWritable 类型中有 4 个 Long 型的实例变量，用于提供相应的构造函数进行赋值。重写 write()和 readFields() 方法，使得数据可以进行序列化和反序列化。重写 toString()方法，使得 TrafficWritable 类型可以 按照字符串输出相应的值，否则将输出其内存的地址。

③ 添加一个名为 TrafficMapper.java 的文件，实现 map 函数。在该文件中输入以下代码。

```
import java.io.IOException;
import org.apache.hadoop.io. LongWritable;
import org.apache.hadoop.io.Text;
import org.apache.hadoop.mapreduce.Mapper;
public class TrafficMapper extends Mapper<LongWritable, Text, Text, TrafficWritable>
{
    public void map(LongWritable k1, Text v1, Context context)
                        throws IOException, InterruptedException
    {
        String[] splits = v1.toString().split("\t");  //按照制表符切割一行文本数据
        Text k2 = new Text(splits[1]);                //将手机号码作为 key
        //使用构造函数将 upPackNum、downPackNum、upPayLoad、downPayLoad 这 4 个字段的值赋给
TrafficWritable 类型对象 v2
        TrafficWritable v2 = new TrafficWritable(splits[6], splits[7], splits[8],
splits[9]);
        context.write(k2, v2);                        //将数据写入 map 上下文
    }
}
```

上述代码中，接收使用默认的 TextInputFormat 类进行读取的数据。原始输入的 value 即 v1，是日志文件中的一行。得到数据后，通过 String 类型的 split()方法将文本行转换为字符数组。通过对日志文件格式的分析知道，第 2 个字段为手机号码，因此获得 splits[1]（数组下标从 0 开始）

中的数据并作为 map 输出的 key。另外，splits[6]、splits[7]、splits[8]、splits[9]分别对应 upPackNum、downPackNum、upPayLoad、downPayLoad，因此将它们写入 TrafficWritable，并作为 map 输出的 value。

④ 添加一个名为 TrafficReducer.java 的文件，实现 reduce 函数。在该文件中输入以下代码。

```java
import java.io.IOException;
import org.apache.hadoop.io.Text;
import org.apache.hadoop.mapreduce.Reducer;
public class TrafficReducer extends Reducer<Text, TrafficWritable, Text, TrafficWritable>
{
    public void reduce(Text k2, Iterable<TrafficWritable> v2s, Context context)
                                throws IOException, InterruptedException
    {
        long upPackNum=0L, downPackNum=0L,upPayLoad=0L,downPayLoad=0L;
        for(TrafficWritable traffic: v2s)     //使用迭代器累计求和
        {
            upPackNum += traffic.upPackNum;
            downPackNum += traffic.downPackNum;
            upPayLoad += traffic.upPayLoad;
            downPayLoad += traffic.downPayLoad;
        }
        context.write(k2,new  TrafficWritable(upPackNum+"",downPackNum+"",upPayLoad+
"",downPayLoad+""));
    }
}
```

上述代码中，获得了同一个手机号码（key）的 TrafficWritable 类型的列表。使用迭代器对列表中每一个 TrafficWritable 对象中的值进行累计求和，以获得相应的流量总值。

⑤ 添加一个名为 TrafficStatistics.java 的文件，实现 main 函数，创建 job 对象并进行配置。在该文件中输入以下代码。

```java
import org.apache.hadoop.conf.Configuration;
import org.apache.hadoop.fs.Path;
import org.apache.hadoop.io.Text;
import org.apache.hadoop.mapreduce.Job;
import org.apache.hadoop.mapreduce.lib.input.FileInputFormat;
import org.apache.hadoop.mapreduce.lib.output.FileOutputFormat;
import org.apache.hadoop.util.GenericOptionsParser;
public class TrafficStatistics
{
    public static void main(String[] args) throws Throwable
    {
    Configuration conf = new Configuration();
    String[] ortherArgs = new GenericOptionsParser(conf,args).getRemainingArgs();
    //获取程序的输入参数
    if(ortherArgs.length!=2)             //如果未获得两个输入参数，输出提示信息并结束程序
    {
        System.err.println("Usage: TrafficStatistics <in> <out>");
        System.exit(2);
    }
    Job job =Job.getInstance(conf," TrafficStatisticst");
    job.setMapperClass(TrafficMapper.class);
    job.setReducerClass(TrafficReducer.class);
    job.setOutputKeyClass(Text.class);
    job.setOutputValueClass(TrafficWritable.class);
```

```
FileInputFormat.addInputPath(job,new Path(ortherArgs[0]));
FileOutputFormat.setOutputPath(job,new Path(ortherArgs[1]));
System.exit(job.waitForCompletion(true)? 0:1);
}
```

主类的格式与前面的例子相似。通过配置信息获得 job 对象，使用 job 对象设置 Mapper、
Reducer 类，设置输出 key、value 的类型，设置输入输出
路径。最后提交作业并等待执行完成。

⑥ 准 备 需 要 处 理 的 数 据。在 本 地 创 建 一 个
TrafficTest.txt 文件，按照前面提供的文件格式写入一定量
的数据。将 TrafficTest.txt 上传至 HDFS 上的/TrafficInput
目录下，并将/TrafficInput 目录作为程序的输入路径。输出
路径为 HDFS 上的/TrafficOutput。按照前面例子的方法，
在 Eclipse 中设置好输入输出路径参数。

⑦ 运行。单击 Eclipse 的 Run 菜单命令以运行该程序。
执行成功后，在 HDFS 的根目录下会生成新的文件目录
TrafficOutput，里面包含了输出结果文件。打开文件可查看
输出结果。如图 7-1 所示。

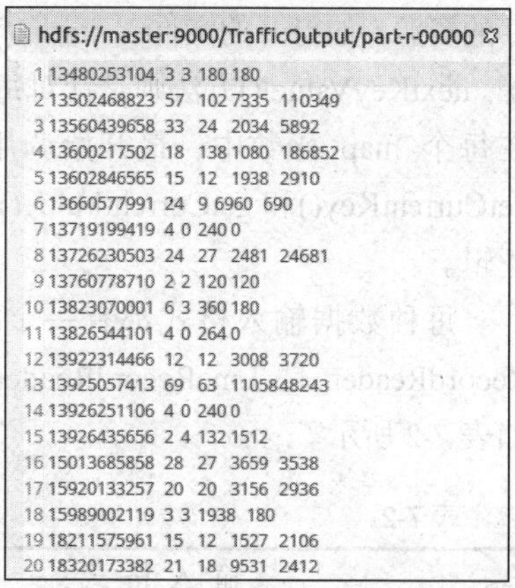

```
hdfs://master:9000/TrafficOutput/part-r-00000

1  13480253104  3  3  180 180
2  13502468823  57  102 7335  110349
3  13560439658  33  24  2034  5892
4  13600217502  18  138 1080  186852
5  13602846565  15  12  1938  2910
6  13660577991  24  9  6960  690
7  13719199419  4  0  240 0
8  13726230503  24  27  2481  24681
9  13760778710  2  2  120 120
10 13823070001  6  3  360 180
11 13826544101  4  0  264 0
12 13922314466  12  12  3008  3720
13 13925057413  69  63  1105848243
14 13926251106  4  0  240 0
15 13926435656  2  4  132 1512
16 15013685858  28  27  3659  3538
17 15920133257  20  20  3156  2936
18 15989002119  3  3  1938  180
19 18211575961  15  12  1527  2106
20 18320173382  21  18  9531  2412
```

图 7-1　TrafficStatistics 输出文件

7.2　自定义输入/输出

7.2.1　RecordReader 与 RecordWriter

1. RecordReader

在前一章讲过处理 MapReduce 的输入数据的类 InputFormat。InputFormat 类提供 3 个功能：
检查作业的输入是否规范；把输入文件切分成 InputSplit；提供 RecordReader 的实现，把 InputSplit
读到 Mapper 中进行处理。

InputFormat 类是抽象类，具体进行数据处理的类还是继承它的子类。Hadoop 中，
TextInputFormat 是系统默认的数据输入格式。它读入一行时，所产生的 key 是当前行在整个文本
文件中的字节偏移量，而 value 是该行的内容。TextInputFormat 之所以能完成这种形式的 key-value
键值对的拆分，就是因为实现了 RecordReader。

对于每一种数据输入格式，都需要有一个对应的 RecordReader。RecordReader 主要用于将一
个文件中的数据记录拆分成具体的 key-value 键值对，并传送给 map 节点作为输入数据。
RecordReader 的定义代码如下（已省略抛出异常的代码）。

```
public abstract class RecordReader<KEYIN, VALUEIN> implements Closeable
{
    //由一个 InputSplit 初始化
    public abstract void initialize(InputSplit split, TaskAttemptContext context)
    //读取分片中的下一个 key-value 键值对
    public abstract boolean nextKeyValue();
    //获取当前 key 的值
    public abstract KEYIN getCurrentKey();
    //获取当前 value 的值
```

```
        public abstract VALUEIN getCurrentValue();
        //跟踪读取分片的进度
        public abstract float getProgress();
        public abstract void close();
}
```

RecordReader 实现了 Closeable 接口，可以关闭数据源或目标，调用 close()方法可释放对象保存的资源（如打开的文件）。initial()方法主要用于初始化，包括打开和读取文件，定义读取的进度等。nextKeyValuel()方法则是针对每行数据，产生对应的 key 和 value，如果没有报错，则返回 true。在每个 map 函数中，最开始调用的都是 nextKeyValue()方法，当它返回 true 时，就会调用 getCurrentKey()和 getCurrentValue()获取当前的 key 值和 value 值。然后，返回 map，继续执行 map 逻辑。

每种数据输入格式都有一个默认的 RecordReader。前面提到的 TextInputFormat 的默认 RecordReader 是 LineRecordReader。Hadoop 自带的数据输入格式和与之相对应的 RecordReader 如表 7-2 所示。

表 7-2　　　　　　　　　　　　　　　　　　输入格式与 RecordReader

输　入　格　式	RecordReader
TextInputFormat	LineRecordReader
KeyValueTextInputFormat	KeyValueLineRecordReader
SequenceFileInputFormat	SequenceFileRecordReader
SequenceFileAsTextInputFormat	SequenceFileAsTextRecordReader
CombineFileInputFormat	CombineFileRecordReader
DBInputFormat	DBRecordReader

为了更好地理解 RecordReader 的功能，下面来看一下 Hadoop 中默认使用的 LineRecordReader 的源代码。

```
public class LineRecordReader extends RecordReader<LongWritable, Text>
{
    private CompressionCodecFactory compressionCodecs = null;        //处理压缩的文件
    private long start;                    //FileSplit 的起始位置
    private long pos;                      //当前读取分片的位置
    private long end;                      //分片结束位置
    private LineReader in;                 //行读取器
    private int maxLineLength;             //最大行长度
    private LongWritable key = null;       //每次读取的 key
    private Text value = null;             //每次读取的 value
    // initialize 方法是对 LineRecordReader 的一个初始化。它主要用于计算分片的始末位置，打开输
入流以供读取 key-value 键值对，处理分片经过压缩的情况等
    public void initialize(InputSplit genericSplit, TaskAttemptContext context)
                    throws IOException
    {
        FileSplit split = (FileSplit) genericSplit;
        Configuration job = context.getConfiguration();
        this.maxLineLength = job.getInt("mapred.linerecordreader.maxlength",
                            Integer.MAX_VALUE);
        start = split.getStart();
        end = start + split.getLength();
```

```
    final Path file = split.getPath();
    compressionCodecs = new CompressionCodecFactory(job);
    final CompressionCodec codec = compressionCodecs.getCodec(file);
    // 打开文件，并定位到分片读取的起始位置
    FileSystem fs = file.getFileSystem(job);
    FSDataInputStream fileIn = fs.open(split.getPath());
    boolean skipFirstLine = false;
    if (codec != null)
    {
        // 文件是压缩文件的话，直接打开文件
        in = new LineReader(codec.createInputStream(fileIn), job);
        end = Long.MAX_VALUE;
    }
    else
    {
        if (start != 0)
        {
            skipFirstLine = true;
            --start;
            // 定位到偏移位置，下次读取就会从偏移位置开始
            fileIn.seek(start);
        }
        in = new LineReader(fileIn, job);
    }
    if (skipFirstLine)
    {
        //重新定位 start
        start += in.readLine(new Text(), 0,
                        (int) Math.min((long) Integer.MAX_VALUE, end - start));
    }
    this.pos = start;
}
public boolean nextKeyValue() throws IOException
{
    if (key == null)
        key = new LongWritable();
    key.set(pos);                        // key 即为偏移量
    if (value == null)
        value = new Text();
    int newSize = 0;
    while (pos < end)
    {
        newSize = in.readLine(value, maxLineLength,
                        Math.max((int) Math.min(Integer.MAX_VALUE, end - pos),
                                    maxLineLength));
        // 读取的数据长度为 0，则说明已读完
        if (newSize == 0)
        {
            break;
        }
        pos += newSize;
        // 读取的数据长度小于最大行长度，也说明已读取完毕
        if (newSize < maxLineLength)
        {
```

```
            break;
        }
        // 执行到此处，说明该行数据没读完，继续读入
    }
    if (newSize == 0)
    {
        key = null;
        value = null;
        return false;
    }
    else
    {
        return true;
    }
}
@Override
public LongWritable getCurrentKey()
{
    return key;
}
@Override
public Text getCurrentValue()
{
    return value;
}
public float getProgress()
{
    if (start == end)
        return 0.0f;
    else
        //读取进度是已读取的 InputSplit 大小与总的 InputSplit 大小的比值
        return Math.min(1.0f, (pos - start) / (float)(end - start));
}
public synchronized void close() throws IOException
{
    if (in != null)
        in.close();

}
}
```

上述代码中，initialize()方法通过传入的参数 InputSplit 初始化一个 LineRecordReader。在读取每一行数据的时候，都会执行 nextKeyValue()方法，返回为 true（有数据）的时候，就会再调用 getCurrentKey 和 getCurrentValue 方法获取 key 和 value 的值。getProgress()方法用来跟踪读取分片的进度，这个方法按照已经读取的 key-value 键值对占总 key-value 键值对的比例来显示进度。

2. RecordWriter

OutputFormat 类用于描述 MapReduce 作业的数据输出规范。在 Hadoop 中，提供了很多内置的输出格式。TextOutputFormat 是系统默认的数据输出格式，它可以将计算结果以 "key+\t+value" 的形式逐行输出到文本文件中。

与输入格式中的 RecordReader 类似，每一种数据输出格式也需要有一个对应的 RecordWriter。RecordWriter 主要用于将作业输出结果按照格式写到文件中。RecordWriter 的定义如下（已省略抛出异常的代码）。

```
public abstract class RecordWriter<K, V>
{
    public abstract void write(K key, V value);
    public abstract void close(TaskAttemptContext context);
}
```

RecordWriter 比较简单，只有两个方法：一个是 write()方法，用于将 key-value 键值对写入流；另一个则是 close()方法，关闭 RecordWriter 不能对其进行操作。

每种数据输出格式都有一个默认的 RecordWriter。TextOutputFormat 的默认 RecordWriter 是 LineRecordWriter。LineRecordWriter 的定义如下。

```
public class LineRecordWriter<K, V> extends RecordWriter<K, V>
{
    private static final String utf8 = "UTF-8";              //UTF-8 编码格式输出数据
    private static final byte[] newline;                     //定义换行符
    static {
        try {
            newline = "\n".getBytes(utf8);
        }
        catch (UnsupportedEncodingException uee) {
            throw new IllegalArgumentException("can't find " + utf8 + " encoding");
        }
    }
    protected DataOutputStream out;                          //数据输出流
    private final byte[] keyValueSeparator;                  //key-value 分隔符
    //初始化 LineRecordWriter，并指定输出流和 key-value 分隔符
    public LineRecordWriter(DataOutputStream out, String keyValueSeparator)
    {
        this.out = out;
        try {
            this.keyValueSeparator = keyValueSeparator.getBytes(utf8);
        }
        catch (UnsupportedEncodingException uee) {
            throw new IllegalArgumentException("can't find " + utf8 + " encoding");
        }
    }
    public LineRecordWriter(DataOutputStream out)
    {
        this(out, "\t");                                    //默认使用\t 作为 key-value 分隔符
    }
    //输出对象
    private void writeObject(Object o) throws IOException
    {
        if (o instanceof Text)
        {
            Text to = (Text) o;
            out.write(to.getBytes(), 0, to.getLength());
        }
        else
        {
            out.write(o.toString().getBytes(utf8));
        }
    }
    @Override
```

```
public synchronized void write(K key, V value) throws IOException
{
    boolean nullKey = key == null || key instanceof NullWritable;
    boolean nullValue = value == null || value instanceof NullWritable;
    //key和value都为空则直接返回
    if (nullKey && nullValue) {
        return;
    }
    if (!nullKey) {
        writeObject(key);                      //写key
    }
    if (!(nullKey || nullValue)) {
        out.write(keyValueSeparator);          //写分隔符
    }
    if (!nullValue) {
        writeObject(value);                    //写value
    }
    out.write(newline);                        //换行
}
public synchronized void write(Integer num) throws IOException
{
    if (num == null)
    {
        writeObject(null);
    }
    else
    {
        writeObject(num);
    }
}
@Override
public synchronized void close(TaskAttemptContext context) throws IOException
{
    out.close();
}
}
```

LineRecordWriter 继承自 RecordWriter。LineRecordWriter 使用构造函数来初始化输出流和行分隔符，然后实现将 key-value 键值对写入输出流的方法。

7.2.2　自定义输入

虽然 Hadoop 提供了很多内置的数据输入格式和 RecordReader，但在一些特定情况下可能仍然无法满足用户的需求，这种情况下用户就需要定制自己的数据输入格式和 RecordReader 了。自定义输入格式的步骤如下。

（1）定义一个继承自 InputFormat 的类，一般继承 FileInputFormat 类即可。

（2）实现其 createRecordReader()方法，返回一个 RecordReader。

（3）自定义一个继承 RecordReader 的类，实现其 initialize()、getCurrentKey()、getCurrentValue()方法，选择性实现 nextKeyValue()。

【注意】当内置数据输入格式不能满足需求的时候，我们要自定义输入格式。但是当内置数据输入格式能实现却比较复杂时，我们同样可以考虑使用自定义输入格式来简化操作。也可以说，当自定义输入格式能简化 Map 和 Reduce 的操作时，可以考虑自定义输入格式。

下面以"倒排索引"为例，介绍简单的自定义输入格式。

这里的倒排索引与上一章的示例略有不同，它是一个简单的不考虑词频的倒排索引。为了更详细地记录每个单词出现在文本中的位置信息，在记录每个单词出现的路径（这里只取文件名）的同时，还要记录单词在文本中出现时的行位置信息。如果文件名为 file1.txt，而单词在文本中出现的行位置信息为 12（这是单词所在行在文本中的偏移量），那么在这个倒排索引中完整的单词信息应该记为 file.txt@12。按照这样的需求，我们可以使用默认的 TextInputFormat 和相应的 LineRecordReader 来完成。代码如下。

```java
public class InvertedIndexMap extends Mapper<Object, Text, Text, Text>
{
    private Text word = new Text();           //存储单词
    private Text info = new Text();           //存储文件名和行位置信息
    private FileSplit split;                  //存储Split对象
    public void map(Object key, Text value,Context context)
                            throws IOException, InterruptedException
    {
        //获取<key value>对所属的FileSplit对象
        split = (FileSplit) context.getInputSplit();
        String fileName = split.getPath().getName().toString();
        info.set(filename+"@"+key.toString());
        //将value转换为String后，创建一个StringTokenizer对象进行解析
        StringTokenizer stk = new StringTokenizer(value.toString());
        while (stk.hasMoreElements())           //判断是否还有分隔符（有的话代表还有单词）
        {
            word.set(stk.nextToken());
            context.write(word, info);
        }
    }
}
```

上述代码中，使用了默认的 TextInputFormat 和 LineRecordReader，可以很容易地得到行偏移量。同样，使用 getInputSplit()方法得到分片信息后，用 getPath().getName().toString()得到文件名，再用"@"连接起来就得到了新的 value 值。不知读者是否发现，上面的代码与上一章倒排索引示例中的 Map 类很相似？它们都是在 map 方法中进行字符串的拼接。

如若不想在 map 方法中进行拼接，那么我们可以自定义一个数据输入格式 NameLocInputFormat 和 NameLocRecordReader，让它们直接产生 file.txt@12 格式的值。代码如下。

```java
public class NameLocInputFormat extends FileInputFormat<Text, Text>
{
    public RecordReader<Text, Text>
            createRecordReader(InputSplit split,TaskAttemptContext context)
                                throws IOException,InterruptedException
    {
        NameLocRecordReader nlrr = new NameLocRecordReader();
        nlrr.initialize(split,context);
        return nlrr;
    }
}
```

上述代码中，NameLocInputFormat 类继承了 FileInputFormat 类。这里主要是重写了 create RecordReader()方法，该方法创建了一个自定义的 NameLocRecordReader 对象，并调用它的

initialize()方法完成初始化，最后返回该对象作为新的 RecordReader。

```
public class NameLocRecordReader extends RecordReader<Text, Text>
{
    String fileName;
    LineRecordReader lrr = new LineRecordReader();
    ……
    @Override
    public void initialize(InputSplit genericSplit, TaskAttemptContext context)
                throws IOException,InterruptedException
    {
        lrr.initialize(genericSplit, context);
        filename = ((FileSplit)genericSplit).getPath.getName();
    }
    @Override
    public Text getCurrentKey() throws IOException,InterruptedException

    {
        return new Text("("+filename+"@"+lrr.getCurrentKey()+")");
    }
    @Override
    public Text getCurrentValue() throws IOException,InterruptedException
    {
        return lrr.getCurrentValue();
    }
}
```

上述代码中，NameLocRecordReader 在内部创建了一个 LineRecordReader 对象。Name LocRecordReader 在初始化方法 initialize()中，调用了 LineRecordReader 对象的初始化方法，并获取了当前文本的文件名。在 getCurrentKey()方法中将获取到的文件名 fileName 与原有的 LineRecordReader 读取的 key 值（即行偏移量）拼接起来，就形成了新的 key。在 getCurrentValue() 中则直接获取 LineRecordReader 原有的 value 值。

如果使用上面创建的 NameLocInputFormat 类来读取数据，那么前面的 Map 类则要做好如下修改。

```
public class InvertedIndexMap extends Mapper<Object, Text, Text, Text>
{
    private Text word = new Text();        //存储单词
    public void map(Object key, Text value,Context context)
                        throws IOException, InterruptedException
    {
        //将 value 转换为 String 后，创建一个 StringTokenizer 对象进行解析
        StringTokenizer stk = new StringTokenizer(value.toString());
        while (stk.hasMoreElements())        //判断是否还有分隔符（有的话代表还有单词）
        {
            word.set(stk.nextToken());
            context.write(word, key);
        }
    }
}
```

可以看出，map 方法的实现要简单很多。它只进行了单词的提取，对 key 没有做任何操作。

此外，要使用上面创建的 NameLocInputFormat 类来读取数据，则必须要在作业配置中显式地将 InputFormatClass 设置为 NameLocInputFormat。设置如下。

```
job.setInputFormatClass(NameLocInputFormat.class);
```

有的读者可能会认为使用自定义的输入格式似乎比原来的方法要复杂很多。当然，从实现代价的角度来看完全不需要这样做，这里仅仅是为了演示如何简单地自定义输入格式。从可移植性的角度来看，自定义输入格式在一定程度上是有必要的。

针对上面的例子，如果在记录每个单词出现的路径的同时，还要记录单词在文本中出现时的行号而不是偏移量，该怎么处理？此时，只能使用自定义输入格式。首先，自定义 RecordReader，读取分片的行号。代码如下。

```
public class NameLineNumRecordReader extends RecordReader<Text, Text>
{
    private long start;                         //FileSplit 的起始位置
    private long end;                           //分片的结束位置
    private long pos;                           //当前读取分片的位置
    private FSDataInputStream fin = null;       //输入流
    private LongWritable key = null;
    private Text value = null;
    private LineReader reader = null;           //行读取器
    private String fileName;
    @Override
    public void initialize(InputSplit inputSplit, TaskAttemptContext context)
                            throws IOException, InterruptedException
    {
        FileSplit fileSplit = (FileSplit)inputSplit;
        filename=fileSplit.getPath.getName();
        start = fileSplit.getStart();
        end = start + fileSplit.getLength();
        Configuration conf = context.getConfiguration();
        Path path = fileSplit.getPath();
        FileSystem fs = path.getFileSystem(conf);
        fin = fs.open(path);
        fin.seek(start);
        reader = new LineReader(fin);
        pos = 1;
    }
    @Override
    public boolean nextKeyValue() throws IOException, InterruptedException
    {
        if(key == null)
            key = new LongWritable();
        key.set(pos);
        if(value == null)
            value = new Text();
        if(reader.readLine(value) == 0)
            return false;
        pos++;
        return true;
    }
    @Override
    public void close() throws IOException
    {
        fin.close();
    }
    @Override
```

```
        public LongWritable getCurrentKey() throws IOException,InterruptedException
        {
            return new Text("("+filename+"@"+key+")");
        }
        @Override
        public Text getCurrentValue() throws IOException, InterruptedException
        {
            return value;
        }
        @Override
        public float getProgress() throws IOException, InterruptedException
        {
            return .0;
        }
    }
```

从上述代码中可以看出，NameLineNumRecordReader 的内容类似 LineRecordReader，似乎比 LineRecordReader 还要简单。确实，因为在 NameLineNumRecordReader 中只记录行数，每次自增 1 即可，而 LineRecordReader 还需要计算每行的字符数量。在 nextKeyValue()方法中将行号赋给 key，一行文本的内容赋给 value。getCurrentKey()方法对 key 进行字符串的拼接，从而得到想要的 "文件名@行号"格式的 key。getCurrentValue()方法则直接返回 value 值。

接着，还需要重写自定义的 InputFormat 类，让其返回 NameLineNumRecordReader，代码如下。

```
public class NameLineNumInputFormat extends FileInputFormat<Text, Text>
{
    public RecordReader<Text, Text>
            createRecordReader(InputSplit split,TaskAttemptContext context)
                                    throws IOException,InterruptedException
    {
        NameLineNumRecordReader nlnrr = new NameLineNumRecordReader ();
        nlnrr.initialize(split,context);
        return nlnrr;
    }
}
```

这里直接创建了一个 NameLineNumRecordReader 对象，初始化后返回。

对于 Map 类，则不需要修改。但是要使用 NameLineNumInputFormat 类读取数据时，则需要修改作业配置中的 InputFormatClass。设置如下。

```
job.setInputFormatClass(NameLineNumInputFormat.class);
```

7.2.3　自定义输出

与数据输入格式类似，用户可以根据应用程序的需要自定义数据输出格式与 RecordWriter。自定义输出格式和 RecordWriter 比自定义输入格式要容易实现一些。自定义输出格式的步骤如下。

（1）定义一个继承自 OutputFormat 的类，一般继承 FileOutputFormat 类即可。

（2）实现其 getRecordWriter()方法，返回一个 RecordWriter。

（3）自定义一个继承 RecordWriter 的类，实现其 writer()方法，针对每个 key-value 键值对写入文件数据。

下面以修改文件默认的输出文件名和默认的 key-vlaue 分隔符为例，介绍简单的自定义输出格式。

　　通过前面的示例，读者应该知道默认的输出文件名为 part-r-00000，这里我们将把文件名改为 custom_00000。key-value 键值对输出的默认格式为 "key \t value"，这里将改为 "key, value"。需要注意的是，自定义输出格式需要继承 FileOutputFormat 类，同时要传入两个参数，代表输出的 key 和 value 的数据类型，此类型必须与 reduce 函数的输出类型相同。因此，这里在上一章的实例 6-1 的单词计数的代码上进行修改以完成自定义输出。

　　首先，创建一个自定义的 CustomOutputFormat 类，代码如下。

```
public class CustomOutputFormat extends FileOutputFormat<Text, IntWritable>
{
    private String prefix = "custom_";
    @Override
    public RecordWriter<Text, IntWritable> getRecordWriter(TaskAttemptContext job)
                    throws IOException, InterruptedException
    {
        //获取作业的输出路径
        Path outputDir = FileOutputFormat.getOutputPath(job);
        //获取 reduce 任务的 ID
        String subfix = job.getTaskAttemptID().getTaskID().toString();
        //构造新路径（包含文件名）
        Path path = new Path
         (outputDir.toString()+"/"+prefix+subfix.substring(subfix.length()-5, subfix.
length())));
        //打开新的输出流
        FSDataOutputStream fileOut = path.getFileSystem(job.getConfiguration()).create
(path);
        return new CustomRecordWriter(fileOut);
    }
}
```

　　CustomOutputFormat 类继承了 FileOutputFormat 类，传入的 key 的类型为 Text，value 的类型为 IntWritable。同时，重写了 getRecordWriter()方法，在其中重新构造了新的输出文件名称，并返回了一个自定义的 CustomRecordWriter。

　　接着，创建一个自定义的 CustomRecordWriter 类，代码如下。

```
public class CustomRecordWriter extends RecordWriter<Text, IntWritable>
{
    private PrintWriter out;                 //定义一个打印格式化对象，表示到文本的输出流
    private String separator =",";           //定义要使用的分隔符
    public CustomRecordWriter(FSDataOutputStream fileOut)
    {
        out = new PrintWriter(fileOut);
    }
    @Override
    public void write(Text key, IntWritable value)
                    throws IOException, InterruptedException
    {
        out.println(key.toString()+separator+value.toString());
    }
    @Override
    public void close(TaskAttemptContext context)
                    throws IOException, InterruptedException
    {
        out.close();
```

```
        }
    }
```

　　CustomRecordWriter 类继承 RecordWriter 类，将要输出的 key 的类型为 Text，value 的类型为 IntWritable。CustomRecordWriter 类在这里的主要功能就是实现使用 "，" 对 key-value 键值对进行分隔，并将其写入文件。

　　对于实例 6-1 单词计数这个例子来说，这里只修改了它输出的文件名和 key-value 键值对的分隔符，其他并没有任何变化。如果要对上述代码进行验证，需要以下 5 个步骤。

　　（1）打开 WordCount 项目。

　　（2）在项目中添加新类 CustomOutputFormat 和 CustomRecordWriter，并将上述代码写入相应类中。

　　（3）在项目的主类 WordCount 中添加设置 OutputForamt 类的代码。

```
job.setOutputFormatClass(CustomOutputFormat.class);
```

　　（4）在配置信息窗口修改输出路径为 hdfs://master:9000/output1。（运行程序前必须保证输出路径不存在，在前面的 WordCount 项目中 output 目录已经存在，并保存了输出结果）

　　（5）运行程序。程序执行成功后，在 output1 目录下会出现输出文件，名称为 custom_00000。查看该文件，得到 "key,value" 格式的输出。如图 7-2 所示。

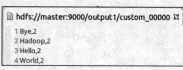

图 7-2　WordCount 输出文件

7.3　自定义 Combiner/Partitioner

7.3.1　自定义 Combiner

　　用户可以根据需要自定义 Combiner，以减少 map 阶段输出中间结果的数据量，降低数据的网络传输开销。自定义 Combiner 的步骤如下。

　　（1）定义一个继承自 Reducer 的类。

　　（2）实现其 reduce() 方法。

　　（3）通过 job.setCombinerClass() 来设置自定义的 Combiner。

　　这里继承的类与前面不同，不是继承 Combiner 类，而是继承 Reducer 类。因为 Combiner 在本质上就是一个 Reducer，只是它运行在 Map 任务端。

　　细心的读者应该发现在第 6 章中已经使用过 Combiner，并且出现过两次。一次是在实例 6-1 单词计数中，一次是在 6.6 节倒排索引的例子中。

　　在单词计数的例子中，并没有出现 Combiner 类的定义，只是在主类中进行设置，代码如下。

```
job.setCombinerClass(MyReducer.class);
```

　　设置的 Combiner 类其实是 Reducer 类，相当于在 Map 端执行与 Reduce 端同样的归约操作。

　　在倒排索引的例子中，则进行了自定义 Combiner 类的编写，使之完成了与程序中 Reducer 类不同的功能。读者可以到 6.6 节查看 Combiner 类的具体代码。

　　为了读者更加清晰地理解 Combiner 的工作原理，这里再次以实例 6-1 单词计数为例（数据只使用 file1.txt 进行测试），展示使用 Combiner 与不使用 Combiner 的不同之处。

（1）改写 Mapper 类中的 map 方法。（改写的地方字体加粗）

```
public class MyMapper extends Mapper<Object,Text,Text,IntWritable>
{
    private final IntWritable one = new IntWritable(1);
    private Text word = new Text();
    public void map(Object key,Text value,Context context)
                            throws IOException,InterruptedException
    {
        StringTokenizer stk = new StringTokenizer(value.toString());
        while(stk.hasMoreTokens())
        {
            word.set(stk.nextToken());
            context.write(word,one);
            //为了显示效果而输出 Mapper 的输出键值对信息
            System.out.println("Mapper 输出<" + word.toString() + "," + one.get() + ">");
        }
    }
}
```

（2）改写 Reducer 类的 reduce 方法。（改写的地方字体加粗）

```
public class MyReducer extends Reducer<Text,IntWritable,Text,IntWritable>
{
    private IntWritable result = new IntWritable();
    public void reduce(Text key, Iterable<IntWritable> values,Context context)
        throws IOException,InterruptedException
        {
            // 显示次数表示 redcue 函数被调用了多少次，表示 key 有多少个分组
            System.out.println("Reducer 输入分组<" + key.toString() + ",N(N>=1)>");
            int sum=0;
            for(IntWritable val:values)
            {
                sum+=val.get();
                // 显示次数表示输入的 key-value 键值对的数量
                System.out.println("Reducer 输入键值对<" + key.toString() + ","
                + value.get() + ">");
            }
            result.set(sum);
            context.write(key,result);
        }
}
```

（3）添加 MyCombiner 类，重写 reduce 方法。

```
public static class MyCombiner extends Reducer<Text, IntWritable, Text, IntWritable>
{
    public void reduce(Text key, Iterable<IntWritable> values,Context context)
                        throws IOException,InterruptedException
    {
    //显示次数表示 reduce 函数被调用了多少次，表示 key 有多少个分组
    System.out.println("Combiner 输入分组<" + key.toString() + ",N(N>=1)>");
    int sum=0;
    for(IntWritable val:values)
    {
        sum+=val.get();
        // 显示次数表示输入的 key-value 键值对的数量
```

```
        System.out.println("Combiner 输入键值对<" + key.toString() + ","
            + value.get() + ">");
    }
    result.set(sum);
    context.write(key,result);
    // 显示次数表示输出的 key-value 键值对的数量
    System.out.println("Combiner 输出键值对<" + key.toString() + "," + sum+ ">");
    };
}
```

（4）修改主类中设置 Combiner 的代码。

```
job.setCombinerClass(MyCombiner.class);
```

（5）调试运行，查看控制台输出的信息。

① Mapper。

```
Mapper 输出<Hello,1>
Mapper 输出<World,1>
Mapper 输出<Bye,1>
Mapper 输出<World,1>
```

② Combiner。

```
Combiner 输入分组<Bye,N(N>=1)>
Combiner 输入键值对<Bye,1>
Combiner 输出键值对<Bye,1>
Combiner 输入分组<Hello,N(N>=1)>
Combiner 输入键值对<Hello,1>
Combiner 输出键值对<Hello,1>
Combiner 输入分组<World,N(N>=1)>
Combiner 输入键值对<World,1>
Combiner 输入键值对<World,1>
Combiner 输出键值对<World,2>
```

可以看出，在 Combiner 中进行了一次本地的 reduce 操作，从而简化了远程 Reduce 节点的归约压力。

③ Reducer。

```
Reducer 输入分组<Bye,N(N>=1)>
Reducer 输入键值对<Bye,1>
Reducer 输入分组 Hello,N(N>=1)>
Reducer 输入键值对<Hello,1>
Reducer 输入分组<World,N(N>=1)>
Reducer 输入键值对<World,2>
```

可以看出，在对 World 的归约上，reduce 只进行了一次操作就完成了。

（6）接下来，对比作业没有设置 Combiner 类（即在代码中删除 job.setCombinerClass(MyCombiner.class); ）时控制台的输出情况。

① Mapper。

```
Mapper 输出<Hello,1>
Mapper 输出<World,1>
Mapper 输出<Bye,1>
Mapper 输出<World,1>
```

② Reducer。

```
Reducer 输入分组<Bye,N(N>=1)>
Reducer 输入键值对<Bye,1>
Reducer 输入分组 Hello,N(N>=1)>
Reducer 输入键值对<Hello,1>
Reducer 输入分组<World,N(N>=1)>
Reducer 输入键值对<World,1>
Reducer 输入键值对<World,1>
```

可以看出，在没有采用 Combiner 时，会有两次 World 的输入键值对，即 World 都是由 Reducer 节点进行统一归约的。

通过上面的对比可知，Combiner 只是把两个相同的 World 进行归约，因此输入给 reduce 节点时就变成了<World,2>。在实际的 MapReduce 操作中，加上 combine 操作，每台主机将会在 reduce 之前进行一次对本机数据的归约，然后再通过集群进行 reduce 操作，这样可以节省 reduce 的时间，从而加快 MapReduce 的处理速度。

7.3.2　自定义 Partitioner

Partitioner 可以将 map 端的数据（key-value 键值对）按照 key 进行分区，从而根据不同的 key 将数据分发到不同的 reduce 节点中去处理。在 Hadoop 中，HashPartitioner 是默认的 Partitioner，它根据每条数据记录的 key 值进行 hash 操作，得到一个非负整数，然后用 reduce 节点数进行取模运算，以决定该记录被分区到哪个 reduce 节点。大多数情况下，作业使用默认的 HashPartitioner 就可满足计算要求。但是，有些应用情况下 HashPartitioner 可能不能满足需求，则需要自定义 Partitioner。自定义 Partitioner 的步骤如下。

（1）定义一个继承自 Partitioner 的类。

（2）实现其 getPartition()方法。

（3）通过 job.setPartitionerClass()来设置自定义的 Partitioner。

下面通过一个具体的例子来说明如何自定义 Partitioner。

【实例 7-2】从给定的文件中分别统计每种商品的周销售情况，并以不同的文件输出。

（1）文件数据

分店 1 的周销售清单（branch1.txt）如下。

```
desk    20
sofa    2
bed     5
chair   10
```

分店 2 的周销售清单（branch2.txt）如下。

```
desk    10
sofa    7
bed     6
chair   15
```

（2）需求分析

统计每种商品的周销售情况，即对所有分店相同的商品销售数量累计求和，使用前面的 MapReduce 知识就可以实现。但要以不同的文件输出，则需要用到自定义 Partitioner 或多文件输出。这里使用自定义 Partitioner 的方法进行处理，对于多文件输出请读者自己实现。

Partitioner 可以决定每个 key-value 键值对由哪一个 Reducer 处理，而每一个 Reducer 会有一个输出文件。在前面的示例中，由于数据量较小，默认只有 1 个 Reducer 进行处理，因此也只有一个输出文件。这里，将由 Partitioner 将不同的商品分发给不同的 Reducer 进行处理，那么处理上述给定的文件时，将会产生 4 个 Reducer，进而产生 4 个输出文件。

（3）代码编写

① 启动 Eclipse 并新建一个 Map/Reduce Project（如 GoodsStatistics）。

② 添加一个名为 GoodsMapper.java 的文件，实现 map 函数。在该文件中输入以下代码。

```java
import java.io.IOException;
import org.apache.hadoop.io.IntWritable;
import org.apache.hadoop.io.LongWritable;
import org.apache.hadoop.io.Text;
import org.apache.hadoop.mapreduce.Mapper;
public class GoodsMapper extends Mapper <LongWritable, Text, Text, IntWritable>
{
    public void map(LongWritable key, Text value,Context context)
                        throws IOException, InterruptedException
    {
        String[] data = value.toString().split("\\s+");    //将数据转换为字符数组
        context.write(new Text(data[0]), new IntWritable(Integer.parseInt(data[1])));
    }
}
```

上述代码中，接收使用默认的 TextInputFormat 类进行读取的数据。输入的 value 是文件中销售数据的一行。得到数据后，通过 String 类型的 split()方法将文本行转换为字符数组。其中，"\\s+" 是一个正则表达式，"\\s"表示空格、回车、换行等空白符，"+"表示一个或多个，即文本行以一个或多个空白符为分隔符进行分割。因此 data[0]中保存的数据为商品名称，而 data[1]则是销售的数量。最后，将 data[0]作为 key 输出，data[1]作为 value 输出。

③ 添加一个名为 GoodsPartitioner.java 的文件，实现 getPartition 函数。在该文件中输入以下代码。

```java
import org.apache.hadoop.io.IntWritable;
import org.apache.hadoop.io.Text;
import org.apache.hadoop.mapreduce.Partitioner;
public class GoodsPartitioner extends Partitioner <Text, IntWritable>
{
    public int getPartition(Text key, IntWritable value, int numPartitons)
    {
        //将 4 种商品转发给 4 个不同的 Reducer
        if(key.toString().equals("desk"))
            return 0;
        if(key.toString().equals("sofa"))
            return 1;
        if(key.toString().equals("bed"))
            return 2;
        return 3;
    }
}
```

上述代码中，将不同的商品分发给不同的 Reducer 进行处理。主要是将 key 的值与相应的名称进行比较，不同的名称返回不同的值。这里的返回值便代表了分区的编号，即返回的值相同的 key-value 键值对将被分发到相同的 Reducer 进行处理。

④ 添加一个名为 GoodsReducer.java 的文件，实现 reduce 函数。在该文件中输入以下代码。

```java
import java.io.IOException;
import org.apache.hadoop.io.IntWritable;
import org.apache.hadoop.io.Text;
import org.apache.hadoop.mapreduce.Reducer;
public class GoodsReducer extends Reducer <Text, IntWritable, Text, IntWritable>
{
    public void reduce(Text key, Iterable<IntWritable> values,Context context)
                        throws IOException, InterruptedException
    {
        int sum = 0;
        for(IntWritable val:values)
        {
            sum += val.get();
        }
        context.write(key, new IntWritable(sum));
    }
}
```

上述代码中，获得了同一个商品的销售数量列表。使用迭代器对列表中每一个值进行累计求和，以获得该商品的总销售数量。

⑤ 添加一个名为 GoodsStatistics.java 的文件，实现 main 函数，创建 job 对象并进行配置。在该文件中输入以下代码。

```java
import org.apache.hadoop.conf.Configuration;
import org.apache.hadoop.fs.Path;
import org.apache.hadoop.io.IntWritable;
import org.apache.hadoop.io.Text;
import org.apache.hadoop.mapreduce.Job;
import org.apache.hadoop.mapreduce.lib.input.FileInputFormat;
import org.apache.hadoop.mapreduce.lib.output.FileOutputFormat;
import org.apache.hadoop.util.GenericOptionsParser;
public class GoodsStatistics
{
    public static void main(String[] args) throws Throwable
    {
        Configuration conf = new Configuration();
        String[] ortherArgs = new GenericOptionsParser(conf,args).getRemainingArgs();
        //获取程序的输入参数
        if(ortherArgs.length!=2)            //如果未获得两个输入参数，输出提示信息并结束程序
        {
            System.err.println("Usage: TrafficStatistics <in> <out>");
            System.exit(2);
        }
        Job job =Job.getInstance(conf," GoodsStatisticst");
        job.setMapperClass(GoodsMapper.class);
        job.setReducerClass(GoodsReducer.class);
        job.setPartitonerClass(GoodsPartitioner.class);
        job.setNumReduceTasks(4);              //设置 4 个 Reducer
        job.setOutputKeyClass(Text.class);
        job.setOutputValueClass(IntWritable.class);
        FileInputFormat.addInputPath(job,new Path(ortherArgs[0]));
        FileOutputFormat.setOutputPath(job,new Path(ortherArgs[1]));
        System.exit(job.waitForCompletion(true)? 0:1);
    }
}
```

主类的格式与前面的例子相似。通过配置信息获得 job 对象，使用 job 对象设置 Mapper 类、Partitioner 类、Reducer 类，设置输出 key、value 的类型，设置输入输出路径，最后提交作业并等待执行完成。需要注意的是，这里要设置 reduce 的个数（job. setNumReduceTasks(4)），否则即使进行了分区，最终输出结果还是会保存在一个文件中。

⑥ 准备需要处理的数据。在本地创建两个文件 branch1.txt 与 branch2.txt，分别将（1）中的文件数据写入相应文件。写入文件时需要注意：文件末尾不能有多余的分隔符（空格或换行符等）。因为 Map 中数据分割使用的是正则表达式，格式非常严谨，若有多余字符，将得不到想要的结果。

文件完成后，将其上传至 HDFS 上的/GoodInput 目录下，并将/GoodInput 目录作为程序的输入路径。输出路径为 HDFS 上的/GoodsOutput。按照前面例子的方法，在 Eclipse 中设置好输入输出路径参数。

⑦ 运行。单击 Eclipse 的 Run 菜单命令以运行该程序。执行成功后，在 HDFS 的根目录下会生成新的文件目录 GoodsOutput，里面包含了输出结果文件。这里会生成 4 个数据文件，其输出目录结构如图 7-3 所示。

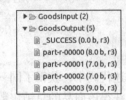

图 7-3　GoodsStatistics 输出目录结构

在图 7-3 中出现的 4 个数据输出文件里，分别保存着 4 种商品的周销售总量。如图 7-4~图 7-7 所示。

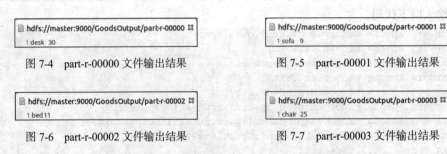

图 7-4　part-r-00000 文件输出结果

图 7-5　part-r-00001 文件输出结果

图 7-6　part-r-00002 文件输出结果

图 7-7　part-r-00003 文件输出结果

7.4　组合式计算作业

在实际的应用中，很多的复杂任务都难以用一次 MapReduce 处理完成，所以需要将其拆分成多个简单的 MapReduce 子任务去完成。例如，对于实例 6-1 单词计数来说，如果要求 WordCount 程序最后的输出结果不是按照单词的字典顺序，而是按照单词出现的次数从高到低输出，则需要将整个任务分成两个阶段完成：第一阶段完成正常的 WordCount 处理，按照单词的字典顺序输出结果；第二阶段，对第一阶段的输出结果再进行一次 MapReduce 处理，在 Map 阶段把 key 值与 value 对调，将计数作为 key，单词作为 value，在 Reduce 阶段系统就会根据计数进行排序。

下面将介绍 3 种不同形式的组合式计算作业，包括迭代式计算、依赖关系组合式计算和链式计算。

7.4.1　迭代式计算

前面提到的需要多次 MapReduce 才能完成的任务就需要用到迭代式计算，例如 Pagerank、K-means 算法都需要进行多次的迭代。MapReduce 迭代在 Mahout 中运用较多，有兴趣的读者可以参考一下 Mahout 的源代码。

　　MapReduce 迭代式计算的中心思想类似于 for 循环，前一个 MapReduce 的输出结果将作为下一个 MapReduce 的输入，任务完成后中间结果都可以删除。例如，现在有 3 个 MapReduce 子任务。其中，子任务 1 的输出目录 Outpath1 将作为子任务 2 的输入目录，而子任务 2 的输出目录 Outpath2 又将作为子任务 3 的输入目录。设置代码如下。

```
Configuration conf = new Configuration();
//子任务1配置代码
Job job1 = Job.getInstance(conf,"job1");
.....
FileInputFormat.addInputPath(job1,InputPaht1);
FileOutputFromat.setOoutputPath(job1,Outpath1);
job1.waitForCompletion(true);
//子任务2配置代码
Job job2 = Job.getInstance (conf,"job2");
.....
FileInputFormat.addInputPath(job2,Outpath1);
FileOutputFromat.setOoutputPath(job2,Outpath2);
job2.waitForCompletion(true);
//子任务3配置代码
Job job3 = new Job(conf,"job3");
.....
FileInputFormat.addInputPath(job3,Outpath2);
FileOutputFromat.setOoutputPath(job3,Outpath3);
job3.waitForCompletion(true);
.....
```

　　子任务作业配置代码运行后，会按顺序执行每个子作业。由于后一个子任务需要使用前一个子任务的输出结果，因此，每一个子任务需要等到前一个子任务执行完毕后才能执行，这是通过 job. waitForCompletion(true)方法实现的。

7.4.2　依赖关系组合式计算

　　对于依赖关系组合式计算，同样是需要多个 MapRedcue 才能完成任务，却不是顺序执行。例如，MapReduce 有 3 个子任务 job1、job2、job3，其中 job1 和 job2 相互独立，job3 要在 job1 和 job2 完成之后才执行，称作 job3 依赖于 job1 和 job2。

　　Hadoop 为这种依赖关系组合式计算提供了一种执行和控制的机制。Hadoop 通过 Job 和 JobControl 类提供具体的编程方法。Job 除了维护子任务的配置信息，还维护子任务的依赖关系。而 JobControl 则控制整个作业流程，把所有的子任务作业加入到 JobControl 中，执行 JobControl 的 run()方法即可运行程序。针对上面的 3 个子任务的例子，配置代码如下。

```
Configuration conf1 = new Configuration();
Job job1 =Job.getInstance(conf1,"Job1");
.........//job1 其他设置
Configuration conf2 = new Configuration();
Job job2 =Job.getInstance(conf2,"Job2");
.........//job2 其他设置
Configuration conf3 = new Configuration();
Job job3 =Job.getInstance(conf3,"Job3");
.........//job3 其他设置
job3.addDepending(job1);          //设置 job3 和 job1 的依赖关系
```

```
job3.addDepending(job2);          //设置 job3 和 job2 的依赖关系
JobControl JC = new JobControl("123");
JC.addJob(job1);                  //把 3 个 job 加入到 jobcontorl 中
JC.addJob(job2);
JC.addJob(job3);
JC.run();                         //启动包含 3 个子任务的整体作业执行
```

上述代码中，使用了 addDepending()函数来建立 job3 与其他两个 job 之间的依赖关系。此外，还使用了 JobControl 对象来控制它们的执行过程。

7.4.3　链式计算

一个 MapReduce 作业可能会有一些前处理和后处理步骤，例如，在统计单词时，会出现诸如 make、made、making 等的词，它们在单词累加的时候，都被归于一个词。这些前后处理步骤可以用单独的 MapReduce 任务实现，但由于增加了多个 MapReduce 作业，将增加整个作业的处理周期，而且还会增加很多 I/O 操作，所以处理效率并不高。

一个较好的办法就是在核心的 MapReduce 之外，增加一个辅助的 map 过程，然后将这个辅助的 map 过程和核心的 MapReudce 过程合并为一个链式的 MapReduce，从而完成整个作业，这就是链式计算。简单来说，链式计算就是在前面用多个 Mapper 处理任务，最后用一个 Reducer 输出结果。

Hadoop 提供了专门的链式 Mapper（ChainMapper）和链式 Reducer（ChainReducer）来完成这种处理。ChainMapper 允许在一个单一 map 任务中添加和使用多个 map 子任务；而 ChainReducer 则允许在一个单一 reduce 任务执行了 reduce 处理后，继续使用多个 map 子任务完成一些后续处理，其调用形式如下。

```
ChainMapper.addMapper(...);
ChainReducer.addMapper(...);
//addMapper()调用的方法
public static void addMapper(JOb job,          //主作业
        Class<? extends Mapper> mclass,        //待加入的 Mapper 类
        Class<?> inputKeyClass,                //待加入的 Mapper 类输入 key 的类型
        Class<?> inputValueClass,              //待加入的 Mapper 类输入 value 的类型
        Class<?> outputKeyClass,               //待加入的 Mapper 类输出 key 的类型
        Class<?> outputValueClass,             //待加入的 Mapper 类输出 value 的类型
        Configuration conf                     //待加入的 Mapper 类的配置信息对象
        ) { }
```

其中，ChainReducer 专门提供了一个 setReducer()方法来设置整个作业中唯一的 Reducer，方式与 addMapper()方法类似。需要注意的是，这些 Mapper 和 Reducer 之间传递的 key 和 value 类型必须保证前后一致。

下面用一个例子来展示如何使用链式计算。假设有一个 MapReduce 作业，由 Map1、Map2、Map3、Reduce 构成，使用 ChainMapper 和 ChainReducer 来完成 MapReduce 任务。用 ChainMapper 把 Map1 和 Map2 加入并执行，然后用 ChainReducer 把 Reduce 和 Map3 加入到 Reduce 过程中。代码如下。

```
Configuration conf = new Configuration();
Job job =Job.getInstance(conf);
job.setJobName("ChianJOb");
```

```
......
// 在 ChainMapper 里面添加 Map1 和 Map2
Configuration map1conf = new Configuration(false);
ChainMapper.addMapper(job, Map1.class, LongWritable.class, Text.class,
          Text.class, Text.class, true, map1conf);
Configuration map2conf = new Configuration(false);
ChainMapper.addMapper(job, Map2.class, LongWritable.class, Text.class,
          Text.class, Text.class, true, map2conf);
// 在 ChainReduce 中加入 Reduce 和 Map3
Configuration reduceConf = new Configuration(false);
ChainReducer.setReducer(job, Reduce.class, LongWritable.class,
          Text.class, Text.class, Text.class, true, reduceConf);
Configuration map3Conf = new Configuration();
ChainReducer.addMapper(job, Map3.class, LongWritable.class, Text.class,
          Text.class, Text.class, true, map3conf);
job.waitForCompletion(true);
```

上述代码中，执行的顺序为 Map1→Map2→Reduce→Map3，Map3 属于 ChainReducer，全局只有一个 Reduce。Map2 的输入是 Map1 的输出，Map2 的输出是 Reduce 的输入。

7.5　MapReduce 的特性

7.5.1　计数器

在很多情况下，用户需要了解待分析的数据，这样才能更好地理解整个任务，从而选择合适的 MapReduce 执行方式。这里以统计数据集中无效记录数目的任务为例，如果发现无效记录的比例非常高，那么就需要思考为什么会存在如此多的无效记录，是所采用的检测程序存在缺陷？还是数据集质量太低，包含大量无效记录？如果确定是数据集的质量问题，则可能需要扩大数据集的规模，以增大有效记录的比例，从而进行有意义的分析。

计数器是用来记录 Job 的执行进度和状态的，它的作用可以理解为日志。用户可以在程序的某个位置插入计数器，记录数据或者进度的变化情况。计数器还可辅助诊断系统故障。如果需要将日志信息传输到 Map 或 Reduce 任务，通常是尝试传输计数器值以监测某一特定事件是否发生。对于大型分布式作业而言，使用计数器更为方便：首先，获取计数器值比输出日志更方便；其次，根据计数器值统计特定事件的发生次数要比分析一堆日志文件容易得多。

1. 内置计数器

对于计数器，在读者完成 6.5 节的示例时便已经见到过。6.5 节的示例使用的是命令行执行作业，在作业执行成功后会在终端输出不同计数器的信息，如下所示。

```
16/10/24 08:23:12 INFO mapreduce.Job: Counters: 49
    File System Counters
    FILE: Number of bytes read=162
    FILE: Number of bytes written=468285
    ......
    HDFS: Number of bytes read=437
    HDFS: Number of bytes written=40
    ......
    Job Counters
    Launched map tasks=3
```

```
        Launched reduce tasks=1
        ……
        Map-Reduce Framework
        Map input records=14
        Map output records=12
        Map output bytes=132
        ……
        File Input Format Counters
        Bytes Read=122
        File Output Format Counters
        Bytes Written=40
```

上面所看到的计数器均为 Hadoop 提供的内置计数器，主要用于描述 Job 的多项指标。例如，输入的字节数、输出的字节数、Map 端输入/输出的字节数和条数等。这些内置的计数器被划分为以下几组，如表 7-3 所示。

表 7-3　　　　　　　　　　　　　　　内置计数器分组

组　　别	名称/类别
MapReduce 任务计数器	org.apache.hadoop.mapreduce.TaskCounter
文件系统计数器	org.apache.hadoop.mapreduce.FileSystemCounter
FileInputFormat 计数器	org.apache.hadoop.mapreduce.lib.input.FileInputFormatCounter
FileOutputFormat 计数器	org.apache.hadoop.mapreduce.lib.output.FileOutputFormatCounter
Job 计数器	org.apache.hadoop.mapreduce.JobCounter

对于这些内置计数器，只需要知道计数器组名称（groupName）和计数器名称（counterName），方便以后使用计数器时能找到 groupName 和 counterName 即可。

（1）MapReduce 任务计数器

在任务执行过程中，任务计数器负责采集任务的相关信息，每个作业的所有任务的结果会被聚集起来。例如，MAP_INPUT_RECORDS 计数器统计每个 Map 任务输入记录的总数，并在一个作业的所有 Map 任务上进行聚集，使得最终数字是整个作业的所有输入记录的总数。

任务计数器由其关联任务维护，并定期发送给 NodeManager，再由 NodeManager 发送给 ApplicationMaster。因此，计数器能够被全局地聚集。

一个任务的计数器值每次都是完整传输的，而非自上次传输之后再继续数未完成的传输，以避免由于消息丢失而引发的错误。另外，如果一个任务在作业执行期间失败，则相关计数器值会减小。仅当一个作业执行成功之后，计数器的值才是完整可靠的。

MapReduce 任务计数器组里包含的具体计数器，如表 7-4 所示。

表 7-4　　　　　　　　　　　　　　　内置 MapReduce 计数器

计数器名称	说　　明
map 输入的记录数（MAP_INPUT_RECORDS）	作业中所有 map 已处理的输入记录数。每次 Recorder Reader 读到一条记录并将其传给 Mapper 的 map()函数时，该计数器的值增加
map 跳过的记录数（MAP_SKIPPED_RECORDS）	作业中所有 map 跳过的输入记录数
map 输入的字节数（MAP_INPUT_BYTES）	作业中所有 map 已处理的未经压缩的输入数据的字节数。每 RecorderReader 读到一条记录并将其传给 Mapper 的 map()函数时，该计数器的值增加

续表

计数器名称	说　明
分片 split 的原始字节数（SPLIT_RAW_BYTES）	由 map 读取的输入分片对象的字节数。这些对象描述分片元数据（文件的位移和长度），而不是分片的数据自身，因此总规模是小的
map 输出的记录数（MAP_OUTPUT_RECORDS）	作业中所有 map 产生的 map 输出记录数。每次某一个 map 的 Context 调用 write()方法时，该计数器的值增加
map 输出的字节数（MAP_OUTPUT_BYTES）	作业中所有 map 产生的未经压缩的输出数据的字节数。每次某一个 map 的 Context 调用 write()方法时，该计数器的值增加
map 输出的物化字节数（MAP_OUTPUT_MATERIALIZED_BYTES）	map 输出后确实写到磁盘上的字节数；若 map 输出压缩功能被启用，则会在计数器值上反映出来
combine 输入的记录数（COMBINE_INPUT_RECORDS）	作业中所有 Combiner（如果有）已处理的输入记录数。Combiner 的迭代器每次读一个值，该计数器的值增加
combine 输出的记录数（COMBINE_OUTPUT_RECORDS）	作业中所有 Combiner（如果有）已产生的输出记录数。每当一个 Combiner 的 Context 调用 write()方法时，该计数器的值增加
reduce 输入的组（REDUCE_INPUT_GROUPS）	作业中所有 Reducer 已经处理的不同的 key 分组的个数。每当某一个 Reducer 的 reduce()被调用时，该计数器的值增加
reduce 输入的记录数（REDUCE_INPUT_RECORDS）	作业中所有 Reducer 已经处理的输入记录的个数。每当某个 Reducer 的迭代器读一个值时，该计数器的值增加。如果所有 Reducer 已经处理完所有输入，则该计数器的值与计数器"map 输出的记录"的值相同
reduce 输出的记录数（REDUCE_OUTPUT_RECORDS）	作业中所有 Reducer 已经产生的 reduce 输出记录数。每当某一个 Reducer 的 Context 调用 write()方法时，该计数器的值增加
reduce 跳过的组数（REDUCE_SKIPPED_GROUPS）	作业中所有 Reducer 已经跳过的不同的 key 分组的个数
reduce 跳过的记录数（REDUCE_SKIPPED_RECORDS）	作业中所有 Reducer 已经跳过的输入记录数
reduce 经过 shuffle 的字节数（REDUCE_SHUFFLE_BYTES）	shuffle 将 map 的输出数据复制到 Reducer 中的字节数
溢出的记录数（SPILLED_RECORDS）	作业中所有 map 和 reduce 任务溢出到磁盘的记录数
CPU 毫秒（CPU_MILLISECONDS）	总计的 CPU 时间，以毫秒为单位，由/proc/cpuinfo 获取
物理内存字节数（PHYSICAL_MEMORY_BYTES）	一个任务所用物理内存的字节数，由/proc/cpuinfo 获取
虚拟内存字节数（VIRTUAL_MEMORY_BYTES）	一个任务所用虚拟内存的字节数，由/proc/cpuinfo 获取
有效的堆字节数（COMMITTED_HEAP_BYTES）	在 JVM 中的总有效内存量（以字节为单位），可由 Runtime().getRuntime().totaoMemory()获取
GC 运行时间毫秒数（GC_TIME_MILLIS）	在任务执行过程中，垃圾收集器（garbage collection）花费的时间（以毫秒为单位），可由 GarbageCollector MXBean.getCollectionTime()获取

计数器名称	说　明
由 shuffle 传输的 map 输出数（SHUFFLED_MAPS）	由 shuffle 传输到 Reducer 的 map 输出文件数
失败的 shuffle 数（SHUFFLE_MAPS）	在 shuffle 过程中，发生复制错误的 map 输出文件数
被合并的 map 输出数	在 shuffle 过程中，在 Reduce 端被合并的 map 输出文件数

（2）文件系统计数器

文件系统计数器组里包含的具体计数器，如表 7-5 所示。

表 7-5　　　　　　　　　　　　　　内置文件系统计数器

计数器名称	说　明
文件系统的读字节数（BYTES_READ）	由 map 和 reduce 等任务在各个文件系统中读取的字节数，各个文件系统分别对应一个计数器，可以是 Local、HDFS 等
文件系统的写字节数（BYTES_WRITTEN）	由 map 和 reduce 等任务在各个文件系统中写的字节数

（3）FileInputFormat 计数器

FileInputFormat 计数器组里包含的具体计数器，如表 7-6 所示。

表 7-6　　　　　　　　　　　　　内置 FileInputFormat 计数器

计数器名称	说　明
读取的字节数（BYTES_READ）	由 map 任务通过 FileInputFormat 读取的字节数

（4）FileOutputFormat 计数器

FileOutputFormat 计数器组里包含的具体计数器，如表 7-7 所示。

表 7-7　　　　　　　　　　　　　内置 FileOutputFormat 计数器

计数器名称	说　明
写的字节数（BYTES_WRITTEN）	由 map 任务（针对仅含 map 的作业）或者 reduce 任务通过 FileOutputFormat 写的字节数

（5）Job 计数器

Job（作业）计数器由 YARN 维护，因此无需在网络间传输数据。Job 计数器组里包含的具体计数器，如表 7-8 所示。

表 7-8　　　　　　　　　　　　　　内置 Job 计数器

计数器名称	说明
启用的 map 任务数（TOTAL_LAUNCHED_MAPS）	启动的 map 任务数，包括以"推测执行"方式启动的任务
启用的 reduce 任务数（TOTAL_LAUNCHED_REDUCES）	启动的 reduce 任务数，包括以"推测执行"方式启动的任务
失败的 map 任务数（NUM_FAILED_MAPS）	失败的 map 任务数
失败的 reduce 任务数（NUM_FAILED_REDUCES）	失败的 reduce 任务数
数据本地化的 map 任务数（DATA_LOCAL_MAPS）	与输入数据在同一节点的 map 任务数　——

续表

计数器名称	说明
机架本地化的 map 任务数（RACK_LOCAL_MAPS）	与输入数据在同一机架范围内，但不在同一节点上的 map 任务数
其他本地化的 map 任务数（OTHER_LOCAL_MAPS）	与输入数据不在同一机架范围内的 map 任务数。由于机架之间的宽带资源相对较少，Hadoop 会尽量让 map 任务靠近输入数据执行，因此该计数器值一般比较小
map 任务的总运行时间（SLOTS_MILLIS_MAPS）	map 任务的总运行时间，单位为毫秒。该计数器包括以推测执行方式启动的任务
reduce 任务的总运行时间（SLOTS_MILLIS_REDUCES）	reduce 任务的总运行时间，单位为毫秒。该值包括以推测执行方式启动的任务

对于上述的内置计数器，可通过下面的方法进行使用，代码如下。

```
Configuration conf = new Configuration();
Job job = Job.getInstance(conf, "MyCounter");
job.waitForCompletion(true);
Counters counters=job.getCounters();           //获得所有的计数器
//查找作业运行启动的 reduce 个数的计数器，groupName 和 counterName 可以从内置计数器表格查询
Counter counter=counters.findCounter("org.apache.hadoop.mapreduce.JobCounter",
                            "TOTAL_LAUNCHED_REDUCES");
long value=counter.getValue();                 // 获取计数值
```

上述代码中，在 job 运行结束后通过 job.getCounters()方法获得该 job 所有的计数器。若要查找作业运行启动的 Reduce 个数的计数器，则找到其 groupName（组名）——org.apache.hadoop.mapreduce.JobCounter，以及 counterName（计数器名）——TOTAL_LAUNCHED_REDUCES，通过 findCounter()找到特定的计数器。最后通过 getValue()方法获得计数器具体的值。

若要获取所有计数器的值，那就需要遍历上面获得的 counters 对象，代码如下。

```
for (CounterGroup group : counters)
{
    for (Counter counter : group)
    {
        System.out.println(counter.getDisplayName() + ": " + counter.getName() + ": "+
counter.getValue());
    }
}
```

上述代码中，首先遍历 counters 对象中的分组 CounterGroup，再遍历组里具体的计数器 Counter。

2. 自定义计数器

MapReduce 允许用户自定义计数器。计数器是一个全局变量，它的值可以在 Mapper 或 Reducer 中增加。用户可以用 Java 的枚举类型或者用字符串来定义计数器。

（1）枚举类型定义计数器

计数器由一个 Java 枚举类型来定义，以便对有关的计数器分组。一个作业可以定义多个枚举类型的计数器。枚举类型的名称即为组的名字，枚举类型的字段就是计数器的名称。使用枚举类型计数器需要实现以下步骤。

首先，用户自定义一个枚举变量 Enum，再通过 getCounter()方法创建一个计数器。

```
Counter counter = context.getCounter(Enum enum);
```

接着，为计数器赋值。

```
counter.setValue(long value);          // 设置初始值
```

然后，令计数器自增。

```
counter.increment(long incr);          // 增加计数
```

最后，获取计数器的值。

```
Configuration conf = new Configuration();
Job job = Job.getInstance(conf, "MyCounter");
job.waitForCompletion(true);
Counters counters=job.getCounters();
// 查找枚举计数器，假如 Enum 的变量为 BAD_RECORDS_LONG
Counter counter=counters.findCounter(LOG_PROCESSOR_COUNTER.BAD_RECORDS_LONG);
long value=counter.getValue();         //获取计数值
```

（2）字符串类型定义计数器

字符串方式比枚举类型要更加灵活，可以动态地在一个组下面添加多个计数器。字符串类型计数器的定义与使用步骤与枚举类型计数器类似，如下所示。

```
// 用户自己命名 groupName 和 counterName
Counter counter = context.getCounter(String groupName,String counterName)
counter.setValue(long value);          // 设置初始值
counter.increment(long incr);          // 增加计数
//获取计数器的值
Configuration conf = new Configuration();
Job job = new Job(conf, "MyCounter");
job.waitForCompletion(true);
Counters counters = job.getCounters();
// 假如 groupName 为 ErrorCounter, counterName 为 toolong
Counter counter=counters.findCounter("ErrorCounter","toolong");
long value = counter.getValue();       // 获取计数值
```

自定义计数器用得比较广泛，特别是统计无效数据条数的时候，就会用到计数器来记录错误日志的条数。下面通过一个具体的例子来说明如何自定义计数器。

【实例 7-3】自定义计数器，统计输入的无效数据。

（1）文件数据

现有一个文件 counter.txt，规范的格式是 3 个字段，"\t" 作为分隔符。该文件中，有 2 条异常数据，一条数据只有 2 个字段，另一条数据有 4 个字段。其具体内容如下所示。

```
counter.txt
desk    75      20
sofa    2
bed     1453    5
chair   50      10      100
```

（2）需求分析

统计输入的无效数据，需要通过分隔符获取一行的字段数，再对字段数与规范格式的字段数进行比较，获得无效的行数。这里可以细分为比规范格式少的行数和比规范格式多的行数。由于这里仅仅是统计无效数据，便不做其他操作。

（3）代码编写

① 启动 Eclipse 并新建一个 Map/Reduce Project（如 InvalidDataStatistics）。

② 添加一个名为 CounterMapper.java 的文件，实现 map 函数。在该文件中输入以下代码。

```java
import java.io.IOException;
import org.apache.hadoop.io.IntWritable;
import org.apache.hadoop.io.LongWritable;
import org.apache.hadoop.io.Text;
import org.apache.hadoop.mapreduce.Mapper;
public class CounterMapper extends Mapper <LongWritable, Text, Text, IntWritable>
{
    public void map(LongWritable key, Text value,Context context)
                         throws IOException, InterruptedException
    {
        String[] data = value.toString().split("\t");        //将数据转换为字符数组
        if (data.length > 3)
        {
            //创建自定义计数器并增 1
            context.getCounter("ErrorCounter", "toolong").increment(1);
        }
        else if (data.length < 3)
        {
            // 自定义计数器
            context.getCounter("ErrorCounter", "tooshort").increment(1);
        }
    }
}
```

上述代码中，接收使用默认的 TextInputFormat 类进行读取的数据。输入的 value 是文件数据中的一行。得到数据后，通过 String 类型的 split()方法将文本行转换为字符数组。根据字符数组的长度来确定数据是否规范，若长则计数器"toolong"加 1，若短则计数器"tooshort"加 1。

③ 添加一个名为 InvalidDataStatistics.java 的文件，实现 main 函数，创建 job 对象并进行配置。在该文件中输入以下代码。

```java
import org.apache.hadoop.conf.Configuration;
import org.apache.hadoop.fs.Path;
import org.apache.hadoop.mapreduce.Job;
import org.apache.hadoop.mapreduce.lib.input.FileInputFormat;
import org.apache.hadoop.mapreduce.lib.output.FileOutputFormat;
import org.apache.hadoop.util.GenericOptionsParser;
public class InvalidDataStatistics
{
    public static void main(String[] args) throws Throwable
    {
        Configuration conf = new Configuration();
        String[] ortherArgs = new GenericOptionsParser(conf,args).getRemainingArgs();
        //获取程序的输入参数
        if(ortherArgs.length!=2)               //如果未获得两个输入参数，输出提示信息并结束程序
        {
            System.err.println("Usage: InvalidDataStatistics <in> <out>");
            System.exit(2);
        }
        Job job =Job.getInstance(conf," InvalidDataStatistics");
        job.setJarByClass(InvalidDataStatistics.class);
        job.setMapperClass(CounterMapper.class);
        FileInputFormat.addInputPath(job,new Path(ortherArgs[0]));
        FileOutputFormat.setOutputPath(job,new Path(ortherArgs[1]));
```

```
        System.exit(job.waitForCompletion(true)? 0:1);
    }
}
```

主类的格式与前面的例子相似。通过配置信息获得 job 对象，使用 job 对象设置 Mapper 类，设置输入输出路径，最后提交作业并等待执行完成。

④ 准备需要处理的数据。在本地创建文件 counter.txt，将（1）中的文件数据写入文件。文件完成后，将其上传至 HDFS 上的/CounterInput 目录下，并将/CounterInput 目录作为程序的输入路径。输出路径为 HDFS 上的/CounterOutput。按照前面例子的方法，在 Eclipse 中设置好输入输出路径参数。

⑤ 将程序打成 jar 包。jar 包名称为 InvalidDataStatistics.jar，放在主目录下。

⑥ 运行 jar 包。

```
$ hadoop jar InvalidDataStatistics.jar InvalidDataStatistics /CounterInput /Counter
Output
```

若成功运行，则会在终端输出所有计数器的值，包括前面自定义的 ErrorCounter。如图 7-8 所示。

图 7-8 计数器的值

7.5.2 连接

在关系型数据库中连接（join）是非常常见的操作。在海量数据的环境下，不可避免地也会遇到这种类型的需求，例如在数据分析时需要连接从不同的数据源中获取到的数据。MapReduce 提供对大型数据集间的 join 操作。

除了编写 MapReduce 程序，现在很多构建于 Hadoop 之上的应用，如 Hive、PIG 等在其内部都实现了 join 程序，用户可以通过很简单的 SQL 语句或者数据操控脚本完成相应的 join 工作。本节主要介绍如何编写 MapReduce 程序以完成 join 操作。

首先对待解决的问题进行描述。假设有两个数据集：工厂数据表和地址数据表，考虑将这两张表合二为一。一个典型的查询是：输出每个工厂的具体地址。具体数据如下。

工厂数据表（factory.txt）如下。

factoryname	addressId
Beijing Red Star	1
Shenzhen Thunder	3
Guangzhou Honda	2
Beijing Rising	1
Guangzhou Bank	2
Tencent	3
Back of Beijing	1

地址数据表（address.txt）如下。

addressId	addressname
1	Beijing

2	Guangzhou
3	Shenzhen
4	Xian

两张表通过 join 操作得到的输出结果如下。

factoryname	addressname
Back of Beijing	Beijing
Beijing Red Star	Beijing
Beijing Rising	Beijing
Guangzhou Bank	Guangzhou
Guangzhou Honda	Guangzhou
Shenzhen Thunder	Shenzhen
Tencent	Shenzhen

连接操作的具体实现取决于数据集的规模与分区方式。如果一个数据集很大而另外一个集合很小（例如地址），以至于可以分发到集群中的每一个节点之中，则可以执行一个 MapReduce 作业，将每个地址所包含的工厂放到一起，从而实现连接。Mapper 或 Reducer 根据各地址 ID 从较小的数据集合中找到相应的地址，使具体地址能被写到各条记录中。

连接操作如果是由 Mapper 执行，则称为"map 端连接"；如果由 Reducer 执行，则称为"reduce 端连接"。

如果两个数据集的规模都很大，以至于没有哪个数据集可以被完全复制到集群的每个节点，仍然可以用 MapReduce 来进行连接。但到底采用 map 端连接还是 reduce 端连接，则取决于数据的组织方式。

1. map 端连接

在两个大规模输入数据集之间的 map 端连接会在数据到达 map 函数之前就执行连接操作。为实现该功能，各 map 的输入数据必须先分区并且以特定方式排序。各输入数据集被划分成相同数量的分区，并均按相同的 key（连接键）排序。同一 key 的所有记录会放在同一分区中。

map 端连接操作可以连接多个作业的输出，只要这些作业的 Reducer 数量相同、key 相同并且输出文件是不可分割的（例如，小于一个 HDFS 块，或经过压缩的文件）。在上面要解决的问题中，如果地址数据表以地址 ID 排序，工厂数据表也以地址 ID 排序，就满足了执行 map 端连接的前提条件。

接着，利用 org.apache.hadoop.mapreduce.join 包中的 CompositeInputFormat 类来运行一个 map 端连接。CompositeInputFormat 类的输入源和连接类型（内连接或外连接）可以通过一个连接表达式进行配置。

2. reduce 端连接

由于 reduce 端连接不要求输入数据集符合特定格式，因此 reduce 端连接比 map 端连接更为常用。但是，由于两个数据集需要经过 Shuffle 过程，所以 reduce 端连接的效率要低一些。

reduce 端连接的基本思路是：Mapper 为每个记录标记源，并且使用连接键作为 map 输出 key，使 key 相同的记录放在同一个 Reducer 中。

下面将介绍如何使用 reduce 端连接解决前面提到的问题。

根据 reduce 端连接的基本思路，设计整个 MapReduce 的计算过程如下。

（1）在 Map 阶段，把所有记录标记成<key, value>的形式，其中 key 是 addressId，value 则根据来源不同取不同的形式：来源于 factory.txt 的记录，value 的值为"a#"+factoryname；来源于 address.txt 的记录，value 的值为"b#"+addressname。

（2）在 Reduce 阶段，先把每个 key 下的 value 列表拆分为分别来自表 factory.txt 和表 address.

txt 的两部分，分别放入两个向量中。然后遍历两个向量做笛卡儿积，形成一条条最终结果。

两个阶段的执行过程如图 7-9 所示。

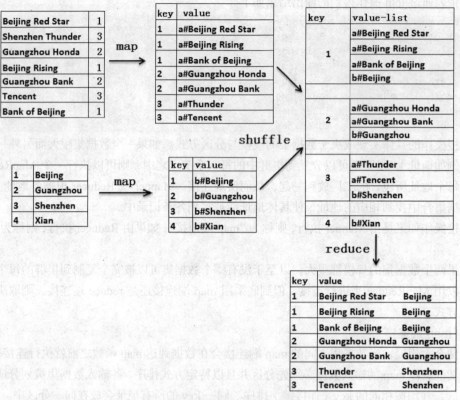

图 7-9　两个阶段的执行过程

具体实现过程如下。

（1）创建用来标记来自不同数据表记录的 FactoryMapper 类。

```java
import java.io.IOException;
import org.apache.hadoop.io.Text;
import org.apache.hadoop.mapreduce.Mapper;
import org.apache.hadoop.mapreduce.lib.input.FileSplit;
public class FactoryMapper extends Mapper<Object, Text, Text, Text>
{
    private FileSplit split; //记录分片信息
    // 实现map函数
    public void map(Object key, Text value, Context context)
            throws IOException, InterruptedException
    {
        split = (FileSplit)context.getInputSplit();        //获取分片信息
        String fileName = split.getPath().getName();       //获取文件名称
        String line = value.toString();                    //每行文件
            //如果文件行为空，则不处理
            if(line == null || line.equals(""))
                return;
            //输入文件首行，不处理
            if (line.contains("factoryname") == true || line.contains("addressId") ==
```

```
true)
                        return;
                //处理来自 factory.txt 文件的记录
                if(fileName.contains("factory"))
                {
                    String[] values = line.split("\t");      //以制表符为分隔符进行分割
                    if(values.length < 2)                     //不满足格式，则不处理
                        return;
                    String factoryName = values[0];           //获得工厂名称
                    String addressId = values[1];             //获得地址 ID
                    //将 a#加上工厂名称作为 value 输出
                    context.write(new Text(addressId), new Text( "a#"+ factoryName));
                }
                //处理来自 factory.txt 文件的记录
                else if(fileName.contains("address"))
                {
                    String[] values = line.split("\t");      //以制表符为分隔符进行分割
                    if(values.length < 2)
                        return;
                    String addressId = values[0];             //获得地址 ID
                    String addressName = values[1];           //获得具体地址
                    //将 b#加上具体地址作为 value 输出
                    context.write(new Text(addressId), new Text( "b#"+ addressName));
                }
            }
        }
```

上述代码中，根据不同的数据源进行不同的操作，主要是对不同的数据来源做出标记。当数据来源于 factory.txt 文件时，为其 value 加上 "a#" 字符，表示其来源于 factory.txt 文件；当数据来源于 address.txt 文件时，为其 value 加上 "b#" 字符，表示其来源于 address.txt 文件。文件名称通过分片信息 FileSplit 进行获取。此外，程序还过滤文件中的空行以及存储字段名称的首行，对其不做处理。

（2）创建用来完成 join 的 FactoryReducer 类。

```
import java.io.IOException;
import java.util.Iterator;
import java.util.Vector;
import org.apache.hadoop.io.Text;
import org.apache.hadoop.mapreduce.Reducer;
public class FactoryReducer extends Reducer<Text, Text, Text, Text>
{
    static int time =0;  //用于控制表头输出的变量
        // 实现 reduce 函数
        public void reduce(Text key, Iterable<Text> values, Context context)
                        throws IOException, InterruptedException
        {
            // 输出表头
            if (0 == time)
            {
                context.write(new Text("factoryname   "), new Text("  addressname"));
                time++;
```

```
            }
                //存放来自数据表 factory 的数据
                Vector<String> vectA = new Vector<String>();
                //存放来自数据表 address 的数据
                Vector<String> vectB = new Vector<String>();
                Iterator<Text> ite = values.iterator();
                while(ite.hasNext())
                {
                    String value = ite.next().toString();
                    if (value.startsWith("a#"))
                    {
                        vectA.add(value.substring(2));          //将工厂名称添加到 vectA
                    }
                    else if (value.startsWith("b#"))
                    {
                        vectB.add(value.substring(2));          //将具体地址添加到 vectB
                    }
                }
                int sizeA = vectA.size();
                int sizeB = vectB.size();
                // 遍历两个向量，求笛卡儿积
                int i, j;
                for (i = 0; i < sizeA; i ++)
                {
                    for (j = 0; j < sizeB; j ++)
                    {
                        context.write(new Text(vectA.get(i)+" "),
                                    new Text(" "+vectB.get(j)));
                    }
                }
            }
    }
```

上述代码中，第一次执行 reduce 函数时（用 time 静态变量控制），输出表头 "factoryname"
与 "addressname"，为了两列显示得更加明显，在输出时手动添加了多个空格。根据前面添加的
标记，识别来自不同数据表的记录，并将标记去掉后添加到相应的向量集合中。最后，遍历两个
向量，并做笛卡儿积，得到 join 的结果。得到结果后，将工厂名称作为 key，具体地址作为 value
输出。输出时为了明确区分两列，手动添加了空格。

（3）创建主类 FactoryTest，完成作业配置。

```
import java.io.IOException;
import org.apache.hadoop.conf.Configuration;
import org.apache.hadoop.fs.Path;
import org.apache.hadoop.io.Text;
import org.apache.hadoop.mapreduce.Job;
import org.apache.hadoop.mapreduce.lib.input.FileInputFormat;
import org.apache.hadoop.mapreduce.lib.output.FileOutputFormat;
import org.apache.hadoop.util.GenericOptionsParser;
public class FactoryTest
{
    public static void main(String[] args)
throws IOException, InterruptedException
    {
        Configuration conf = new Configuration();
```

```
        String[] files=new GenericOptionsParser(conf,args).getRemainingArgs();
        if(files.length!=2)
        {
            System.err.println("Usage: Facotry Address <in> <out>");
            System.exit(2);
        }
        Job job =Job.getInstance(conf," Facotry Address");
        job.setJarByClass(FactoryTest.class);
        job.setMapperClass(FactoryMapper.class);
        job.setReducerClass(FactoryReducer.class);
        job.setOutputKeyClass(Text.class);
        job.setOutputValueClass(Text.class);
        FileInputFormat.addInputPath(job,new Path(files[0]));
        FileOutputFormat.setOutputPath(job,new Path(files[1]));
        System.exit(job.waitForCompletion(true)?0:1);
    }
}
```

主类的格式与前面的例子相似。通过配置信息获得 job 对象，使用 job 对象设置 Mapper 类、Reducer 类，设置输出 key、value 的类型，设置输入输出路径，最后提交作业并等待执行完成。

（4）准备需要处理的数据。

在本地创建两个文件（factory.txt 与 address.txt），分别将问题中的文件数据写入相应文件。写入文件时需要注意：两列之间用制表符（\t）分隔。因为在 factoryname 中有空格的存在，若两列之间也用空格分隔，则数据截取时会出错。

文件编辑完成后，将其上传至 HDFS 上的/FactoryInput 目录下，并将/FactoryInput 目录作为程序的输入路径。输出路径为 HDFS 上的/FactoryOutput。按照前面例子的方法，在 Eclipse 中设置好输入输出路径参数。

（5）运行。

单击 Eclipse 的 Run 菜单命令以运行该程序。执行成功后，在 HDFS 的根目录下会生成新的文件目录 FactoryOutput，里面包含了输出结果文件。打开文件，输出结果如图 7-10 所示。

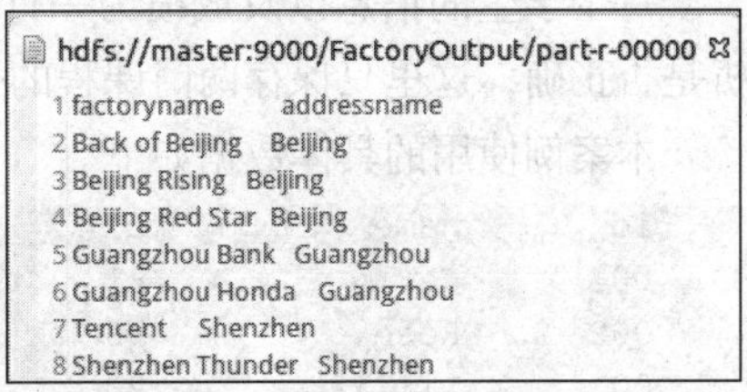

从图 7-10 中可以看出，MapReduce 程序得到的结果与前面期望的结果相同，即编写 MapReduce 程序实现了数据的 join 操作。

```
hdfs://master:9000/FactoryOutput/part-r-00000
1 factoryname        addressname
2 Back of Beijing     Beijing
3 Beijing Rising   Beijing
4 Beijing Red Star  Beijing
5 Guangzhou Bank   Guangzhou
6 Guangzhou Honda   Guangzhou
7 Tencent     Shenzhen
8 Shenzhen Thunder   Shenzhen
```

图 7-10　FactoryTest 输出结果

7.6　MapReduce 应用举例—— 成绩分析系统的实现

7.6.1　成绩分析系统解析

目前，成绩管理系统应用非常广泛。通过成绩管理系统，教师可以录入、修改、统计成绩，学生可以查看每科的成绩。不同的成绩管理系统功能各有不同，但基本上都是基于关系型数据库进行实现的。若现在已有学生各科成绩汇总的文本文件，如何对这些数据进行分析？创建数据库，将大量的数据手动添加到表中再通过 SQL 语句分析？显然这是不明智的选择。此时可以选择文本分析工具或 MapReduce 程序来实现分析功能。

由于 MapReduce 依托 HDFS 进行存储，而 HDFS "一次写入、多次读取"的文件访问模式使得用户无法随意修改文件中的数据，因此 MapReduce 更适合进行数据分析。对于大量的成绩数据，MapReduce 可以快速地完成分析并输出结果。

7.6.2 成绩分析系统功能设计

成绩分析系统的功能如图 7-11 所示。

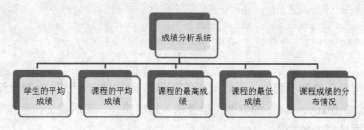

图 7-11 成绩分析系统功能

成绩分析系统实现的功能相对比较简单，主要完成每个学生的平均成绩统计和每门课程成绩的统计。

本案例采用的数据文件格式如下。

学号 姓名 课程 1 分数 课程 2 分数

每个学生的信息以及成绩为一行数据，每个数据项之间用 "\t" 分隔。为了方便验证数据分析是否正确，这里只保存两门课程的分数。

本案例使用的具体数据如下。

```
id      name        math    english
001     Jerry       81      70
002     Rose        50      90
003     William     90      87
004     Lucy        70      88
005     Steven      62      73
```

7.6.3 成绩分析系统实现

对于各功能的实现，采用了不同的处理方式，以展示 MapReduce 的多样性和灵活性。

1. 学生的平均成绩

（1）确定输入格式。采用默认的 TextInputFormat。

（2）确定输出格式。这里为了防止有重名的学生，输出平均成绩时同时输出学号和姓名。对于要输出 3 个值的情况，可以使用字符串拼接的方式和自定义数据类型两种方法。这里采用自定义数据类型。

（3）创建 StudentWritable 类，定义 StudentWritable 数据类型。代码如下。

```
import java.io.DataInput;
import java.io.DataOutput;
import java.io.IOException;
import org.apache.hadoop.io.WritableComparable;
public class StudentWritable implements WritableComparable<StudentWritable>
```

```
{
    String id, name;                                      //定义数据类型中的字段
    public StudentWritable()                              //无参数构造函数
    {
        super();
    }
    public StudentWritable(String id, String name)    //有参数构造函数
    {
        super();
        this.id = id;
        this.name =name;
    }
    public void write(DataOutput out) throws IOException
    {
        //序列化
        out.writeUTF(id);
        out.writeUTF(name);;
    }
    public void readFields(DataInput in) throws IOException
    {
        //反序列化
        this.id=in.readUTF();
        this.name=in.readUTF();
    }
    public String toString()
    {
        return id + "\t"+ name ;
    }
    public int compareTo(StudentWritable s)
    {
        //根据id大小进行排序
        if(id.compareTo(s.id) > 0)
            return 1;
        else if(id.compareTo(s.id) < 0)
            return -1;
        else
            return 0;
    }
}
```

上述代码中，完成了自定义 StudentWritable 数据类型，该类型包含两个字段：学号（id）和姓名（name）。代码同时实现了其无参数与有参数的构造函数，以及序列化与反序列化功能。由于 StudentWritable 会作为 key 值输出，因些还实现了比较功能函数 compareTo()。

（4）创建 StudentMapper 类，实现 Mapper 类。代码如下。

```
import java.io.IOException;
import org.apache.hadoop.io.FloatWritable;
import org.apache.hadoop.io.LongWritable;
import org.apache.hadoop.io.Text;
import org.apache.hadoop.mapreduce.Mapper;
public class StudentMapper
            extends Mapper<LongWritable, Text, StudentWritable, FloatWritable>
{
    public void map(LongWritable k1, Text v1, Context context)
                            throws IOException, InterruptedException
```

```
    {
        String line = v1.toString();                          //获得一行的文本
        if (line.contains("id") == true)                      //若为文件头部，则不处理
            return;
        String[] splits = line.split("\t");                   //按照制表符切割一行文本数据
        if(splits.length != 4)                                //若数据不为 4 列，则不处理
            return;
        //使用构造函数将 id、name 两个字段的值赋给 StudentWritable 类型对象 s
        StudentWritable s = new StudentWritable(splits[0],splits[1]);
        //获取两门课程的成绩，转换为 int 后求合
        int sum = Integer.parseInt(splits[2]) + Integer.parseInt(splits[3]);
        float average = sum / 2;                              //求两门课程的平均值
        context.write(s, new FloatWritable(average));         //将数据写入 map 上下文
    }
}
```

上述代码中，过滤了文件的头部以及不合法的数据，保证了数据的可靠性；直接获取到了学生的学号与姓名，并计算出了学生的平均成绩，因此不需要再写 Reducer 类进行处理。

（5）创建 StudentAverager 类，实现主函数。代码如下。

```
import java.io.IOException;
import org.apache.hadoop.conf.Configuration;
import org.apache.hadoop.fs.Path;
import org.apache.hadoop.io.FloatWritable;
import org.apache.hadoop.mapreduce.Job;
import org.apache.hadoop.mapreduce.lib.input.FileInputFormat;
import org.apache.hadoop.mapreduce.lib.output.FileOutputFormat;
import org.apache.hadoop.util.GenericOptionsParser;
public class StudentAverage
{
    public static void main(String[] args)
                throws IOException, ClassNotFoundException, InterruptedException
    {
        Configuration conf = new Configuration();
        String[] ortherArgs = new GenericOptionsParser(conf,args).getRemainingArgs();
        //获取程序的输入参数
        if(ortherArgs.length!=2)                  //如果未获得两个输入参数，输出提示信息并结束程序
        {
            System.err.println("Usage: StudentAverage <in> <out>");
            System.exit(2);
        }
        Job job =Job.getInstance(conf," StudentAverage");
        job.setMapperClass(StudentMapper.class);
        job.setOutputKeyClass(StudentWritable.class);
        job.setOutputValueClass(FloatWritable.class);
        FileInputFormat.addInputPath(job,new Path(ortherArgs[0]));
        FileOutputFormat.setOutputPath(job,new Path(ortherArgs[1]));
        System.exit(job.waitForCompletion(true)? 0:1);
    }
}
```

上述代码中，对 job 进行了配置（仅设置了 Mapper 类、输出 key 类型、输出 value 类型、输入/输出路径）。需要注意的是，输出类型要与 StudentMapper 类的输出类型相匹配。

（6）准备需要处理的数据。

在本地创建一个 StudentScore.txt 文件，将前面的数据写入文件。将 StudentScore.txt 上传至 HDFS 上的/ScoreTest/Input 目录下，并将/ScoreTest/Input 目录作为程序的输入路径。输出路径为 HDFS 上的/ScoreTest/StudentAverageOutput。按照前面例子的方法，在 Eclipse 中设置好输入输出路径参数。

（7）运行。单击 Eclipse 的 Run 菜单命令以运行该程序。执行成功后，在 HDFS 上会生成新的文件目录/ScoreTest/StudentAverage Output，里面包含了输出结果文件，打开文件可查看输出结果。如图 7-12 所示。

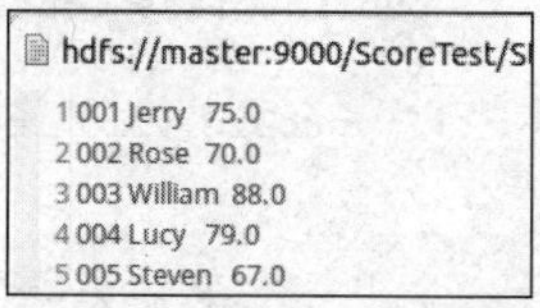

```
hdfs://master:9000/ScoreTest/St
1 001 Jerry  75.0
2 002 Rose   70.0
3 003 William 88.0
4 004 Lucy   79.0
5 005 Steven 67.0
```

图 7-12　学生平均成绩

2. 课程的最高成绩

（1）确定输入格式。采用默认的 TextInputFormat。

（2）确定输出格式。输出课程名称与课程最高成绩，其中课程名称通过文件头部获取。

（3）创建 CourseMapper 类，实现 Mapper 类。代码如下。

```java
import java.io.IOException;
import org.apache.hadoop.io.IntWritable;
import org.apache.hadoop.io.LongWritable;
import org.apache.hadoop.io.Text;
import org.apache.hadoop.mapreduce.Mapper;
public class CourseMapper extends Mapper<LongWritable, Text, Text, IntWritable>
{
    static Text courseName1 = new Text();              //创建静态变量存储课程名称
    static Text courseName2 = new Text();
    public void map(LongWritable k1, Text v1, Context context)
                            throws IOException, InterruptedException
    {
        String[] splits = v1.toString().split("\t");   //按照制表符切割一行文本数据
        if(splits.length != 4)                         //若数据不为 4 列，则不处理
            return;
        if(v1.toString().contains("id"))               //若为文件头部，则获取课程名称
        {
            courseName1.set(splits[2]);
            courseName2.set(splits[3]);
        }
        else //若为具体数据，则获取课程成绩
        {
            int score1 = Integer.parseInt(splits[2]);
            int score2 = Integer.parseInt(splits[3]);
            //分别将两门课成绩写入上下文
            context.write(courseName1, new IntWritable(score1));
            context.write(courseName2, new IntWritable(score2));
        }
    }
}
```

上述代码中，通过文件头部获取课程名称，但这种方式只适用于一个 split 的情况。若存在多个 split，则只有一个 split 中存在头部。因此，若文件非常大，可以直接将课程名称作为 key 写入上下文。这里两次调用 write()方法，将两门课程分别写入上下文。

（4）创建 CourseReducer 类，实现 Reducer 类。代码如下。

```
import java.io.IOException;
import org.apache.hadoop.io.IntWritable;
import org.apache.hadoop.io.Text;
import org.apache.hadoop.mapreduce.Reducer;
public class CourseReducer extends Reducer<Text,IntWritable,Text,IntWritable>
{
    public void reduce(Text key, Iterable<IntWritable> values,Context context)
                                    throws IOException,InterruptedException
    {
        int maxScore=0;
        for(IntWritable val:values)
        {
            maxScore = Math.max(maxScore, val.get());
        }
        context.write(key,new IntWritable(maxScore));
    }
}
```

上述代码中，调用 Math 数学函数库里的 max()方法求出最大值。

（5）创建 CourseMax 类，实现主函数。代码如下。

```
import java.io.IOException;
import org.apache.hadoop.conf.Configuration;
import org.apache.hadoop.fs.Path;
import org.apache.hadoop.io.IntWritable;
import org.apache.hadoop.io.Text;
import org.apache.hadoop.mapreduce.Job;
import org.apache.hadoop.mapreduce.lib.input.FileInputFormat;
import org.apache.hadoop.mapreduce.lib.output.FileOutputFormat;
import org.apache.hadoop.util.GenericOptionsParser;
public class CourseMax
{
    public static void main(String[] args)
            throws IOException, ClassNotFoundException, InterruptedException
    {
        Configuration conf = new Configuration();
        String[] ortherArgs = new GenericOptionsParser(conf,args).getRemainingArgs();
        if(ortherArgs.length!=2)
        {
            System.err.println("Usage:CourseMax <in> <out>");
            System.exit(2);
        }
        Job job =Job.getInstance(conf,"CourseMax");
        job.setJarByClass(CourseMax.class);
        job.setMapperClass(CourseMapper.class);
        job.setReducerClass(CourseReducer.class);
        job.setOutputKeyClass(Text.class);
        job.setOutputValueClass(IntWritable.class);
        FileInputFormat.addInputPath(job,new Path(ortherArgs[0]));
        FileOutputFormat.setOutputPath(job,new Path(ortherArgs[1]));
        System.exit(job.waitForCompletion(true)?0:1);
    }
}
```

上述代码中，对 job 进行配置，提交作业并等待执行结束。

（6）修改输出路径。

输入路径仍为/ScoreTest/Input 目录。输出路径则修改为/ScoreTest/CourseMaxOutput。按照前面例子的方法，在 Eclipse 中设置好输入输出路径参数。

（7）运行。

单击 Eclipse 的 Run 菜单命令以运行该程序。执行成功后，在 HDFS 上会生成新的文件目录/ScoreTest/CourseMaxOutput，里面包含了输出结果文件，打开文件可查看输出结果。如图 7-13 所示。

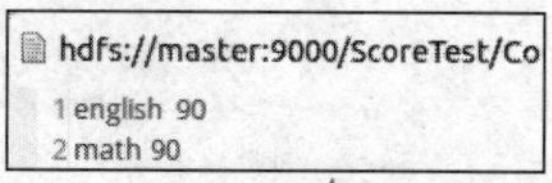

图 7-13　课程最高成绩

3. 课程成绩分布情况

此功能用于对每门课程的成绩进行分析，包括参加课程考试的总人数、90 分及以上的人数、80 ~ 89 分的人数、60 ~ 79 分的人数、60 分以下的人数，统计完成后分别以课程名称为文件名进行保存。针对前面的数据，将生成 math.txt 和 english.txt 两个文件，分别保存 math 课程和 english 课程的成绩分析。

（1）确定输入格式。采用默认的 TextInputFormat。

（2）确定输出格式。由于要使用课程名称作为文件名，需要自定义输出。

（3）实现 Mapper 类。由于是通过 TextInputFormat 获得数据，获得课程名称与课程成绩的方法与前面的 CourseMapper 类相同，使用 CourseMapper 作为 Mapper 类即可。

（4）创建 DistributedPartitioner 类，实现 Partitioner 类。代码如下。

```java
import org.apache.hadoop.io.IntWritable;
import org.apache.hadoop.io.Text;
import org.apache.hadoop.mapreduce.Partitioner;
public class DistributedPartitioner extends Partitioner<Text, IntWritable>
{
    public int getPartition(Text key, IntWritable value, int numPartitons)
    {
        //将 2 门课程转发给 2 个不同的 Reducer
        if(key.toString().equals("math"))
          return 0;
        if(key.toString().equals("english"))
          return 1;
        return 2;
    }
}
```

上述代码中，将 key 为 math 的课程交给 1 个 Reducer 处理，将 key 为 english 的课程交给另 1 个 Reducer 处理；若存在其他 key 值则返回 2，交由一个新的 Reducer 处理。

（5）创建 DistributedReducer 类，实现 Reducer 类。代码如下。

```java
import java.io.IOException;
import org.apache.hadoop.io.IntWritable;
import org.apache.hadoop.io.Text;
import org.apache.hadoop.mapreduce.Reducer;
public class DistributedReducer extends Reducer <Text, IntWritable, Text, IntWritable>
{
    public void reduce(Text key, Iterable<IntWritable> values,Context context)
                                    throws IOException, InterruptedException
    {
        int a = 0,b = 0,c = 0,d = 0;
        for(IntWritable val:values)
        {
```

```
        if(val.get() >=90)
            a++;
        else if(val.get() >=80)
            b++;
        else if(val.get() >=60)
            c++;
        else
            d++;
    }
    context.write(new Text("参加"+key+"课程考试总人数: "), new IntWritable(a+b+c+d));
    context.write(new Text("成绩 90 分及以上的人数:"), new IntWritable(a));
    context.write(new Text("成绩 80-89 分的人数:"), new IntWritable(b));
    context.write(new Text("成绩 60-79 的人数:"), new IntWritable(c));
    context.write(new Text("成绩 60 分以下人数:"), new IntWritable(d));
    }
}
```

上述代码中，根据 key 的值统计不同分数段的人数。得到数据后，依次将数据写入上下文。

（6）创建自定义输出类 CourseNameOutputFormat，实现指定名称的多文件输出。代码如下。

```
import java.io.IOException;
import org.apache.hadoop.fs.FSDataOutputStream;
import org.apache.hadoop.fs.FileSystem;
import org.apache.hadoop.fs.Path;
import org.apache.hadoop.io.IntWritable;
import org.apache.hadoop.io.Text;
import org.apache.hadoop.mapreduce.RecordWriter;
import org.apache.hadoop.mapreduce.TaskAttemptContext;
import org.apache.hadoop.mapreduce.lib.output.FileOutputFormat;
public class CourseNameOutputFormat extends FileOutputFormat<Text, IntWritable>
{
    public RecordWriter<Text, IntWritable> getRecordWriter(TaskAttemptContext job)
                                        throws IOException, InterruptedException
    {
        Path outputDir = FileOutputFormat.getOutputPath(job);       //获得输出路径
        //获得 reduce 任务 ID
        String reduceId = job.getTaskAttemptID().getTaskID().toString();
        //获得文件系统对象
        FileSystem fs=outputDir.getFileSystem(job.getConfiguration());
        //自定义输出路径及文件名，把数学成绩和英语成绩分别输出到相应的文件中
        //根据不同的 reduceID 创建文件路径，并将数据写入对应文件
        if(reduceId.contains("r_000000"))
        {
            //创建路径，并返回输出流 course1
            FSDataOutputStream course1=
                        fs.create(new Path(outputDir.toString()+"/math.txt"));
            //使用自定义 RecordWriter 将数据写入输出流 course1
            return new CourseRecordWriter(course1);
        }
        else if(reduceId.contains("r_000001"))
        {
            FSDataOutputStream course2 =
                        fs.create(new Path(outputDir.toString()+"/english.txt"));
            return new CourseRecordWriter(course2);
```

```
        }
        return new CourseRecordWriter();
    }
}
```

上述代码中，根据不同的 reduce 任务 ID 创建文件，写入对应的课程数据。由于前面用 DistributedPartitioner 对数据进行分区，不同的课程交由不同的 reduce 处理，则其 reduce 任务 ID 也不同。相当于一门课程的数据由一个 reduce 处理，再输出到单独的一个文件。需要注意的是，输出的 key-value 键值对的类型要与 reduce 输出的 key-value 键值对的类型相同。

自定义 RecordWriter 实现写入文件的方式，创建 CourseRecordWriter。代码如下。

```
import java.io.IOException;
import java.io.PrintWriter;
import org.apache.hadoop.fs.FSDataOutputStream;
import org.apache.hadoop.io.IntWritable;
import org.apache.hadoop.io.Text;
import org.apache.hadoop.mapreduce.RecordWriter;
import org.apache.hadoop.mapreduce.TaskAttemptContext;
public class CourseRecordWriter extends RecordWriter<Text, IntWritable>
{
    private PrintWriter out;            //定义一个打印格式化对象到文本的输出流
    //构造函数，初始化输出流
    public CourseRecordWriter(FSDataOutputStream course)
    {
        out=new PrintWriter(course);
    }
    //若没有传入相应的参数，则直接返回，不做任何操作
    public CourseRecordWriter()
    {
        return;
    }
    @Override
    public void write(Text key, IntWritable value)
                    throws IOException, InterruptedException
    {
        out.println(key+"\t"+value);
    }
    @Override
    public void close(TaskAttemptContext arg0) throws IOException, InterruptedException {
        out.close();
    }
}
```

上述代码中，使用创建文件时得到的输出流初始化了一个打印格式化对象到文本的输出流，再使用新的输出流将数据按照 key+ \t+ value 的格式写到文件。

（7）创建 CourseMax 类，实现主函数。代码如下。

```
import org.apache.hadoop.conf.Configuration;
import org.apache.hadoop.fs.Path;
import org.apache.hadoop.io.IntWritable;
import org.apache.hadoop.io.Text;
import org.apache.hadoop.mapreduce.Job;
import org.apache.hadoop.mapreduce.lib.input.FileInputFormat;
import org.apache.hadoop.mapreduce.lib.output.FileOutputFormat;
import org.apache.hadoop.util.GenericOptionsParser;
public class ScoreDistributed
```

```
{
    public static void main(String[] args) throws Throwable
    {
        Configuration conf = new Configuration();
        String[] ortherArgs = new GenericOptionsParser(conf,args).getRemainingArgs();
        //获取程序的输入参数
        if(ortherArgs.length!=2)              //如果未获得两个输入参数，输出提示信息并结束程序
        {
            System.err.println("Usage: ScoreDistributed <in> <out>");
            System.exit(2);
        }
        Job job =Job.getInstance(conf," ScoreDistributed");
        job.setMapperClass(CourseMapper.class);
        job.setReducerClass(DistributedReducer.class);
        job.setPartitionerClass(DistributedPartitioner.class);
        job.setNumReduceTasks(2);              //设置 2 个 Reducer
        job.setOutputFormatClass(CourseNameOutputFormat.class);
        job.setOutputKeyClass(Text.class);
        job.setOutputValueClass(IntWritable.class);
        FileInputFormat.addInputPath(job,new Path(ortherArgs[0]));
        FileOutputFormat.setOutputPath(job,new Path(ortherArgs[1]));
        System.exit(job.waitForCompletion(true)? 0:1);
    }
}
```

上述代码中，对 job 进行配置，设置了 Mapper 类、Partitioner 类、Reducer 类、OutputFormat 类，最后提交作业并等待执行结束。

（8）修改输出路径。

输入路径仍为/ScoreTest/Input 目录。输出路径则修改为/ScoreTest/ScoreDistributedOutput。按照前面例子的方法，在 Eclipse 中设置好输入输出路径参数。

（9）运行。

单击 Eclipse 的 Run 菜单命令以运行该程序。执行成功后，在 HDFS 上会生成新的文件目录/ScoreTest/ScoreDistributedOutput，里面包含了输出结果文件 math.txt 和 english.txt。如图 7-14 所示。

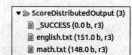

图 7-14　课程成绩分布文件输出目录

打开文件可查看输出结果，两门课程的成绩分布分别如图 7-15 和图 7-16 所示。

　📄 hdfs://master:9000/ScoreTest/ScoreDistributedOutput/english.txt ⊠
```
1 参加english课程考试总人数： 5
2 成绩90分及以上的人数： 1
3 成绩80-89分的人数： 2
4 成绩60-79分的人数： 2
5 成绩60分以下人数： 0
```

图 7-15　english 成绩分布

　📄 hdfs://master:9000/ScoreTest/ScoreDistributedOutput/math.txt ⊠
```
1 参加math课程考试总人数： 5
2 成绩90分及以上的人数： 1
3 成绩80-89分的人数： 1
4 成绩60-79分人数： 2
5 成绩60分以下人数： 1
```

图 7-16　math 成绩分布

7.7　习　　题

1. 简述数据输入格式 InputFormat 的意义。
2. 指出 MapReduce 默认的数据输入格式和输出格式的类型名称以及数据输入/输出规则。
3. 简述 InputFormat 与 RecordReader 以及 OutputFormat 与 RecordWriter 之间的关系。
4. Patitioner 和 Combiner 在一个 MapReduce 作业运行过程中起什么作用?
5. 一个作业运行时如何保证它按自定义的数据输入/输出格式、自定义的 Patitioner 和 Combiner 完成 MapReduce 处理?
6. 简述计数器的作用。

7.8　实　　训

一、实训目的

1. 深入理解 MapReduce Java API 编程。
2. 熟练掌握 MapReduce Java API 编写程序的方法。

二、实训内容

【注意】将每个任务的最终运行效果截图并添加到 Word 文档中, 使用自己的学号保存, 然后连同程序源代码也一起压缩打包提交。

1. 结合 7.6 节成绩分析系统完成以下功能。

（1）求课程平均成绩。

（2）求课程最低成绩。

（3）将学生平均成绩的结果按照分数从高到低排序输出。

（4）查找。输入一个学生姓名, 输出该学生的姓名, 以及其参加考试的课程名及成绩。

2. 从给定的文件中分别计算奇数行与偶数行数据之和。

要计算奇数行与偶数行数据之和, 首先需要得到每一行的行号。使用现有的数据输入格式无法得到行号, 因此要自定义输入格式来获取每一行的行号, 得到行号后就可以判断是奇数行还是偶数行。由于要分别累计求和, 则需要根据行号进行分区, 保证进入 Reduce 时奇数行数据和偶数行数据能被分别放到同一个迭代器中以便求和操作。

样例输入如下, 每行文本只有 1 个数字。

```
3
6
52
78
9
```

样例输出如下。

```
part-r-00000
奇数行之和: 64
part-r-00001
偶数行之和: 84
```

第8章
Spark 概述

本章目标：

- 掌握 Spark 环境搭建。
- 了解 Spark 的发展历程和应用现状，熟悉 Spark 的特点。
- 了解 Spark 的技术体系架构。
- 理解 Spark 的数据模型 RDD 的处理过程。
- 掌握常用的 RDD 算子的使用方法。
- 理解 Spark 任务的调度机制。

本章重点和难点：

- Spark 的数据模型。
- Spark 的任务调度。

随着云计算、物联网以及移动互联网的普及和推广，产生并积累了大量的数据。与此同时，针对大数据的分布式计算框架不断出现并改进。根据应用场景，大数据的处理可以简单地分为两类：一类是以 MapReduce 为代表的静态批量数据处理方法，具有紧耦合、高吞吐率、高延迟的特性，适用于实时性要求不高但数据量较大的应用；另一类是以 Apache Spark、Apache Storm、Apache Samza 等为代表的实时或者接近于实时的大数据处理框架，它们以实时接收数据流的方式快速处理。随着信息社会的快速发展，实时获取数据、从海量的数据中快速挖掘和发现知识，成为了研究者和企业的重要关注点。Spark 不仅具有实时处理的能力，还能进行机器学习、图计算、数据查询，而且采用统一编程模型，因此 Spark 迅速受到了业界的青睐。本章将深入介绍 Spark 的环境搭建、诞生、特征及发展、工作原理、算子使用、任务调度等。

8.1 环　境　搭　建

由于 Spark 框架本身是使用 Scala 语言编写的，所以要搭建 Spark 的环境必须先安装 Scala。同时，由于 Spark 没有自己的存储系统，在很多情况下，它要依赖于 Hadoop 的分布式文件系统 HDFS，所以将 Spark 的环境搭建在之前的 Hadoop 环境之上，同时 Hadoop 的安装环境也为 Spark 提供了其所依赖的 JDK 环境。鉴于 Spark 对 JDK、Hadoop、Scala 等的依赖，对软件的版本有一定的要求，本书安装环境版本如下。

（1）JDK1.8。Spark 依赖的软件包。

（2）Hadoop 2.7。Hadoop 为 Spark 提供了文件系统的支持。

（3）Scala 2.10.6。它是 Spark 环境源代码的开发语言，是 Spark 开发环境的基本支持。

（4）Spark 2.0.0。目前 Spark 的新版本，对 Spark 各功能部件提供了强大的支持。

由于本书在第 2 章已经详细阐述了 Hadoop 及 JDK 的安装过程，这里就不再赘述了。本节将在第 2 章 Hadoop 伪分布式环境的基础上详细介绍安装 Scala 和 Spark 的过程。

8.1.1　Scala 的下载和安装

1. 下载 Scala

Scala 官网提供各个版本 Scala，用户需要根据 Spark 官方规定的 Scala 版本进行下载和安装。Scala 官网下载页面是 http://www.scala-lang.org/download/。下面以 Scala 2.10.6 为例进行介绍。Scala 2.10.6 下载的包名为 "scala-2.10.6.tgz"。

2. 安装

（1）将安装包复制到用户任意指定的位置。

```
$ sudo cp scala-2.10.6.tgz /usr/local/
```

上面的这行代码表示将软件复制到了/usr/local/中。

（2）解压安装包。

```
$ sudo tar -xzvf scala-2.10.6.tgz
```

上面的这行代码表示将安装包解压到/usr/local/目录下。

3. 配置环境变量

安装完成后，需要在配置文件中加入必要的信息以进行环境变量的配置。

（1）首先打开当前用户的配置文件.bashrc。

```
$ gedit ~/.bashrc
```

（2）配置。

在配置文件.bashrc 末尾添加以下两行代码后保存退出。

```
export SCALA_HOME=/usr/local/scala-2.10.6
export PATH=$SCALA_HOME/bin:$PATH
```

本配置表示首先定义系统环境变量 SCALA_HOME，并设置其值为 Scala 的安装目录，然后将 Scala 的安装目录添加到 Ubuntu 的系统环境变量 PATH 之中。

输入以下命令，将刚才的配置做一次更新，以便 Ubuntu 立即应用这些环境变量配置。

```
$ source ~/.bashrc
```

4. 测试

输入命令 "$ scala -version" 或者 "$ scala"，都可以看到 Scala 的版本信息。若显示信息如图 8-1 所示，则表明安装成功。

```
hadoop@master:~$ scala -version
Scala code runner version 2.10.6 -- Copyright 2002-2013, LAMP/EPFL
```

图 8-1　scala 版本信息

【注意】输入 scala 命令后会出现 "scala>"，表示已经进入 Scala Shell 操作环境，在此环境下可以输入 Scala 的操作命令或表达式例如 "14×15"（见图 8-2），按 Enter 键后看到命令的执行结果或表达式的计算结果，表明环境对 Scala 语言已经提供支持。

```
hadoop@master:~$ scala
Welcome to Scala version 2.10.6 (Java HotSpot(TM) 64-Bit Server VM, Java 1.8.0_101).
Type in expressions to have them evaluated.
Type :help for more information.

scala> 14*15
res0: Int = 210
```

图 8-2　测试 scala 的使用

8.1.2　Spark 的下载与安装

在 Scala 搭建完成之后，进行 Spark 的搭建。

1. 下载 Spark

进入 Spark 的下载页面 http://spark.apache.org/downloads.html，选择对应 Hadoop 版本的 Spark 程序包。截至本书编写时，Spark 已经更新到了 2.0.1 版本。由于本教材使用了 Hadoop 2.7，因此 Spark 选择了 Spark 2.0.0 版本（它于 2016 年 7 月 26 日发布），安装包类型选择 pre-bulit for hadoop 2.7，如图 8-3 所示，下载后包名为 "spark-2.0.0-bin-hadoop2.7.tgz"。

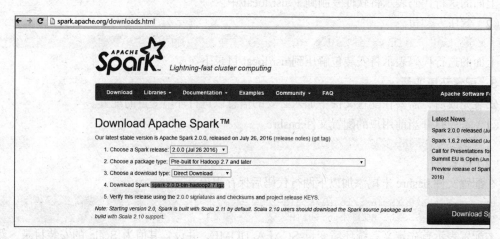

图 8-3　Spark 的下载页面

2. 安装

（1）将安装包复制到用户任意指定的位置

```
$ sudo cp spark-2.0.0-bin-hadoop2.7.tgz  /usr/local/
```

上面的这行代码表示复制 Spark 安装包到/usr/local/中。

（2）解压安装

```
$ sudo tar -xzvf spark-2.0.0-bin-hadoop2.7.tgz
```

上面的这行代码表示解压 Spark 的安装包到当前位置。

（3）配置

根据具体环境情况，首先打开当前用户的配置文件.bashrc。

```
$ gedit ~/.bashrc
```

在文件的末尾添加环境变量，添加如下内容。

```
export SPARK_HOME=/usr/local/spark-2.0.0-bin-hadoop2.7
```

然后在 PATH 变量中加入如下内容。

```
$SPARK_HOME/bin:
```

本配置表示将 Spark 的安装目录配置在环境变量 PATH 中。添加完环境变量后，所有环境变量的配置如下。

```
export JAVA_HOME=/usr/local/jdk1.8.0_101
export JRE_HOME=${JAVA_HOME}/jre
export CLASSPATH=.:${JAVA_HOME}/lib:${JRE_HOME}/lib

export HADOOP_HOME=/home/hadoop/hadoop-2.7.2
export SCALA_HOME=/usr/local/scala-2.10.6
export SPARK_HOME=/usr/local/spark-2.0.0-bin-hadoop2.7
export PATH=${JAVA_HOME}/bin:$HADOOP_HOME/bin:$SCALA_HOME/bin:$SPARK_HOME/sbin:$PATH
```

输入以下命令，更新一次配置。

```
$ source ~/.bashrc
```

接着，修改 spark-env.sh 文件的配置。该文件主要用来设置 Spark 运行所需的相关信息。进入
Spark 的安装目录下的 conf 目录中，找到 spark-env.sh.template，将该文件复制为 spark-env.sh。命
令如下。

```
$ sudo cp spark-env.sh.template  spark-env.sh
```

输入如下命令，打开 spark-env.sh 文件。

```
$ sudo gedit spark-env.sh
```

在文件的末尾添加 Java、Hadoop、Scala 和 SPARK_MASTER_IP 的环境变量，代码如下。

```
export JAVA_HOME=/usr/local/jdk1.8.0_101
export SCALA_HOME=/usr/local/scala-2.10.6
export SPARK_MASTER_IP=master
export HADOOP_CONF_DIR=/home/hadoop/hadoop-2.7.2/etc/hadoop
```

变量 SCALA_HOME 指向 Scala 的安装目录。变量 SPARK_MASTER_IP 配置 Spark 集群的主
节点名或者 IP 地址，该参数必须配置，否则会造成 Slave 无法注册主机错误。变量 HADOOP_
CONF_DIR 表示 Hadoop 的安装目录。此外，还可以添加以下配置。

```
export SPARK_WORKER_MEMORY=2g
```

其中，变量 SPARK_WORKER_MEMORY 用于指定每一个 Worker 节点上可用的最大内存，
增加这个数值可以在内存中缓存更多的数据，但是一定要给 Worker 节点的操作系统和其他服务
程序预留足够的内存。

配置完毕后在 Ubuntu 终端中输入以下命令，使环境变量生效。

```
source spark-env.sh
```

（4）为用户授予 sudo 权限

【注意】本环境中当前用户为 hadoop（根据你设置的实际用户名而定），它需要有 sudo 权限
才能进行一些操作。为普通用户授予 sudo 权限，是给予某普通用户某些或者全部 root 用户的权限，
便于其对某些文件以最高权限访问。

输入如下命令，打开权限配置文件。

```
sudo gedit /etc/sudoers
```

在打开的 sudoers 文件中，找到以下代码。

```
root ALL=(ALL:ALL) ALL
```

在它的下面添加如下所示的一行代码。

```
hadoop   ALL=(ALL:ALL) ALL
```

这表示授予 hadoop 用户与 root 用户相同的（All，All）的所有权限。

（5）启动

在 Spark 的安装目录下输入如下命令将会启动 Spark。

```
./sbin/start-all.sh
```

启动成功后，如图 8-4 所示。

```
hadoop@master:/usr/local/spark-2.0.0-bin-hadoop2.7/sbin$ ./start-all.sh
starting org.apache.spark.deploy.master.Master, logging to /usr/local/spark-2.0
0-bin-hadoop2.7/logs/spark-hadoop-org.apache.spark.deploy.master.Master-1-master
.out
localhost: starting org.apache.spark.deploy.worker.Worker, logging to /usr/loca
l/spark-2.0.0-bin-hadoop2.7/logs/spark-hadoop-org.apache.spark.deploy.worker.Wor
ker-1-master.out
```

图 8-4　启动 Spark

可以用 jps 查看进程，只要发现显示 Master 和 Worker 进程，则表明 Spark 的 Master 进程和
Worker 进程启动成功，如图 8-5 所示。需要注意的是，该结果是单独启动 Spark 的结果。如果需
要用到 HDFS，则需要先启动 Hadoop，再启动 Spark，那么 jps 进程会出现 Hadoop 与 Spark 的相
应进程。

```
hadoop@master:/usr/local/spark-2.0.0-bin-hadoop2.7/sbin$ jps
3121 Jps
2994 Master
3091 Worker
```

图 8-5　查看进程

【注意】如果在启动 Spark 的过程中因 logs 没有权限操作而导致启动失败，可以修改 logs 的
权限。logs 位于 Spark 的安装目录下，是 Spark 日志信息输出的地方，它最初一般是 root 用户、
root 组权限，输入如下代码可将其修改为 hadoop 用户、hadoop 组权限。

```
sudo chown hadoop logs    #更改 logs 为 hadoop 用户权限
sudo chgrp hadoop logs    #更改 logs 为 hadoop 组权限
```

修改后输入如下命令，可再次启动 Spark。

```
./sbin/start-all.sh
```

（6）测试

启动 Spark 后，测试 Spark 启动情况有两种方式。

第一种是使用 spark-shell 的方式，它将以 shell 命令的方式与 Spark 交互。在 Spark 的安装目
录下输入./bin/spark-shell，显示如图 8-6 所示。

```
hadoop@master:/usr/local/spark-2.0.0-bin-hadoop2.7/bin
hadoop@master:/usr/local/spark-2.0.0-bin-hadoop2.7/bin$ ./spark-shell
Using Spark's default log4j profile: org/apache/spark/log4j-defaults.properties
Setting default log level to "WARN".
To adjust logging level use sc.setLogLevel(newLevel).
16/10/04 08:25:03 WARN NativeCodeLoader: Unable to load native-hadoop library fo
r your platform... using builtin-java classes where applicable
16/10/04 08:25:08 WARN SparkContext: Use an existing SparkContext, some configu
ation may not take effect.
Spark context Web UI available at http://192.168.228.200:4040
Spark context available as 'sc' (master = local[*], app id = local-147559470642
).
Spark session available as 'spark'.
Welcome to
      ____              __
     / __/__  ___ _____/ /__
    _\ \/ _ \/ _ `/ __/  '_/
   /___/ .__/\_,_/_/ /_/\_\   version 2.0.0
      /_/

Using Scala version 2.11.8 (Java HotSpot(TM) 64-Bit Server VM, Java 1.8.0_101)
Type in expressions to have them evaluated.
Type :help for more information.
```

图 8-6　使用 spark-shell

第二种方式是使用 WebUI，在浏览器中输入 http://master:8080/，显示如图 8-7 所示。

图 8-7　使用 WebUI 查看 Spark

8.2　Spark 简介

Apache Spark 是一种快速、通用的集群计算系统。它提供了高层次的 API，支持 Scala、Java、Python 和 R，它以通用的 RDD 数据模型优化执行引擎，支持结构化数据交互式查询计算 Spark SQL、实时处理 Spark Streaming、图计算 Graphx、机器学习 MLlib。Spark 以其快速、统一的优点，迅速得到了业界人员的青睐。

8.2.1　Spark 的发展

1. Spark 的诞生与演变

Spark 起源于 2009 年，是 UC Berkeley AMP Lab （加州大学伯克利分校的 AMP 实验室）的一个研究项目。它于 2010 年正式开源，很多早期关于 Spark 系统的思想在不同论文中发表。2013 年成为了 Apache 基金项目，并在 GitHub 上成立了 Spark 开发社区。同年，Spark 项目组核心成员在 2013 年创建了 Databricks 公司。2014 年 2 月，Spark 成为 Apache 基金的顶级项目，因此 Spark 也称为 Apache Spark。2014 年 4 月，大数据公司 MapR 投入使用 Spark，Apache Mahout 放弃 MapReduce，采用 Spark 计算框架。1 年后，Pivotal Hadoop 集成了 Spark 全栈。2015 年 7 月，Hive on Spark 项目启动。

Spark 的版本在短短几年中从 Spark 0.5.1 发展到了目前的 Spark 2.x，生态系统日益完善，技术也逐渐走向成熟。以下是 Spark 主要版本的演化过程。

Spark 1.0.0 于 2014 年 5 月 30 日正式发布，标志着 Spark 正式进入 1.x 的时代。Spark 1.0.0 带来了各种新的特性，并提供了更好的 API 支持；Spark 1.0.0 增加了 Spark SQL 这一个新的重要组件，用于加载和操作 Spark 的结构化数据；Spark 1.0.0 增强了现有的标准库（ML、Streaming、GraphX），同时还增强了对 Java 和 Python 语言的支持；最后，Spark 1.0.0 在运维上做了很大改进，包括支持 Hadoop/YARN 安全机制、使用统一应用提交工具 spark-submit、UI 监控的增强等。

Spark 1.3.0 于 2015 年 3 月 13 日正式发布。该版本 Spark 主要针对 Spark SQL 做了升级。此外，该版本 Spark 开始对 DataFrame API 提供支持，这是 Spark 的一个极为重要的变化，并对 Parquet 数据源做了增强等。

Spark 1.4.0 于 2015 年 6 月 11 日发布。该版本 Spark 正式引入了 SparkR，对 DataFrame 引入新特性，支持 Python3 等。

Spark 1.5.0 于 2015 年 9 月 9 日正式发布。该版本 Spark 的特点是：DataFrame 执行后端优化；MLlib 最大的变化就是从一个机器学习的 library 开始转向构建一个机器学习工作流的系统，并进行了部分算法的增强等。

Spark 1.6.0 于 2016 年 1 月 4 日正式发布。该版本 Spark 性能提升较大,引入了新的 DataSet API,并对数据科学函数进行了扩展等。

Spark 2.0.0 于 2016 年 7 月 27 日正式发布。该版本 Spark 是 Structured Streaming 的最早发行版本,它使用 SparkSession 替换了原来的 SQLContext 和 HiveContext 等,并向低版本兼容。MLLib 里的计算用 DataFrame-based API 代替了以前的 RDD 计算逻辑,并提供了更多的 R 语言算法。

Spark 的发布速度惊人。仅在 2015 年就发布了 4 个版本(Spark 1.3 到 Spark 1.6),各版本都添加了数以百计的改进。例如,2015 年 Spark 在 Spark Streaming 流处理中增加的主要内容就包括:

● 直接 Kafka 连接器。Spark 1.3 改进了与 Kafka 间的集成,从而使得流处理程序能够提供只执行一次数据处理的语义并简化操作。额外的工作提供了容错性和保证零数据丢失。

● Web UI 进行监控并帮助更好地调试应用程序。为帮助监控和调试能够 $7 \times 24h$ 不间断运行的流处理程序,Spark 1.4 引入了能够显示处理时间线和直方图的新 Web UI,同时也能够详细描述各离散 Streams。

● 状态管理 10 倍提升。在 Spark 1.6 当中,重新设计了 Spark 流处理中的状态管理 API,新引入的 mapWithState API 能够线性地扩展更新的记录数而非记录总数。在大多数应用场景中能够达到一个数量级的性能提升。

在本教材编写之时,Spark 2.2.0 亦即将发布。

2. 推动 Spark 发展的力量

推动 Spark 发展的主要力量是 Apache Spark 社区。目前,该社区已经成为大数据最大、最活跃的开源社区,拥有超过 1000 个来自 250 多个组织的代码贡献者。Spark 非常重视社区活动,组织也极为规范,会定期或不定期地举行与 Spark 相关的会议。会议分为两种,其中一种为 Spark Summit,影响力巨大,可谓是全球 Spark 顶尖技术人员的峰会。除了影响力巨大的 Spark Summit 之外,Spark 社区还不定期地在全球各地召开小型的 Meetup 活动,由各地区的领先者主持。Spark Meetup Group 已经遍布北美、欧洲、亚洲和大洋洲。

Spark 峰会是 Spark 社区最重要的活动,自 2013 年成立以来,成千上万的开发人员、科学家、分析师、研究人员和来自世界各地的管理人员纷纷聚集到 Spark 峰会,以更好地了解如何使用大数据、机器学习和数据科学,也可以提供新的见解。无论你是才加入 Apache Spark 的新手还是一个资深爱好者,都可以在 Spark 峰会分享知识,接受培训和培养,并通过专家分享有价值的思想和应用。Spark 峰会的举办情况如下。

● 2013 年 12 月 3 日,Spark 峰会在美国旧金山举行。
● 2014 年 6 月 30 至 7 月 1 日,Spark 峰会在美国旧金山举行。
● 2015 年 3 月 18 日至 19 日,Spark 东部峰会在美国纽约举行。
● 2015 年 6 月 15 日至 17 日,Spark 峰会在美国旧金山举行。
● 2015 年 10 月 27 日至 29 日,Spark 峰会在荷兰阿姆斯特丹举行。

8.2.2　Spark 的特点

Spark 是用 Scala 语言编写、基于内存的计算框架,支持 Scala、Java 和 Python 语言,具有简洁、丰富的接口,提供统一的 RDD 编程模型,是一个整合能力很强的框架。Spark 是一个类 MapReduce,但又不同于 MapReduce 集群计算框架,具有低延迟、迭代作业以及良好交互的能力。Spark 具有以下特点。

1. 速度快

Apache Spark 拥有先进的 DAG （Directed Acyclic Graph，有向无环图）执行引擎循环数据流和内存计算支持。据 Spark 官方数据统计：Spark 比传统 Hadoop 集群中的应用程序在内存中的运行速度要快 100 倍，即使在磁盘上运行也能快 10 倍。2014 年 11 月，Spark 在 Daytona Gray Sort 100TB Benchmark 竞赛中打破了由 Hadoop MapReduce 保持的排序记录。Spark 利用 1/10 的节点数，把 100TB 数据的排序时间从 72min 缩短到了 23min。

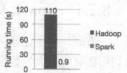

图 8-8　运行逻辑回归算法 Hadoop 与 Spark 性能比较

Spark 是基于内存的计算模型。Spark 是在 MapReduce 的基础之上发展而来的，继承了其分布式并行计算的优点并改进了 MapReduce 离线处理的明显缺陷。Spark 类似 Hadoop，但与 Hadoop 存在很大的不同。Hadoop 中采用基于 MapReduce 的计算引擎通常会把中间结果输出到磁盘、HDFS 或者数据库中进行存储和容错。Hadoop 常用于解决高吞吐、批量处理的业务场景，例如离线计算结果用于浏览量统计。Spark 计算引擎通过减少磁盘 I/O 来达到性能的提升，它们将中间处理数据全部放到了内存中，而无需把中间结果输出到磁盘上，并可以一直存于内存中，只在需要时才持久化到磁盘。数据"不落地"，这大大提高了 Spark 处理大数据的速度，因而能够满足实时性要求高的、功能复杂的大数据处理场景。Spark 本身也是十分轻量级的。Spark 1.0 中的核心代码只有 4 万行。

2. 易用性

可以快速地运用 Java、Scala、Python 或 R 来编写 Spark 的应用程序。Spark 自带 80 多个高等级操作符，允许在 shell 中进行交互式查询，多种使用模式的特点让应用更灵活。

3. 通用性

Spark 的目标是："One Stack to rule them all"。Spark 包括 SQL 和 DataFrame、机器学习 MLlib、流处理 Spark Streaming、图计算 Graphx，可以无缝地结合这些库在同一应用程序中。Spark 框架各个组成部分都基于 RDD 这一抽象数据集在不同业务过程中进行转换，转换代价小，体现了统一引擎解决不同类型工作场景的特点。

4. 跨平台

Spark 可运行在 Hadoop 模式、Mesos 模式、Standalone 独立模式或云中，并可以访问各种数据源，包括本地文件系统、HDFS、Cassandra、HBase、Hive 和 S3 等。

8.2.3　Spark 与 Hadoop 的关系

Spark 和 Hadoop 均是大数据框架，用于处理常见大数据任务。但两者的任务并不相同，彼此也不排斥。Spark 因其速度快、通用的编程模型、实时处理等方面突出的优点，成为了很活跃的开源大数据项目。但是在选择大数据框架时，仍然要根据场景选择合适的框架。Spark 和 Hadoop 并不存在真正的竞争关系，它们是兼容的，并且也存在一些功能上的重叠。大数据服务公司如 Cloudera 通常同时支持 Spark 和 Hadoop 两种服务，并会根据客户的需要提供合适的建议。

Spark 本身没有一个分布式存储系统。大数据能处理 PB 级的数据集，分布式存储系统是大数据项目必要的组成。Spark 需要一个第三方的分布式存储。而 Hadoop 正好有完善的分布式文件存储体系 HDFS。Spark 很好地支持了 Hadoop，可以读取已有的任何 Hadoop 数据，许多大数据项目都将安装在 Hadoop 之上，以便使用 Hadoop 中的分布式存储系统。

Hadoop 采用 MapReduce 静态批量数据处理方法，具有紧耦合、高吞吐率、高延迟的特性，适用于实时性要求不高但数据量较大的应用。而在要求实时处理的场合及需要多次迭代的场合，Spark 则更有优势。

8.2.4　Spark 的企业应用

一方面，由于信息行业数据量不断积累膨胀，传统单机因本身软硬件限制而无法处理，所以迫切需要有能对大量数据进行存储和分析处理的系统；另一方面，如 Google、Yahoo!等大型互联网公司因为业务数据量增长非常快，强劲的需求促进了数据存储和计算分析系统技术的发展，同时公司对大数据处理技术的高效实时性要求越来越高。Spark 就是在这样一个需求导向的背景下出现，其设计的目的就是能快速处理多种场景下的大数据问题，同时高效挖掘大数据中的价值，从而为业务发展提供决策支持。目前大数据行业内，大数据厂商如 Cloudera、MapR、BI 、Yahoo!、eBay 、Netflix 、Amazon、腾讯、网易、淘宝等都部署了 Spark 的应用。其中 Yahoo!、 eBay 、Netflix 部署了超过 8000 个节点的集群。

1. 腾讯

腾讯大数据将 Spark 应用于其新社交广告平台"广点通"做精准推荐。借助 Spark 快速迭代的优势，采用"数据+算法+系统"方案，实现"数据实时采集、算法实时训练、系统实时预测"的全流程实时并行。该系统支持每天上百亿的请求量。基于 Spark 日志数据的快速查询系统业务，利用其快速查询以及内存表等优势，承担了日志数据的即席查询工作。在性能方面，普遍比 Hive 高 2~10 倍，如果使用内存表的功能，性能将会比 Hive 快 100 倍。

2. Yahoo!

Yahoo!将 Spark 用在 Audience Expansion 中。Audience Expansion 是广告中寻找目标用户的一种方法：首先广告者提供一些观看了广告并且购买产品的样本客户，据此进行学习，寻找更多可能转化的用户，对他们发送定向广告。Yahoo! 采用的算法是 logistic regression（逻辑回归）。同时，由于有些 SQL 负载需要更高的服务质量，又加入了专门运行 Shark 的大内存集群，用于取代商业 BI/OLAP 工具，同时与桌面 BI 工具对接。

3. 淘宝

阿里搜索和广告业务最初使用 Mahout 或者自己写的 MR 来解决复杂的机器学习，导致效率低而且代码不易维护。因此，淘宝技术团队使用了 Spark 来解决多次迭代的机器学习算法、高计算复杂度的算法等。将 Spark 运用于淘宝的推荐相关算法上，同时还利用 Graphx 解决了许多生产问题，包括以下计算场景：基于度分布的中枢节点发现、基于最大连通图的社区发现、基于三角形计数的关系衡量、基于随机游走的用户属性传播等。

4. 优酷土豆

优酷土豆使用 Spark 的主要目的是：解决处理速度问题，例如，商业智能 BI 方面，分析师提交任务之后需要等待很久才得到结果；大数据量计算，例如，进行一些模拟广告投放时，计算量非常大，而且对效率要求也比较高；最后就是机器学习和图计算的迭代运算也是需要耗费大量资源且速度很慢。最终发现，这些应用场景用 Spark 处理能获得较好的性能。目前 Spark 已经广泛使用在优酷土豆的视频推荐（图计算）、广告业务等领域。

5. 京东

应用于京东云海项目，集成 MQ 和 Kafka，基于 Spark Streaming 进行实时计算，输出到 HBase 中。

6. 网易

在网易大数据平台中，数据存储在 HDFS 之后，提供 Hive 的数据仓库快速计算和查询，要提高数据处理的性能并达到实时级别，网易公司采用的是 Cloudera Impala 和 Spark Shark 结合的混合实时技术。Impala 是基于 Hadoop 的实时检索引擎开源项目，其效率比 Hive 提高了 3~90 倍，其本质是 Google Dremel 的模仿，但在 SQL 功能上青出于蓝而胜于蓝。Shark 是基于 Spark 早期的 SQL 实现，Shark 可以比 Hive 快 40 倍，如果执行机器学习程序，可以快 25 倍，并完全和 Hive 兼容。

7. 百度

百度 Spark 集群的最大集群规模为 1300 台，包含数万核心和上百 TB 内存，公司内部同时还运行着大量的小型 Spark 集群。当前百度的 Spark 集群由上千台物理主机，由数万 Cores（核），上百 TB 内存组成，已应用于凤巢、大搜索、直达号、百度大数据等业务。快速高效、API 友好易用和组件丰富是 Spark 得到青睐的主要原因。同时百度开放云 BMR（Baidu MapReduce）还提供 Spark 集群计算服务，集群创建可以在 3~5min 内完成，包含了完整的 Spark+HDFS+YARN 堆栈。同时，BMR 也提供 Long Running（长时间运行）模式，并有多种套餐可选。

8. 大众点评

2013 年在建立了公司主要的大数据架构后，大众点评上线了 HBase 的应用，并引入 Spark/Shark 以提高即席查询的执行时间，并调研分布式日志收集系统，来取代手工脚本做日志导入。

8.3　Spark 大数据技术框架

8.3.1　Spark 技术体系

Spark 的设计目的是全站式解决批处理、结构化数据查询、流计算、图计算和机器学习业务场景。Spark 的技术框架分为了 4 层，即部署模式、数据存储、Spark 核心、组件，如图 8-9 所示。

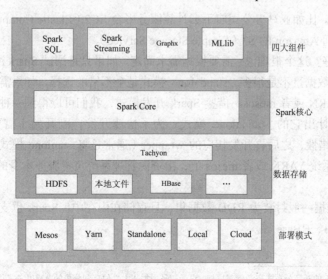

图 8-9　Spark 的技术框架

1. 部署模式

Spark 可以支持多种部署模式，如表 8-1 所示。

表 8-1   Spark 的部署模式

运 行 环 境	模　　式	描　　述
local	本地模式	常用于本地开发测试，本地还分为 local 单线程和 local-cluster 多线程
standalone	独立模式	典型的 Mater/Slave 模式，不过也能看出 Master 是有单点故障，Spark 支持 ZooKeeper 来实现 HA
YARN	集群模式	运行在 YARN 资源管理器框架之上，由 YARN 负责资源管理，Spark 负责任务调度和计算
mesos	集群模式	运行在 mesos 资源管理器框架之上，由 mesos 负责资源管理，Spark 负责任务调度和计算
cloud	集群模式	比如 AWS 的 EC2。使用这个模式能很方便地访问 Amazon 的 S3。Spark 支持多种分布式存储系统，如 HDFS 和 S3

（1）local 本地模式。常用于本地开发测试。

（2）standalone 模式。即独立模式，自带完整的服务，可单独部署到一个集群中，无需依赖任何其他资源管理系统。Spark 在 standalone 模式下单点故障问题是借助 ZooKeeper 解决的，思想类似于 Hbase Master 单点故障解决方案。

（3）mesos 模式。Spark 运行在 mesos[①]上会比运行在 YARN 上更加灵活，更加自然。在 mesos 环境中，用户可选择两种调度模式之一来运行自己的应用程序，粗粒度模式（Coarse-grained Mode）和细粒度模式（Fine-grained Mode）。

（4）YARN 模式。这是一种最有前景的部署模式。但限于 YARN 自身的发展，目前仅支持粗粒度模式（Coarse-grained Mode）。YARN（Yet Another Resource Negotiator）最初是为 Hadoop 生态设计的资源管理器，能在上面运行 Hadoop、Hive、Pig（Pig 是一种基于 Hadoop 平台的高级过程语言）、Spark 等应用框架。在 Spark 使用方面，YARN 与 mesos 很大的不同在于 mesos 是 AMPlab 开发的资源管理器，对 Spark 支持力度很大，但国内主流使用仍是 YARN，主要是 YARN 对 Hadoop 生态的适用性更好。

（5）cloud 模式。比如亚马逊公司旗下云计算服务平台 EC2（Elastic Compute Cloud），使用这种模式可方便地访问 Amazon 的 S3（Simple Storage Service）。

究竟哪种模式好？这个很难说，需要根据需求而定。如果只是测试 Spark Application，可以选择 local 模式。如果数据量不是很多，standalone 模式是个不错的选择。如果需要集群来处理大数据，则可以选择 YARN 或者 mesos。借鉴 Spark 开发模式，我们可以得到一种开发新型计算框架的一般思路：先设计出它的 standalone 模式，为了快速开发，刚开始不需要考虑服务（比如 Master/Slave）的容错性，之后再开发相应的 wrapper（通常是将 stanlone 模式下的服务原封不动地部署到资源管理系统 YARN 或者 mesos 上，由资源管理系统负责服务本身的容错）。

2. 数据存储

Spark 处理的数据一般封装为 RDD 数据集，且存储在内存中。Spark 也支持来自其他地方的数据，如 HDFS、S3、HBase 等。

---

① Mesos 是 Apache 下的开源分布式资源管理框架。它最初是由加州大学伯克利分校的 AMPLab 开发的，后在 Twitter 得到广泛使用。

Tachyon 是以内存为中心的分布式文件系统，拥有高性能和容错能力，能够为集群框架（如 Spark、MapReduce）提供可靠的内存级速度的文件共享服务。Tachyon 诞生于 UC Berkeley 的 AMPLab，在 Spark 1.4 时被加入到 Spark 中，是 Spark 生态系统内快速崛起的一个新项目。本质上，Tachyon 是分布式的内存文件系统，它在减轻 Spark 内存压力的同时，也赋予了 Spark 内存快速读写大量数据的能力。Tachyon 把内存存储的功能从 Spark 中分离了出来，使 Spark 可以更专注计算的本身，以求通过更细的分工达到更高的执行效率。

3．Spark 核心

作为 Spark 生态系统的核心，Spark 主要提供基于内存计算的功能，不仅包含 Hadoop 的计算模型 MapReduce，还包含很多其他的 API，如 reduceByKey、groupByKey、foreach、join 和 filter 等。Spark 将数据抽象为弹性分布式数据集，有效扩充了 Spark 编程模型，能让交互式查询、流处理、机器学习和图计算的应用无缝交叉融合，极大地扩张了 Spark 的应用业务场景。同时，Spark 使用函数式编程语言 Scala，让编程更简洁高效。

8.3.2　四大组件概述

在 Spark 核心上面是四大组件 Spark Streaming、Spark SQL、Spark MLlib 和 Graphx。它们均采用 Spark 作为执行引擎，可自成应用，也可以共同运行在一个大数据应用中。下面将具体介绍 4 大组件。

1．Spark Streaming

Spark Streaming 是基于 Spark 的上层应用框架，使用内建 API，能像写批处理文件一样编写流处理任务，易于使用。它还提供良好的容错特性，能在节点宕机情况下同时恢复丢失的工作和操作状态。在处理时间方面，Spark Streaming 基于时间片准实时处理，能达到秒级延迟，吞吐量比 Storm 大，此外还能和 Spark SQL 与 Spark MLlib 联合使用，构建强大的流状态运行即席（ad-hoc）查询和实时推荐系统。对于 Spark Streaming，本书第 9 章将详细介绍。

2．Spark SQL

Spark SQL 提供了结构化数据的交互式操作，类似于 SQL 操作。Spark SQL 的前身是 Shark。在 2014 年 7 月 1 日的 Spark 峰会上，Databricks 宣布终止对 Shark 的开发，将重点放到 Spark SQL 上。Spark SQL 将涵盖 Shark 的所有特性，用户可以从 Shark 0.9 进行无缝升级。

Shark 即 Hive on Spark，对 Hive 有很强的依赖。Shark 更多是对 Hive 的改造，替换了 Hive 的物理执行引擎，因此会有一个很快的速度。然而，不容忽视的是，Shark 继承了大量的 Hive 代码，因此给优化和维护带来了大量的麻烦。随着性能优化和先进分析整合的进一步加深，基于 MapReduce 设计的部分无疑成为了整个项目的瓶颈。

Spark SQL 允许开发人员直接处理 RDD，同时也可查询外部（例如，在 Apache Hive 上存在的）数据。Spark SQL 的一个重要特点是其能够统一处理关系表和 RDD，使得开发人员可以轻松地使用 SQL 命令进行外部查询，同时进行更复杂的数据分析。除了 Spark SQL 外，Catalyst 优化框架还允许 Spark SQL 自动修改查询方案，使 SQL 更有效地执行。

3．Spark MLlib

MLlib 是 Spark 生态系统在机器学习领域的重要应用，它充分发挥了 Spark 迭代计算的优势，能比传统 MapReduce 模型算法快 100 倍以上。MLlib 1.3 实现了逻辑回归、线性 SVM、随机森林、K-means、奇异值分解等多种分布式机器学习算法；充分利用 RDD 的迭代优势，能对大规模数据应用机器学习模型，如表 8-2 所示；并能与 Spark Streaming、Spark SQL 进行协作开发应用。机器学习算法在基于大数据的预测、推荐和模式识别等方面应用更广泛。

表 8-2　　　　　　　　　　　　　　　　　MLlib 支持的方法

类　　别	支持的算法
二元分类	线性支持向量机、逻辑回归、决策树、朴素贝叶斯
多元分类	决策树、朴素贝叶斯
回归	线性最小乘法、Lasso、岭回归、决策树

4. Spark Graphx

GraphX 是 Spark 中的图计算组件，用于社交网络、社区发现中。与其他分布式图计算框架（如 Google 的图算法引擎 Pregel）相比，GraphX 最大的贡献是：在 Spark 之上提供一站式数据解决方案，可以方便且高效地完成图计算的一整套流水作业。GraphX 最先是伯克利 AMPLab 的一个分布式图计算框架项目，后来整合到 Spark 中成为了一个核心组件。

GraphX 的核心抽象是分布式弹性属性图（Resilient Distributed Property Graph），一种点和边都带属性的有向多重图。它扩展了 Spark RDD 的抽象，有 Table 和 Graph 两种视图，而只需要一份物理存储。两种视图都有自己独有的操作符，从而获得了灵活操作和执行效率。如同 Spark，GraphX 的代码非常简洁。GraphX 的核心代码只有 3 千多行，而在此之上实现的 Pregel 模型，则只有短短的 20 多行。

GraphX 的底层设计有以下 3 个关键点。

（1）对 Graph 视图的所有操作，最终都会被转换成其关联的 Table 视图的 RDD 操作来完成。这样对一个图的计算，最终在逻辑上，等价于一系列 RDD 的转换过程。逻辑上，所有图的转换和操作都产生了一个新图；物理上，GraphX 会有一定程度的不变顶点和边的复用优化，对用户透明。

（2）两种视图底层共用的物理数据，由 RDD[Vertex-Partition] 和 RDD[EdgePartition] 这两个 RDD 组成。点和边实际都不是以表 Collection[tuple] 的形式存储的，而是由 VertexPartition/Edge Partition 在内部存储一个带索引结构的分片数据块，以加速不同视图下的遍历速度。不变的索引结构在 RDD 转换过程中是共用的，降低了计算和存储开销。

（3）图的分布式存储采用点分割模式，而且使用 partitionBy 方法，由用户指定不同的划分策略（PartitionStrategy）。划分策略会将边分配到各个 EdgePartition，顶点 Master 分配到各个 VertexPartition，EdgePartition 也会缓存本地边关联点的 Ghost 副本。划分策略的不同会影响到所需要缓存的 Ghost 副本数量，以及每个 EdgePartition 分配的边的均衡程度，需要根据图的结构特征选取最佳策略。目前有 EdgePartition2d、EdgePartition1d、RandomVertexCut 和 CanonicalRandom VertexCut 这 4 种策略。在淘宝大部分场景下，EdgePartition2d 效果最好。

8.4　Spark 2.0 使用体验

8.4.1　Spark 入口

在 Spark 1.x 及以前版本中，Spark 程序入口是 SparkContext，对于流处理程序入口是 Streaming Context；对于 Spark SQL 使用的程序入口是 SqlContext；而对于 Hive，程序入口则为 HiveContext。

所以 SparkContext、SQLContext、HiveContext 是进入 Spark 不同模块的入口。

而在 Spark 2.0 中，Spark 引入了新的入口 SparkSession，这是因为在 Spark 2.0 中 DataSet 和 Dataframe 提供的 API 逐渐融合成为新的标准 API，需要一个新切入点来构建它们。SparkSession 因此替代了 SQLContext 和 HiveContext，未来可能还会加上 StreamingContext。SparkSession 内部封装了 SparkContext，但计算实际上仍然是由 SparkContext 完成的。Spark 2.0 版本做到了向低版本兼容。因此在 SparkContext、SQLContext 和 HiveContext 上可用的 API 在 SparkSession 上同样是可以使用的。一句话，Spark 2.0 中引入 SparkSession 的概念，为用户提供了一个相对统一的切入点来使用 Spark 的各项（除流处理）功能，而不需要显式地创建 SparkConf、SparkContext、SQLContext 和 HiveContext，因为这些对象已经被封装在了 SparkSession 中。

在 Spark 2.0 版本之前，创建 SparkContext 对象的 Java 代码如下。

```
SparkConf  conf = new SparkConf().setAppName("AppName").setMaster("local");
JavaSparkContext  spark = new JavaSparkContext(conf);
```

而在 Spark2.0 中，SparkSession 的设计遵循了工厂设计模式（factory design pattern），Java 代码如下。

```
SparkSession spark = SparkSession.builder() .master("local")
.appName("AppName").getOrCreate();
```

SparkSession 类位于 org.apache.spark.sql 包中，表 8-3 列出了该类常用的方法。

表 8-3　　　　　　　　　　　　　　　　SparkSession 常用方法

常 用 方 法	描　　　　述
public static SparkSession.Builder builder()	以工厂模式构造一个 SparkSession 对象
public SparkContext sparkContext()	用于得到一个 SparkContext 对象
public SQLContext sqlContext()	用于得到一个 SQLContext 对象
public RuntimeConfig conf()	用于得到 Spark 运行时配置对象
public Dataset<Row>　createDataFrame(RDD<Row> rowRDD, StructType schema)	创建数据集对象
public DataFrameReader　read()	用于读取 DataFrame 的非流式数据
public DataStreamReader　readStream()	用于读取 DataFrame 中的流式数据

8.4.2　第一个 Spark 程序

除了 SparkSession 之外，还有一些常用的 Spark Java API 也位于 org.apache.spark.api.java 中，这些 API 共同支持了 Spark 的具体操作。

Spark 程序的编程思路一般有以下 4 个步骤。

（1）创建程序入口对象。例如，创建 SparkSession 的对象。

（2）读入数据并转换为 RDD。

（3）RDD 计算。

（4）RDD 遍历输出。

Spark 中主要是对 RDD 的操作，RDD 将在下一节详细介绍。

【实例 8-1】编写一个简单的程序，实现以下功能：统计文本文件中出现的单词的个数。

```
import scala.Tuple2;
import org.apache.spark.SparkConf;
import org.apache.spark.api.java.JavaPairRDD;
```

```
import org.apache.spark.api.java.JavaRDD;
import org.apache.spark.api.java.JavaSparkContext;
import org.apache.spark.api.java.function.FlatMapFunction;
import org.apache.spark.api.java.function.Function2;
import org.apache.spark.api.java.function.PairFunction;
import org.apache.spark.sql.SparkSession;
import java.util.Arrays;
import java.util.Iterator;
import java.util.List;
import java.util.regex.Pattern;
public final class JavaWordCount {
  private static final Pattern SPACE = Pattern.compile(" ");
  public static void main(String[] args) throws Exception {
    if (args.length < 1) {
      System.err.println("参数错误");        //判断是否传入运行参数
      System.exit(1);
    }
    SparkSession spark = SparkSession         //创建程序入口 SparkSession 的对象
      .builder() .master("local")             //创建 local 调度方式
      .appName("JavaWordCount")               //设置 Spark 应用程序的名称
      .getOrCreate();
  /* 用来读取文本文件，可以是集群中的本地文件，也可以是任意 Hadoop 文件系统上的文本文件，它的返回值
是 JavaRDD[String]，是文本文件每一行
  */
    JavaRDD<String> lines = spark.read().textFile(args[0]).javaRDD();

    //将行文本内容拆分为多个单词，参数是 FlatMapFunction 接口实现类
    JavaRDD<String> words = lines.flatMap(new FlatMapFunction<String, String>() {
      @Override
      public Iterator<String> call(String s) {
        return Arrays.asList(SPACE.split(s)).iterator();
      }
    });
    //将每个单词的初始数量都标记为 1 个，参数是 PairFunction 接口实现类
    JavaPairRDD<String, Integer> ones = words.mapToPair(
      new PairFunction<String, String, Integer>() {
        @Override
        public Tuple2<String, Integer> call(String s) {
          return new Tuple2<>(s, 1);
        }
      });
    //计算每个相同单词出现的次数，参数是 Function2 接口实现类
    JavaPairRDD<String, Integer> counts = ones.reduceByKey(
      new Function2<Integer, Integer, Integer>() {
        @Override
        public Integer call(Integer i1, Integer i2) {
          return i1 + i2;
        }
      });
    //计算每个相同单词出现的次数
    List<Tuple2<String, Integer>> output = counts.collect();
    for (Tuple2<?,?> tuple : output) {
```

```
        System.out.println(tuple._1() + ": " + tuple._2());        //将计算结果文件标准输出
    }
    spark.stop();                                                   //结束执行
    }
}
```

运行该程序，需要在 Eclipse 中为该工程导入包，在 Spark 安装目录下的 jar 文件下，如图 8-10 所示。

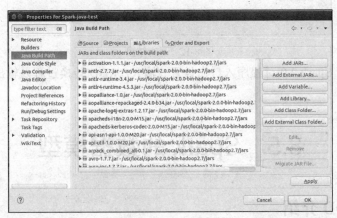

图 8-10 导入 jar 包

准备数据，创建文件 testdata，并向其中输入以下数据。

```
hadoop@master:~$ touch testdata
hadoop@master:~$ echo "hello,spark" >> testdata
hadoop@master:~$ echo "Good morning" >> testdata
hadoop@master:~$ echo "bye" >>testdata
hadoop@master:~$ cd hadoop-2.7.2/
hadoop@master:~/hadoop-2.7.2/bin$ hadoop fs -put ~/testdata /input
```

运行该程序，用鼠标右键单击 Run As→Run Configurations，在左侧树状目录中选择 JavaWordCount，或者在右侧的 Main 面板中选择 JavaWordCount 类，再在 Arguments 面板中输入 HDFS 文件的位置"hdfs://192.168.228.200:9000/input/testdata"，其中 IP 地址 192.168.228.200 为 master 虚拟机的地址。如图 8-11 所示。

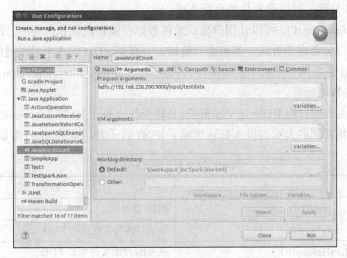

图 8-11 运行配置

运行该程序，结果如图 8-12 所示。

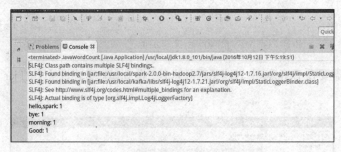

图 8-12　运行结果

该程序演示了 Spark 2.0 对程序入口做设置、输入、RDD 转换过程及输出这一系列完整的过程。

8.5　Spark 的数据模型

8.5.1　RDD 介绍

与许多其他大数据处理平台不同，Spark 采用统一的抽象数据集 RDD 来存储正在被处理的大数据，这种建立在统一数据模型之上的计算模式，使得它可以以基本一致的方式应对不同的大数据处理场景。

RDD（Resilient Distributed Datasets，弹性分布式数据集）是 Spark 的核心数据结构，是一个容错的、并行的数据结构，可以让用户显式地将数据存储到磁盘和内存中，并能控制数据的分区。逻辑上认为 RDD 是一个分布式的集合，而集合中每个元素可以是用户自定义的任意数据结构。RDD 通过其依赖关系形成 Spark 的调度顺序。通过 RDD 的操作形成整个 Spark 程序。

RDD 具有以下一些特征。

- 只读。该特性对恢复出错的 RDD 十分有用。

- 容错性（fault-tolerant）。假如其中一个 RDD 坏掉，RDD 中有记录之前的依赖关系，依赖关系中记录算子和分区，可以很容易地重新生成。

- 分布性（distributed）。可以让用户显式地将数据存储到磁盘和内存中，并能控制数据的分区。一个 RDD 可以包含多个分区。不可变、容错、分布是 RDD 的 3 个最关键的特征。

- 同时，RDD 还提供了一组丰富的操作，诸如 map、flatMap、filter、join、groupBy、reduceByKey 等，以支持常见的数据运算。

Spark 的核心是 RDD，但 RDD 是个抽象类，具体操作由各子类（如 MappedRDD、ShuffledRDD 等）实现。Spark 将常用的大数据操作都转化成了 RDD 的子类。常用 RDD 类如表 8-4 所示。

表 8-4　　　　　　　　　　　　　　　Spark Java API 中主要的类

接　　口	描　　述
JavaRDD	RDD 数据集
JavaPairRDD	键值对的数据格式的 RDD
JavaHadoopRDD	从 hdfs 读取文件生成 RDD

8.5.2 RDD 的处理过程

Spark 程序主要由 RDD 的一系列操作（Function，又称算子）构成，可实现数据集的输入、转换或计算处理和输出。Spark 程序的执行过程一般如下。

1. 输入

在 Spark 程序运行中，数据输入 Spark、创建 RDD。RDD 有如下 4 种创建方式。

（1）从 Hadoop 文件系统（如 HDFS、Hive、HBase）输入创建。

（2）从父 RDD 转换得到新 RDD。

（3）调用 SparkContext 的方法 parallelize，将 Driver 上的数据集并行化，形成分布式的 RDD。

（4）基于 DB（MySQL）、NoSQL（HBase）、S3、数据流创建。

2. 转换处理

RDD 的操作主要有转换操作（Transformation 算子）和触发操作（Action 算子）。

在 Spark 数据输入形成 RDD 后便可以通过转换操作，将 RDD 转化为所需要的新的 RDD。转换操作是通过 Action 算子来触发的。Action 算子触发 Spark 提交作业。如果数据需要复用，可以进行缓存处理（即 Cache 算子），将数据缓存到内存。

典型的 RDD 操作流程如图 8-13 所示。

首先通过 SparkContext 的 textFile 操作从外部存

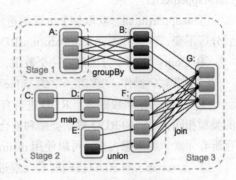

图 8-13 RDD 的操作流程

储系统（如 HDFS）读取文件，构建 3 个 RDD 实例 A、C 和 E。然后，A 做 groupBy 的多对多的键值对的转换操作，得到 B。C 做 map 转换操作，得到 D。D 和 E 做 Union 操作，合并为 F。最后，B 与 F 做 Join 操作，得到最终的 RDD 实例 G。

3. 输出

程序运行结束后，数据会输出 Spark 运行时的空间，可以使用持久化（persist）或者缓存（cache）方法把一个 RDD 存到内存中，也可以存储到分布式存储（如使用 saveAsTextFile 输出到 HDFS）或者数据库（如 HBase、MySQL 等）中。

8.5.3 Transformation 算子与使用

RDD 的 Transformation 算子可以将已有的数据集转换成一个新的数据集。但它是惰性的（lazy），延迟的。也就是说转换操作并没有立即进行转换，而是仅仅记住了数据集的逻辑操作，需要等到有 Action 操作时，才会真正触发计算。例如，map 就是一种转换，它将数据集每一个元素都传递给函数，并返回一个新的分布数据集来表示结果。Action 算子会触发 Spark 提交作业，并将数据输出到 Spark 系统中。例如，reduce 是一种动作，通过一些函数将所有的元素聚合（aggregates）起来，并将最终结果返回给驱动程序。

8.5.3.1 Transformation 算子的分类

Transformation 算子还可以划分为以下 2 类。

（1）Value 型的算子。这种算子针对值类型（value 型）进行计算处理，它并不触发提交作业。

（2）Key-Value 型的算子。这种算子针对键值对型（Key-Value 型）的数据进行变换操作，它也不会触发提交作业。

1. Value 型算子

根据输入与输出的关系，Value 型算子可分为 4 种类型：一对一操作、多对一操作、多对多操作、求子集。

（1）一对一操作。"一对一"的 Value 型算子包括以下 4 个。

① map。简单的一对一映射，集合不变。它将原来的 RDD 的每个元素通过 map 中的函数 f 映射为一个新的元素，例如，执行数学线性函数计算 $f(x)=ax+b$。新 RDD 叫作 MappedRDD。但是 map 算子只有等到 Action 算子触发后，对应的转换函数 f 才会和其他函数在一个 stage 中对数据进行运算。

② flatMap。一对一映射，并将最后映射结果整合。它将原来的 RDD 中的每个元素通过函数 f 转换为新的元素，并将生成的 RDD 的每个集合中的元素合并为一个集合，生成并返回 FlatMappedRDD。

③ mappartitions。获取每个分区的迭代器，对每个分区内元素进行迭代操作（如过滤等），然后分区不变，生成并返回 MapPartitionsRDD。

④ glom：将每个分区形成一个数组，生成并返回 GlommedRDD。

（2）多对一操作。"多对一"的 Value 型算子主要有 2 个。

① union。相同数据类型 RDD 进行合并，并不去重。使用该函数时需要保证两个 RDD 元素的类型相同，返回的 RDD 数据类型和被合并的 RDD 元素数据类型相同，并不进行去重操作，保存所有元素。如果想去重，可以使用 distinct 函数或者++符号。

② cartesian。对 RDD 内的所有元素进行笛卡儿积操作，生成并返回 CartesianRDD。

（3）多对多操作。"多对多"的 Value 型算子有 groupBy。该算子将元素通过函数生成相应的 Key，然后转化为<Key,Value>键值对，可缩写为<K,V>。

（4）求子集。求子集就是对输入分区进行转换处理，最终的输出为输入的子集。"求子集"的 Value 型算子主要以下几个。

① filter。对 RDD 中的每个元素进行过滤处理，过滤条件为 true 的元素在 RDD 中保留，过滤条件为 false 的元素被过滤掉，最终生成并返回 FilteredRDD。

② distinct。对 RDD 进行去重操作，多个重复的元素将只保留一个。

③ subtract。RDD 间进行集合的差操作，去除相同数据元素。例如，RDD1 与 RDD2 进行差操作，是指从 RDD1 去除与 RDD2 相同的元素，剩下在 RDD1 中但不在 RDD2 中的元素。

④ sample/takeSample。对 RDD 进行采样操作，获取该 RDD 内的子集。采样的方式由用户自己设定，例如是否有返回的抽样、百分比、随机种子。生成并返回 SampledRDD。

⑤ cache。将 RDD 数据原样存入内存；相当于 persist（Memory_ONLY）的功能。

⑥ persist。对 RDD 数据进行缓存操作，数据缓存的位置由 StorageLevel 枚举类型确定。StorageLevel 枚举类型代表了存储的模式，用户可以自己选择。StorageLevel 设置的详细介绍见本书 9.3.4 节。

2. Key–Value 算子

Key-Value 算子大致可分为一对一、聚集、连接 3 种操作。

（1）一对一操作。"一对一"的 Key-Value 型算子主要有 mapValues。该算子针对键值对中的 Value 进行 map 操作，而不针对 Key 进行处理。

（2）聚集操作。提供聚集操作的 Key-Value 型算子主要有以下几个。

① combineByKey。使用不同的返回类型合并具有相同键的值。

② reduceByKey。将 Key 相同的<K,V>对中的 Value 进行 reduce，因此 Key 相同的多个元素的值被 reduce 为一个值，然后与原 RDD 中的 Key 组成一个新的<K,V>对。

③ partitionBy。重新分区函数。如果原有 RDD 的分区与现有分区器 Partitioner 一致，则不重新分区；如果不一致，则会根据 Partitioner 生产一个新的 ShuffleRDD。

④ cogroup。将多个 RDD 中同一个 Key 对应的 Value 协同划分，组合到一起。

（3）连接操作。提供连接操作的算子包括以下 3 个。

① join。类似 SQL 中的自然连接。只能用于两个 RDD 之间的关联，如果要多个 RDD 关联，多关联几次即可。

② leftOuterJoin。类似于 SQL 中的左外关联 left outer join，返回结果以前面的 RDD 为主，关联不上的记录为空。只能用于两个 RDD 之间的关联，如果要多个 RDD 关联，多关联几次即可。

③ rightOutJoin。类似于 SQL 中的右外关联 right outer join，返回结果以参数中的 RDD 为主，关联不上的记录为空。只能用于两个 RDD 之间的关联，如果要多个 RDD 关联，多关联几次即可。

假定有 rdd 为{1,2,3,3}，rdd1 为{1,2,3}，rdd2 为{3,4,5}，则单个 RDD 的 Transformation 结果如表 8-5 所示，多个 RDD 的 Transformation（以 rdd1 和 rdd2 为例）结果如表 8-6 所示。

表 8-5　　　　　　　　　　　　　单个 RDD 的 Transformation 说明

算　子	函　数　示　意	结　　果	解　　释
map	rdd.map(x=>x+1)	{2,3,4,5}	对 RDD 中每一个元素进行加 1 操作
flatMap	rdd. flatMap (x=>x.to(3))	{1,2,3,2,3,3,3}	遍历当前每个元素，然后产生从当前元素到 3 的集合
filter	rdd.filter(x=>x!=1)	{2,3,3}	过滤 RDD 中不等于 1 的元素
distinct	rdd.distinct()	{1,2,3}	对 RDD 元素去重

表 8-6　　　　　　　　　　　　　多个 RDD 的 Transformation 转换

算　子	函　数　示　意	结　　果	解　　释
union	rdd1.union(rdd2)	{1,2,3,3,4,5}	返回两个 RDD 的合并，不去重
intersection	rdd1. intersection (rdd2)	{3}	返回两个 RDD 的交集并去重
substract	rdd. substract ()	{1,2}	返回 rdd1 中出现，并且不在 rdd2 中出现的元素，不去重

8.5.3.2　Transformation 算子的使用举例

RDD 的 Transformation 算子可将一个 RDD 转换成另一个 RDD。每一个初始 RDD 中的元素都会传给 call 方法，实现其具体的算子操作。该方法位于算子相应的 Function 接口中，这些接口位于 org.apache.spark.api.java.function 包中（详细说明见 http://spark.apache.org/docs/2.0.0/api/java/index. html）。表 8-7 显示了 Function 接口与其相应的实现方法的使用说明。

表 8-7　　　　　　　　　　　　　　使用 Spark 算子的接口

接　　口	实　现　方　法	使　用　说　明
interface Function<T1,R>	R1 call(T)	基本接口，不返回 RDD。该方法接收 1 个输入值并返回 1 个输出值
interface VoidFunction<T>	void　call(T)	基本接口，不返回 RDD。该方法接收 1 个输入值并返回 0 个输出值
interface Function0<R>	R1 call()	基本接口，不返回 RDD。该方法接收 0 个输入值并返回 1 个输出值

接　　口	实　现　方　法	使　用　说　明
interface Function2<T1,T2,R>	R1 call(T1，T2)	基本接口，不返回 RDD。该方法接收 2 个输入值并返回 1 个输出值
interface PairFunction<T,K,V>	scala.Tuple2<K,V>　　call(T)	返回 key-value 对，用于构建 PairRDD
public interface ReduceFunction<T>	T call(T1，T2)	基本接口，用于 RDD 的 reduce 算子
interface DoubleFunction<T>	double call(T)	返回 Double 型的函数，用于构建 DoubleRDD
interface FilterFunction<T>	boolean call(T)	返回布尔值，用于 RDD 的 filter 功能
interface FlatMapFunction<T,R>	java.util.Iterator<R>　　call(T)	每个输入，返回 0 或多个结果，结果为一个迭代器
interface ForeachFunction<T>	void call(T)	用于 RDD 的 foreach 算子

【实例 8-2】编写一个简单的程序实现 map 算子操作，将集合中的元素都乘以 5。

```java
package testTransformRDD;
import java.util.Arrays;
import java.util.List;
import org.apache.spark.SparkConf;
import org.apache.spark.api.java.JavaRDD;
import org.apache.spark.api.java.JavaSparkContext;
import org.apache.spark.api.java.function.Function;
import org.apache.spark.api.java.function.VoidFunction;

public class MapRDD {
    /**
     * map 算子案例
     * 将集合中的元素都乘以 5
     */
    public static void main(String[] args) {
        SparkConf conf = new SparkConf().setAppName("MapRDD").setMaster("local");
        JavaSparkContext sc = new JavaSparkContext(conf);          //获得 Spark 上下文对象
        List<Integer> numbers = Arrays.asList(10, 20, 30, 40, 50);        //原始 RDD
        //输入 RDD 到 Spark 运行
        JavaRDD<Integer> numberRDD = sc.parallelize(numbers);
        //map 操作，将原始 RDD 的元素分别乘以 5，得到新的 RDD
        JavaRDD<Integer> multipleNumberRDD = numberRDD.map(new    Function<Integer,
Integer>() {
            private static final long serialVersionUID = 1L;
            @Override
            public Integer call(Integer arg0) throws Exception {
                return arg0 * 5;
            }
        });

        System.out.println("after map:");
        //foreach 迭代新 RDD，并输出
        multipleNumberRDD.foreach(new VoidFunction<Integer>() {
            @Override
            public void call(Integer arg0) throws Exception {
```

```
                    // TODO Auto-generated method stub
                    System.out.print(arg0 + "    ");
                }
        });

        sc.close();                          //执行结束
    }
}
```

　　该程序通过 sc.parallelize(numbers)获得 Spark 的输入，通过 numberRDD.map 对原来的 RDD
进行 map 操作，map 后的新 RDD 为{50,100,150,200,250}。map 操作在 Action 算子触发后才能在
一个 stage（Spark 中的一个 Job 划分为多个 stage）中对数据
进行运算。该方法调用中的参数为 Function 接口的实现类，
表示对 RDD 中的每一个元素以触发的方式执行 call 方法，call
方法的功能根据其实现方法中的代码而定。最后以 foreach
迭代新 RDD，并输出。在 Eclipse 中单击 "Run As→Java
Application"，map 算子的执行结果如图 8-14 所示。

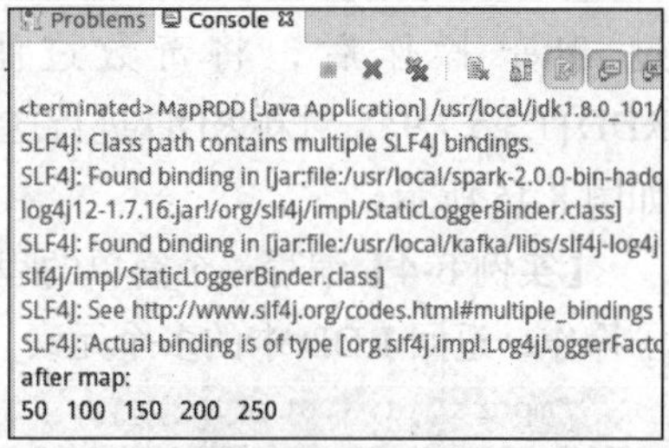

　　【实例 8-3】编写一个简单的程序实现 filter 算子操作，
过滤后显示出 RDD 中的所有奇数。

图 8-14　map 算子的执行结果

```
package testTransformRDD;
import java.util.Arrays;
import java.util.List;
import org.apache.spark.SparkConf;
import org.apache.spark.api.java.JavaRDD;
import org.apache.spark.api.java.JavaSparkContext;
import org.apache.spark.api.java.function.Function;
import org.apache.spark.api.java.function.VoidFunction;

public class FilterRDD {
    public static void main(String[] args) {
        /**
         * filter算子案例：  过滤集合中的奇数
         */
        SparkConf conf = new SparkConf().setAppName("filter").setMaster("local");
        JavaSparkContext sc = new JavaSparkContext(conf);
        List<Integer> numbers = Arrays.asList(1, 2, 3, 4, 5, 6, 7, 8, 9, 10);
        JavaRDD<Integer> numberRDD = sc.parallelize(numbers);

        // filter算子传入的也是Function，call方法的返回值是Boolean
        // 每一个初始RDD中的元素都会传入call方法
        //如果想在新的RDD中保留该元素则返回true，否则返回false
        JavaRDD<Integer>  evenNumberRDD  =  numberRDD.filter(new  Function<Integer,
Boolean>() {
            private static final long serialVersionUID = 1L;
            @Override
            public Boolean call(Integer arg0) throws Exception {

                return arg0 % 2 != 0;
            }
        });
        System.out.println("after filter:");
```

```
evenNumberRDD.foreach(new VoidFunction<Integer>() {
    private static final long serialVersionUID = 1L;
    @Override
    public void call(Integer arg0) throws Exception {
        System.out.print(arg0+"  ");
    }
});
sc.close();
}
}
```

该程序原来的 RDD{1, 2, 3, 4, 5, 6, 7, 8, 9, 10}经过 filter 操作后，将奇数过滤出来形成新的 RDD{1,3,5,7,9}，对新 RDD 进行迭代输出，执行结果如图 8-15 所示。

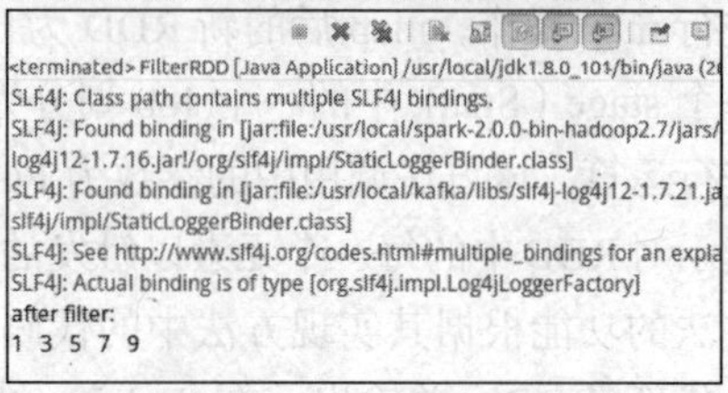

【实例 8-4】编写一个简单的程序实现 flatMap 算子操作，返回 RDD 中的多个元素。

```
<terminated> FilterRDD [Java Application] /usr/local/jdk1.8.0_101/bin/java (2
SLF4J: Class path contains multiple SLF4J bindings.
SLF4J: Found binding in [jar:file:/usr/local/spark-2.0.0-bin-hadoop2.7/jars/
log4j12-1.7.16.jar!/org/slf4j/impl/StaticLoggerBinder.class]
SLF4J: Found binding in [jar:file:/usr/local/kafka/libs/slf4j-log4j12-1.7.21.ja
slf4j/impl/StaticLoggerBinder.class]
SLF4J: See http://www.slf4j.org/codes.html#multiple_bindings for an expla
SLF4J: Actual binding is of type [org.slf4j.impl.Log4jLoggerFactory]
after filter:
1 3 5 7 9
```

图 8-15　filter 算子执行结果

```
import java.util.Arrays;
import java.util.Iterator;
import java.util.List;
import org.apache.spark.SparkConf;
import org.apache.spark.api.java.JavaRDD;
import org.apache.spark.api.java.JavaSparkContext;
import org.apache.spark.api.java.function.FlatMapFunction;
import org.apache.spark.api.java.function.VoidFunction;

public class FlatMapRDD {
    public static void main(String[] args) {

        /**
         * flatMap 算子拆分一行文本的单词
         */
        SparkConf conf = new SparkConf().setAppName("faltMap").setMaster("local");
        JavaSparkContext sc = new JavaSparkContext(conf);
        List<String> lineList = Arrays.asList("hello you", "hello me", "hello world");
        JavaRDD<String> lines = sc.parallelize(lineList);

        /*
         * 对 RDD 执行 flatMap 算子，将每一行文本拆分为多个单词
         * flatMap 其实就是接收原始 RDD 中的每个元素，并进行各种处理返回多个元素，即封装在 Iterator 中
         * 新的 RDD 中，即封装了所有的新元素，所以新的 RDD 大小一定大于原始的 RDD
         */
        JavaRDD<String> words = lines.flatMap(new FlatMapFunction<String, String>() {

            private static final long serialVersionUID = 1L;

            @Override
            public Iterator<String> call(String arg0) throws Exception {
                return Arrays.asList(arg0.split(" ")).iterator();
            }

        });

        //输出
```

```
            words.foreach(new VoidFunction<String>() {
                private static final long serialVersionUID = 1L;
                public void call(String arg0) throws Exception {
                    System.out.print(arg0+" ");
                }
            });

        sc.close();
        }
    }
```

该程序原来 RDD 为{"hello you", "hello me", "hello world"}3 个元素,相当于 3 行;经过 flatMap 后, 变成了 RDD{ hello you hello me hello world }, 相当于 1 行。输出结果如图 8-16 所示。

图 8-16　flatMap 后的输出结果

【实例 8-5】编写一个简单的程序实现 groupByKey 算子操作, 按照姓名对成绩进行分组。

```
import java.util.Arrays;
import java.util.Iterator;
import java.util.List;
import org.apache.spark.SparkConf;
import org.apache.spark.api.java.JavaPairRDD;
import org.apache.spark.api.java.JavaSparkContext;
import org.apache.spark.api.java.function.VoidFunction;
import scala.Tuple2;

public class GroupByKeyRDD {
    public static void main(String[] args) {
        SparkConf conf = new SparkConf()
                        .setAppName("groupByKey")
                        .setMaster("local");
        JavaSparkContext sc = new JavaSparkContext(conf);

        List<Tuple2<String, Integer>> scores = Arrays.asList(
                    new Tuple2<String, Integer>("jack",80),
                    new Tuple2<String, Integer>("rose",75),
                    new Tuple2<String, Integer>("jack",90),
                    new Tuple2<String, Integer>("rose",65));
        //创建 JavaPairRDD
        JavaPairRDD<String, Integer> scoresRDD = sc.parallelizePairs(scores);
        JavaPairRDD<String, Iterable<Integer>> groupScores = scoresRDD.groupByKey();
        groupScores.foreach(new VoidFunction<Tuple2<String,Iterable<Integer>>>() {

            public void call(Tuple2<String,Iterable<Integer>> arg0) throws Exception{

                System.out.println("name:"+arg0._1);
                Iterator<Integer> it = arg0._2.iterator();
                while(it.hasNext()){
```

```
                    System.out.println(it.next());
                }
                System.out.println("====================================");
            }
        });
        sc.close();
    }
}
```

该程序原始 RDD 为键值对形式的 JavaPairRDD<String, Integer>，groupByKey 算子将会把第一个参数作为 Key 进行分组。运行结果如图 8-17 所示。

图 8-17　groupByKey 算子的运行结果

【实例 8-6】编写一个简单的程序实现 reduceByKey 算子操作，求各个班级总分。

```java
package testTransformRDD;
import java.util.Arrays;
import java.util.Iterator;
import java.util.List;
import org.apache.spark.SparkConf;
import org.apache.spark.api.java.JavaPairRDD;
import org.apache.spark.api.java.JavaSparkContext;
import org.apache.spark.api.java.function.Function2;
import org.apache.spark.api.java.function.VoidFunction;
import scala.Tuple2;

public class ReduceByKey {
public static void main(String[] args) {
    SparkConf conf = new SparkConf()
        .setAppName("reduceByKey")
        .setMaster("local");
    JavaSparkContext sc = new JavaSparkContext(conf);

    List<Tuple2<String, Integer>> scores = Arrays.asList(
        new Tuple2<String, Integer>("class1",80),
        new Tuple2<String, Integer>("class2",75),
        new Tuple2<String, Integer>("class1",90),
        new Tuple2<String, Integer>("class2",65));

    JavaPairRDD<String, Integer> scoresRDD = sc.parallelizePairs(scores);
    JavaPairRDD<String, Integer> totalScores = scoresRDD.reduceByKey(new Function2
<Integer, Integer, Integer>() {
        private static final long serialVersionUID = 1L;
            public Integer call(Integer arg0, Integer arg1) throws Exception {
            return arg0+arg1;
        }
    });
```

```
        totalScores.foreach(new VoidFunction<Tuple2<String,Integer>>() {
            public void call(Tuple2<String, Integer> arg0) throws Exception {
                System.out.println(arg0._1+" : "+arg0._2);
            }
        });
        sc.close();
    }
}
```

该程序实现了对各个班分别求总分。运行结果如图 8-18 所示。

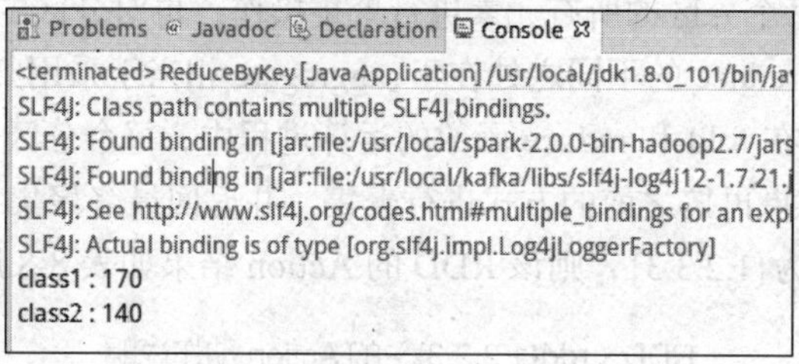

图 8-18 reduceByKey 算子的运行结果

8.5.4 Action 算子与使用

根据输出空间的差异，Action 算子可分为无输出、 HDFS 以及 Scala 等几种。

1. 无输出的 Action

无输出的 Action 算子有 foreach。该算子对 RDD 中每个元素进行操作，但是不返回 RDD 或者 Array，返回空。

2. HDFS 的 Action

HDFS 的 Action 算子负责将 Spark 程序最终生成的 RDD 保存到 HDFS 中，主要有 2 个。

（1）saveAsTextFile。将数据集的元素以 TextFile 的形式保存到本地文件系统、HDFS 或者任何其他 Hadoop 支持的文件系统。Spark 将会调用每个元素的 toString 方法，并将它转换为文件中的一行文本。

（2）saveAsSequenceFile。将数据集的元素以 SequenceFile 的格式保存到指定的目录下、本地系统、HDFS 或者任何其他 Hadoop 支持的文件系统。RDD 的元素必须由 Key-Value 对组成，并都实现了 Hadoop 的 Writable 接口，或可以隐式转换为 Writable（Spark 包括了基本类型的转换，如 Int、Double、String 等）。

3. Scala 语言的 Action

Spark 系统是使用 Scala 语言编写的，提供了大量的支持 Scala 数组和数据类别计算的算子。其中，常用的 Action 算子如下。

① collect。在本地节点上遍历 RDD 中的元素（不建议这么做）。

② take。用于获取 RDD 前面指定个数的元素，不排序。

③ top。用于从 RDD 中，按照默认（降序）或者指定顺序规则，返回前面指定个数的元素。

④ collectAsMap。对<K,V>型的 RDD 数据返回一个单机 HashMap。

⑤ reduceByKeyLocally。实现的是先 reduce 再 collectAsMap 的功能，即先对 RDD 的整体进行 reduce 操作，然后再收集所有结果返回为一个 HashMap。

⑥ lookup。对<Key，Value>型的 RDD 操作，返回指定 Key 对应的元素形成的序列。这个函

数处理优化的部分在于，如果这个 RDD 包含分区器，则只会对应处理 K 所在的分区，然后返回由<K，V>形成的序列。如果 RDD 不包含分区器，则需要对全 RDD 元素进行暴力扫描处理，搜索指定 K 对应的元素。

⑦ count。返回整个 RDD 的元素个数。

⑧ reduce。相当于对 RDD 中的元素进行 reduceLeft 函数的操作。

⑨ fold。和 reduce 的原理相同，但是与 reduce 不同，相当于每个 reduce 时，迭代器取的第一个元素是 zeroValue。

⑩ aggregate。先对每个分区的所有元素进行聚集操作，再对分区的结果进行 fold 操作。

aggreagate 与 fold 和 reduce 的不同之处在于，aggregate 相当于采用归并的方式进行数据聚集，这种聚集是并行化的；而在 fold 和 reduce 函数的运算过程中，每个分区中需要进行串行处理，每个分区串行计算完后，结果再按之前的方式进行聚集，并返回最终聚集结果。

例如，假定有 RDD 为{1,2,3,3}，则该 RDD 的 Action 结果如表 8-8 所示。

表 8-8　　　　　　　　　　　RDD（rdd{1,2,3,3}）的 Action 动作说明

算　子	函　数　示　意	结　果	解　释
collect	rdd.collect()	{2,3,4,5}	将一个 RDD 转换成数组
count	rdd. count()	4	返回元素的个数
take	rdd.take(2)	{1，2}	用于获取 RDD 中从 0 开始的指定个数的元素，不排序
top	rdd.top(2)	{3, 3}	从 RDD 中按照默认（降序）或者指定的排序规则，返回指定数目个数的元素
reduce	rdd.reduce((x,y)=>x+y)	9	根据映射函数 $f=x+y$，对 RDD 中的元素进行二元计算，返回计算结果
foreach	rdd.foreach(fun)	{1,2,3,3}	遍历 RDD 的每一个元素
fold	Rdd.fold(0)((x,y)=>x+y)	9	对每个元素累加求和
saveAsTextFile	saveAsTextFile(path)		保存为本地或 HDFS 文本文件

【实例 8-7】编写一个简单的程序实现 count 算子操作，统计 RDD 中元素的个数。

```
public class CountAction {
    public static void main(String[] args) {
        SparkConf conf = new SparkConf()
            .setAppName("count")
            .setMaster("local");
        JavaSparkContext sc = new JavaSparkContext(conf);
        List<Integer> numberList = Arrays.asList(1,2,3,4,5,6,7,8,9,10);
        JavaRDD<Integer> numbersRDD = sc.parallelize(numberList);
        //对 RDD 使用 count 操作，统计 RDD 中元素的个数
        long count = numbersRDD.count();
        System.out.println(count);
        sc.close();
    }
}
```

该程序的目的是统计 RDD{1,2,3,4,5,6,7,8,9,10}中元素的个数，统计结果为 10。如图 8-19所示。

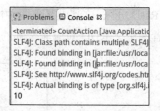

图 8-19　统计 RDD 中元素的个数

8.5.5　RDD 分区

每个 RDD 都包含：①一组 RDD 分区（partition，即数据集的原子部分）。②对父 RDD 的一组依赖，这些依赖包含了 RDD 的 Lineage（血统）。Lineage 指的就是 RDD 之间存在依赖关系。③一个函数，即在父 RDD 上执行何种计算。④元数据，描述分区模式和数据存放的位置。例如，一个包含 HDFS 文件的 RDD 包含各个数据块的一个分区，并知道各个数据块放在哪些节点上。而且这个 RDD 上的 map 操作结果也具有相同的分区，map 函数是在父数据上执行的。

图 8-20 中的 RDD1 含有 3 个分区（P1、P2、P3），分别存储在 3 个节点（Node1、node2、Node4）中。RDD2 含有 5 个分区（P4、P5、P6、P7、P8），分布在 3 个节点（Node1、Node2、Node3）中。

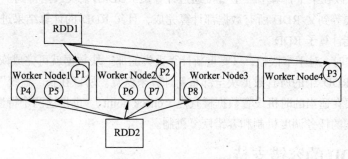

图 8-20　RDD 的分区管理

8.5.6　RDD 的依赖关系

1. RDD 依赖关系

RDD 之间存在依赖关系。依赖描述了 RDD 的 Lineage（血统），可分为窄依赖和宽依赖两种。窄依赖是指每个父 RDD 的分区都至多被一个子 RDD 的分区使用，即为 OneToOneDependecies；宽依赖则是指多个子 RDD 的分区依赖一个父 RDD 的分区，即为 OneToManyDependecies。例如，map 操作是一种窄依赖，而 join 操作是一种宽依赖，除非父 RDD 已经基于 Hash 策略被划分过了。

如图 8-21 所示，窄依赖是指父 RDD 的每一个分区最多被一个子 RDD 的分区所用，表现为一个父 RDD 的分区对应于一个子 RDD 的分区或多个父 RDD 的分区对应于一个子 RDD 的分区，也就是说一个父 RDD 的一个分区不可能对应一个子 RDD 的多个分区。

一个父 RDD 分区对应一个子 RDD 分区，这其中又分两种情况：一个子 RDD 分区对应一个父 RDD 分区（如 map、filter 等算子），或者一个子 RDD 分区对应 N 个父 RDD 分区。

宽依赖是指子 RDD 的分区依赖于父 RDD 的多个分区或所有分区，即存在一个父 RDD 的一个分区对应一个子 RDD 的多个分区。

一个父 RDD 分区对应多个子 RDD 分区，这其中又分两种情况：一个父 RDD 对应所有子 RDD 分区（未经协同划分的 Join），或者一个父 RDD 对应非全部的多个 RDD 分区（如 groupByKey）。

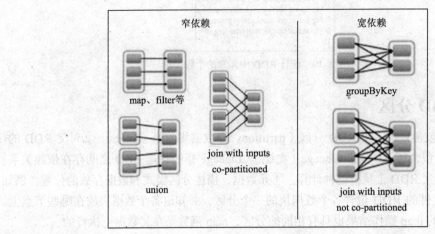

图 8-21　RDD 依赖

2. 依赖关系的特性

（1）窄依赖可以在某个计算节点上直接通过计算父 RDD 的某块数据得到子 RDD 对应的某块数据；宽依赖则要等到父 RDD 所有数据都计算完成，且父 RDD 的计算结果进行 hash 并传到对应节点上之后才能计算子 RDD。

（2）数据丢失时，对于窄依赖，只要重新计算丢失的那一块数据就可完成恢复；对于宽依赖，则要通过将祖先 RDD 中的所有数据块全部重新计算来恢复。所以在长"血统"链，特别是有宽依赖的时候，需要在适当的时机设置数据检查点（check point）。也是这两个特性要求对于不同依赖关系要采取不同的任务调度机制和容错恢复机制。

8.5.7　RDD 的容错支持

Spark 支持故障恢复的方式也不同，它提供如下两种故障恢复方式。

（1）Linage 方式，即通过数据的血缘关系，再执行一遍前面的处理。RDD 天生就是支持容错的。首先，它自身是一个不变的（immutable）数据集；其次，它能够记住构建它的操作图（graph of operation），因此在执行任务的 Worker 失败时，完全可以通过操作图获得之前执行的操作并重新进行计算。由于无需采用 replication（备份）方式支持容错，这种方式很好地降低了跨网络的数据传输成本。容错机制中，如果一个节点死机了，而且运算窄依赖，则只要把丢失的父 RDD 分区重算即可，不依赖于其他节点。

（2）设置检查点（check point），将数据集存储到持久存储中。对于包含宽依赖的长血统 RDD，需要父 RDD 的所有分区都存在，重算就很昂贵了。当恢复耗时较长时，设置检查点操作是非常有用的。Spark 的 RDD 执行完成之后会保存检查点，便于当整个作业运行失败并重新运行时，从检查点恢复之前已经运行成功的 RDD 结果，这样就会大大减少重新计算的成本，提高任务恢复效率和执行效率，节省 Spark 各个计算节点的资源。

8.6 Spark 任务调度

本节将从 Spark 应用程序部署、程序运行与任务调度等方面来深入揭示 Spark 是如何工作的。

8.6.1 Spark 应用程序部署

图 8-22 描述了 Spark 应用程序在集群中的部署框架。

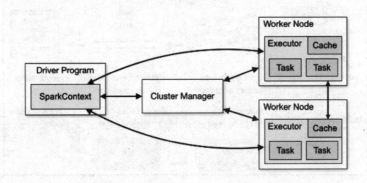

图 8-22 Spark 应用程序的部署框架

1. Spark 应用程序

Spark 应用程序对应图 8-22 中的 Driver Program。由于应用程序的入口 SparkContext 包含在 Driver Program 中，因此通常也用 SparkContext 表示 Spark 应用程序。

2. 集群管理器

图 8-22 中的 Cluster Manager 负责封装不同的集群管理器，包括前面介绍的 YARN 集群管理器等。集群管理器运行在 Spark 集群的主节点（master node）中，Spark 应用程序通过集群管理器为其分配资源，然后将任务发送到多个工作节点（worker node）上执行。

3. 工作节点

这是 Spark 应用程序运行时真正执行程序代码的地方。Spark 应用程序运行时的每一个任务都是在工作节点上的 Executor 中执行的。

8.6.2 Spark 任务的调度机制

Spark 任务的详细调度过程如图 8-23 所示。

DriverProgram（即用户提交的程序）定义并创建了 SparkContext 的实例，SparkContext 会根据 RDD 对象构建 DAG，然后将作业（job）提交（runJob）给 DAGScheduler。

DAGScheduler 将作业的 DAG 图切分成不同的 stage，stage 是以 shuffle 为单位进行划分的。每个 stage 都是任务的集合（TaskSet），并以 TaskSet 为单位提交（submitTasks）给 TaskScheduler。

TaskScheduler 通过 TaskSetManager 管理任务（Task），并通过集群中的资源管理器（standalone 模式下是 Master，YARN 模式下是 ResourceManager）把任务发给集群中的 Worker 的 Executor。期间如果某个任务失败，TaskScheduler 会重试。若 TaskScheduler 发现某个任务一直未运行完成，则有可能在不同机器启动同一个任务，哪个任务先运行完就用哪个的任务结果。无论任务运行成功或者失败，TaskScheduler 都会向 DAGScheduler 汇报当前状态，如果某个 stage 运行失败，TaskScheduler 会通知 DAGScheduler，可能会重新提交任务。TaskScheduler 是可插拔的低级别任务调度器，由 TaskSchedulerImpl 实现 TaskScheduler 的具体功能，管理 Task 级别的交互以及集群的交互。一个 TaskScheduler 只为一个 SparkContext 实例服务。

Worker 接收到的是任务，任务在执行时是 Executor 进程中的一个线程。一个进程中可以有多个线程工作，从而可以处理多个数据分片，例如，执行任务、读取或存储数据。

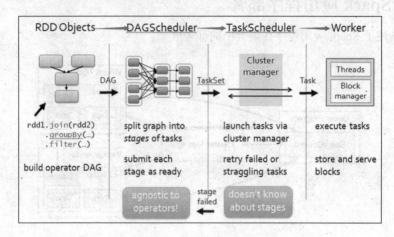

图 8-23　Spark 任务的调度机制

Spark RDD 通过其 transaction 和 action 操作，串起来形成了一个 DAG（ Directed Acyclic Graph，有向无循环图 ）。action 操作触发了 DAG 的提交和整个 job 的执行。当任务触发以后，由全局调度器 DAGScheduler 来切分 DAG，一个 DAG 可以切分成多个小 DAG，每个小 DAG 都代表一个 stage（ 即 transaction 操作阶段 ）。凡是 RDD 之间是窄依赖的，都归到一个 stage 中，这里面的每个操作都对应成 MapTask。凡是遇到宽依赖的操作，就把这一次操作切为一个 stage，而把这里面的操作对应成 ResultTask。

MapTask 和 ResultTask 分别可以简单理解为 MapReduce 中的 Map 和 Reduce。每个 stage 对应的是多个 MapTask 或多个 ResultTask，这一个 stage 内的任务集合成一个 TaskSet 类，由 TaskSetManager 来管理这些任务的运行状态以及 locality 处理。这个 TaskSetManager 是 Spark 层面上的，它与底下的资源管理是剥离的。TaskSetManager 的 resourceOffer 方法，是任务与底下资源的交互，这个资源交互的协调者就是 TaskScheduler。TaskScheduler 对接的是不同的 SchedulerBackend 的实现，如 mesos、YARN、standalone 等，如此来对接不同的资源管理系统。同时，对于资源管理系统来说，它主要负责管理系统进程，为每个进程分配资源。因此要注意区别两层之间的关系。

8.7　习　　题

一、简答题

1. Spark 的生态系统指的是什么？
2. Spark 核心是什么？它的特征是什么？

3.　Spark 有哪两类算子？分别起到什么作用？

4.　简述 Spark 任务的调度原理。

5.　Spark 是如何提供容错机制的？

二、编程题

1.　从 HDFS 中读取文本文件，文本文件中存储了一些句子，统计其中共有多少个单词。

2.　编写 Spark 程序，将以下数据按学科求总成绩和平均成绩。

```
"English",80
"Math",82
"English",92
"Math",67
```

8.8　实　　训

一、实训目的

1.　熟悉 Spark 的任务调度过程。

2.　掌握 Spark 环境的搭建。

3.　掌握 Spark 算子的使用。

二、实训内容

根据以下要求完成 Spark 的环境搭建，并观察操作结果。注意，将操作过程截图并添加到 Word 中，同时利用搭建好的环境进行 RDD 的编程操作，使用典型的 Spark 算子。完成后使用自己的学号保存并提交文件。

1.　在之前搭建好的 Hadoop 的基础上，搭建 Spark 环境。先搭建 Scala、再搭建 Spark。

2.　使用./bin/start-all.sh 启动 Spark，启动成功后使用 jps 查看线程的变化。

3.　在 Eclipse 中导入开发 Spark 的包，准备 Spark 程序的编写。

4.　RDD 读入数据{90,85,73,88,90}，通过 Spark 算子计算平均值并输出。

5.　RDD 读入数据：{ "xiaoming"，88}，{ "jack"，80}，{ "xiaoming"，75}，{ "jack"，95}。分别统计每个人的总成绩和平均成绩并输出。

第9章
Spark Streaming 编程

本章目标：

- 了解 Spark Streaming 的优势。
- 理解 Spark Streaming 的工作机制。
- 理解 DStream 流的 Window 操作机制。
- 掌握 DStream 的使用方法。
- 掌握常见输入流的处理。
- 了解 Spark Streaming 性能优化。

本章重点和难点：

- Spark Streaming 的工作原理。
- DStream 的使用。
- 常见输入流的处理。

数据流无处不在，应用程序、监控设备、工业设备、电商网站、社交网络、搜索引擎、金融领域、安全防护监控、垃圾邮件处理等均有大量的数据产生。在实时性要求高的大数据应用场合，大数据仅在发生的当时或者短时间内有价值，超过一定时间后就可能变得毫无价值，因此大数据的实时处理是非常有价值的。

9.1 Spark Streaming 介绍

随着技术的不断进步及各种智能设备的使用，数据流无处不在，它具有如下 3 个特点。

- 数据一直处在变化中。
- 数据无法回退。
- 数据一直源源不断地涌进。

对数据流具有实时处理功能的框架称为实时流处理框架。目前，除了 UC Berkeley AMPLab 的 Spark Streaming 之外，已经涌现出了很多其他的实时流处理框架。

S4（Simple Scalable Streaming System）是 Yahoo! 最新发布的一个开源流计算平台，它是一个通用的、分布式的、可扩展性良好、具有分区容错能力、支持插件的分布式流计算平台，在该平台上程序员可以很方便地开发流数据处理的应用，开发语言为 Java。

Storm 是 Twitter 开源的分布式实时计算系统。Storm 通过简单的 API 使开发者可以可靠地处理无界持续的流数据并进行实时计算，开发语言为 Clojure 和 Java，非 JVM 语言可以通过

stdin/stdout 以 JSON 格式协议与其进行通信。Storm 的应用场景很多，包括实时分析、在线机器学习、持续计算、分布式 RPC、ETL 处理等。

StreamBase 是一个关于复杂事件处理（CEP）、事件流处理的平台。StreamBase 本身是商业应用软件，但它提供了 Developer Edition，开发语言为 Java。

HStreaming 构建在 Hadoop 之上，可以和 Hadoop 及其生态系统紧密结合起来提供实时流计算服务。这使得 HStreaming 的用户可以在同一个生态系统中分析处理大数据。开发语言为 Java。

Esper 是专门进行复杂事件处理的流处理平台，Java 版本为 Esper，.Net 版本为 NEsper。Esper 与 NEsper 均可以为开发者快速地开发、部署、处理大容量消息和事件的应用提供方便，不论是历史的还是实时的消息。

Scribe 是 Facebook 开源的日志收集系统，开发语言为 C，通过 Thrift 可以支持多种常用客户端语言，在 Facebook 内部已经得到大量的应用。它能够从各种日志源上收集日志，存储到一个中央存储系统（可以是 NFS 或分布式文件系统等）上，以便于进行集中统计分析处理。它为日志的"分布式收集，统一处理"提供了一个可扩展、高容错的方案。Scribe 通常与 Hadoop 结合使用，Scribe 用于向 HDFS 中 push 日志，而 Hadoop 通过 MapReduce 作业进行定期处理。

此外，还有 LinkedIn 公司的 Samza、微软公司开发的 Time Stream、Google 的图批量同步处理系统 Pregel 和增量式计算框架 Percolato、NYU 的共享内存处理系统 Piccolo 等。

通过与其他主流大数据实时框架的比较可以发现，Spark Streaming 具有较好的综合性能。比如：Storm 实时处理延迟小，能达到毫秒级的响应，但对复杂计算的支持不如 Spark Streaming；S4 对失效节点的恢复不太好，它是仅支持部分容错的实时计算框架，且对节点的扩展性支持欠佳；Samza 最大的缺点就是与 Kafka 有过于紧密的耦合。

总而言之，在目前众多可用的大数据处理框架中，Spark Streaming 有其独特的优势。其他系统的处理引擎要么只专注于流处理，要么只负责批处理且仅提供需要外部实现的流处理 API 接口。Spark 凭借其执行引擎以及统一的编程模型可实现批处理与流处理，这就是与传统流处理系统相比 Spark Streaming 所具备的独一无二的优势。Spark Streaming 的优势特别体现在以下 4 个重要部分。

（1）能在故障报错与丢失数据的情况下迅速恢复状态。

（2）更好的负载均衡与资源使用。

（3）静态数据集与流数据集的整合和可交互查询。

（4）内置丰富高级算法处理库，包括 Spark SQL、机器学习、图处理等。

Spark Streaming 是 Spark 的重要组成部分，它依托 Spark 计算引擎的内存处理模型、通用 RDD 编程模型、强大的集群处理能力，具有快速、集成度高、易于编程的优点，能够高效并行地恢复失败的节点，并对执行速度比较慢的任务做出重新分配，是目前发展迅速、认可度极高的一种实时处理框架。

9.2　Spark Streaming 工作机制

Spark Streaming 属于 Spark 的核心 API，它支持高吞吐量、支持容错的实时流数据处理。它可以接受来自 Kafka、Flume、HDFS/S3、Kinesis、Twitter、ZeroMQ 和 TCP Socket 的数据源（见图 9-1），使用简单的 API 函数（如 map、reduce、join、window 等）进行操作，还可以直接使用

内置的机器学习算法、图算法包来处理数据。Spark Streaming 处理后的数据可以存储在内存中，也可以存在 HDFS 或者 HBase 等数据库中，或者显示在仪表盘上。

1. 计算流程

Spark Streaming 的工作流程如图 9-2 所示：接收到实时数据后，先对数据进行批次划分，然后传给 Spark 引擎（Spark Engine）处理，最后生成该批次的结果。所以实际上，Spark Streaming 是按一个个小批量来处理数据流的，允许对资源进行细粒度分配，作业任务将会动态地平衡分配给各个节点，也就是说，一些节点将会处理数量较少且耗时较长的 Task，而别的节点将会处理数量更多且耗时更短的 Task。

图 9-1　HDFS 支持多种数据源

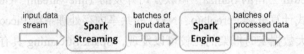

图 9-2　Spark Streaming 的工作流程

Spark Streaming 的输入数据按照 batch size（批大小，如 1s）分成一段一段的离散数据流（discretized stream），并把每一段数据都转换成 Spark 中的 RDD，然后将 Spark Streaming 中对 DStream 的 Transformation 操作变为 Spark 中 RDD 的 Transformation 操作，将 RDD 经过操作变成中间结果保存在内存中。整个流式计算根据业务的需求可以对中间的结果进行叠加或者存储到外部设备。

2. 任务调度流程

Spark Streaming 的任务调度流程如图 9-3 所示。

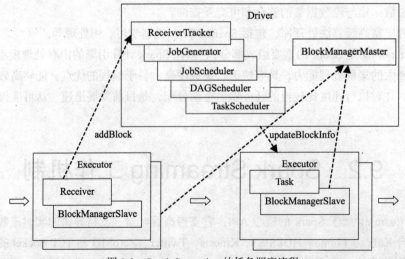

图 9-3　Spark Streaming 的任务调度流程

（1）客户端提交作业后启动 Driver。Driver 是 Spark 作业的 Master。

（2）每个作业包含多个 Executor，每个 Executor 以线程的方式运行 Task。Spark Streaming 至少包含一个 Receiver Task。

（3）Receiver 接收数据后生成 Block，并把 BlockId 汇报给 Driver，然后备份到另外一个 Executor 上。

（4）ReceiverTracker 维护 Receiver 汇报的 BlockId。

（5）Driver 定时启动 JobGenerator，根据 DStream 的关系生成逻辑 RDD，然后创建 JobSet，交给 JobScheduler。

（6）JobScheduler 负责调度 Jobset，交给 DAGScheduler。DAGScheduler 根据逻辑 RDD，生成相应的 stage，每个 stage 包含一个或多个 Task。

（7）TaskScheduler 负责把 Task 调度到 Executor 上，并维护 Task 的运行状态。

（8）当 Task、Stage、JobSet 完成后，单个 batch 才算完成。

3. 容错性

对于流式计算来说，容错性至关重要。首先我们要明确一下 Spark 中 RDD 的容错机制。每一个 RDD 都是一个不可变的分布式可重算的数据集，其记录着确定性的操作继承关系（Lineage），所以只要输入的数据是可容错的，那么任意一个 RDD 的分区（Partition）出错或不可用，都是可以利用原始输入数据通过转换操作而重新算出的。对于 Spark Streaming 来说，其 RDD 的传承关系如图 9-4 所示。图中的每一个椭圆形都表示一个 RDD，椭圆形中的每个圆形则代表一个 RDD 中的一个 Partition，每一列的多个 RDD 表示一个 DStream（图中有 3 个 DStream），而每一行最后一个 RDD 则表示每一个 batch size 所产生的中间结果 RDD。我们可以看到图中的每一个 RDD 都是通过 Lineage 相连接的，由于 Spark Streaming 输入数据可以

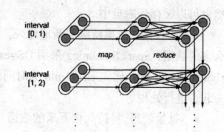

图 9-4　Spark Streaming 中 RDD 的传承关系

来自于磁盘，例如 HDFS 的多个备份或是来自于网络的数据流，Spark Streaming 会将网络输入数据的每一个数据流复制两份到其他的机器备份以保证容错性，所以 RDD 中任意的 Partition 出错，都可以并行地在其他机器上将缺失的 Partition 计算出来。这种容错恢复方式比连续计算模型（如 Storm）的效率更高。

4. 实时性

对于实时性的讨论，会牵涉到流式处理框架的应用场景。Spark Streaming 将流式计算分解成多个 Spark Job，对于每一段数据的处理都会经过 Spark DAG 图分解以及 Spark 的任务集的调度过程。对于目前版本的 Spark Streaming 而言，其最小的 batch size 的选取在 0.5~2s 之间（Storm 目前最小的延迟是 0.1s 左右），所以 Spark Streaming 能够满足除对实时性要求非常高（如高频实时交易）之外的所有流式实时计算场景。

5. 扩展性与吞吐量

Spark 目前在 EC2 上已能够线性扩展到 100 个节点，每个节点 4 核，可以以数秒的延迟处理 6GB/s 的数据量（60M records/s），其中，records/s 表示每个字节每秒钟能处理的数据流的字节量，即 B/s。其吞吐量也比目前流行的 Storm 高 2 ~ 5 倍。图 9-5 所示的是 Berkeley 利用 WordCount 和 Grep 两个用例所做的测试，在 Grep 这个测试中，Spark Streaming 中的每个节点的吞吐量是 670K records/s，而 Storm 是 115K records/s。

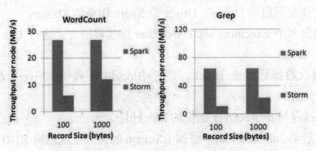

图 9-5　Spark Streaming 与 Storm 吞吐量的比较图

9.3　Spark 的 DStream 流

DStream（Discretized Stream，离散流）是 Spark Streaming 对内部实时数据流的抽象描述，即处理的一个实时数据流，在 Spark Streaming 中对应于一个 DStream 实例。DStream 将连续的数据持久化、离散化，然后进行批量处理。

● 数据持久化。将从网络上接收到的数据先暂时存储下来，一般是存在 Spark 的内存中，当然也可以缓存到磁盘中。

● 离散化。数据持续不断地涌入，只要不关闭 Spark Streaming 服务器，它就不会停止。这么多的数据，Spark Streaming 采用 DStream 把数据按时间分片（batch size），称为批处理时间间隔（batch duration），比如采用 1min 为时间间隔，那么在连续的 1min 内收集到的数据被集中存储在一起，进行处理。

● 批量处理。将持久化下来的数据分批进行处理，处理机制采用 Spark 的统一编程模型 RDD。
在 DStream 内部，DStream 表现为一系列的 RDD 序列，任何操作都将被应用于底层 RDD 转换。例如，将一行单词（输入流）转换为 DStream，应用 flatMap 操作将每个抽象 DStream 生成对应单词的 RDD DStream，如图 9-6 所示，0~1 这段时间的数据累积构成了 RDD@time1，1~2 这段时间的数据累积构成了 RDD@time2，…，也就是说，在 Spark Streaming 中，DStream 中的每个RDD 的数据是一个时间窗口的累计。DStream 的操作通过其 API 实现，隐藏了 Spark 引擎抽象转换、计算的细节，为开发人员提供了更多的便利。

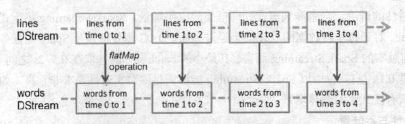

图 9-6　接收行的输入并拆分为单词

9.3.1　DStream 转换

DStream 有两种操作：转换和输出操作。DStream 转换，与 Spark RDD 转换类似，也使用一个或多个 DStream 操作来创建新的 DStream 和转换后的数据。DStream 支持许多正常 Spark RDD

可用的转换。一些常见的 DStream 转换如表 9-1 所示。

表 9-1　　　　　　　　　　　　　　　　　DStream 常用转换

Transformation 算子	含　　义
map(*func*)	通过 func 函数将源 DStream 映射到新的 DStream 中
flatMap(*func*)	与 map 类似，但每个输入项可以被映射到 0 以上输出项目
filter(*func*)	选择源 DStream 中的满足 func 过滤条件的记录，形成新的 DStream
repartition(*numPartitions*)	重新将 DStream 的分区划分为 *numPartitions* 个
union(*otherStream*)	合并其他的流，得到新的 DStream
count()	计算 DStream 中每个 RDD 的元素个数
reduce(*func*)	DStream 中每个 RDD 进行聚合，形成新的 DStream
countByValue()	K 型的元素 DStream，返回一个新的 DStream（K，Long）对，其中每个键的值是它在源 DStream 的 RDD 中出现的频率
reduceByKey(*func*, [*numTasks*])	(K, V)键值对形式的 DStream，按每个键进行 reduce 函数，返回新的 DStream(K, V)对
transform(*func*)	转换操作（同 transformWith）允许任意 RDD 转换为新 RDD 功能，要在一个 DStream 中应用
updateStateByKey(func)	按键更新 DStream 的状态，并返回新状态的 DStream。该操作可以保持任意的状态，同时不断用新的信息进行更新

9.3.2　Window 操作

流数据把数据按时间片分成 batch 处理，极大地提高了实时率，在一些情况下，还需要跨越多个时间片记录数据的状态。比如，交通视频监控可以监控哪些车辆有违章情况，也可以通过状态的记录，监控行驶轨迹、违章次数，或者统计哪些路口在哪些时间段存在车流峰值。又比如一个时间片假定为 10s 单词计数为 5 个，那么 2h 内的单词计数为多少，则需要基于其他时间片的操作。这些都用到了状态的操作，状态操作是跨越流数据的多个批次的。Spark Streaming 的状态操作由 Window（窗口）操作和 updateStateByKey 操作来实现的。

窗口可由多个连续的时间片组成，Spark Streaming 允许通过窗口的滑动对数据进行转换或者进行数据的统计。窗口滑动是指前后窗口在某个时间片进行重叠，是指基于窗口的操作或者计算。图 9-7 说明了窗口如何滑动，当窗口在 Original DStream（源 DStream）按定义的时间间隔滑动时，落入窗口内的 RDD 被视为一个个窗口化的 DStream。

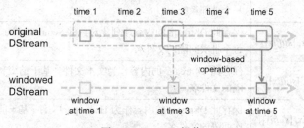

图 9-7　Window 操作

如图 9-7 所示，每一个 time 都是时间单元，图中共有 5 个时间单元，time1 到 time5。每一个圆角矩形框就是一个窗口，图中有 2 个窗口，窗口 1 是 time1 到 time3 连续时间单元构成的时间片；窗口 2 是 time3 到 time5 连续时间单元构成的时间片。

每个窗口持续的时间称为窗口长度，在图 9-7 中窗口长度为 3 个时间单元。图中窗口每隔 2 个时间单元滑动一次，比如 time3 处窗口滑动了一次，那么滑动时间间隔就是指基于窗口操作的时间间隔，本图中在 time3 处产生了窗口滑动，time3 中即保留了窗口 1 的状态（state），也便于窗口 2 使用窗口 1 的状态，这对需要使用前一个数据流状态的情况十分有用。

任何基于窗口的操作都需要指定两个参数。

- 窗口长度。窗口的持续时间（图 9-7 中为 3 个时间单元）。
- 滑动间隔。在窗口上执行（图中为 2 个时间单元）的基于窗口操作的时间间隔。

这两个参数必须是源 DStream 的批次间隔的整数倍。

一些常见的基于窗口的操作如表 9-2 所示。所有这些操作都需要上述两个参数：窗口长度 windowLength 和滑动间隔 slideInterval。

表 9-2 DStream 的 Window 操作方法

Window 操作	含　义
window(windowLength, slideInterval)	返回的是基于源 DStream 的窗口，分批计算一个新 DStream
countByWindow(windowLength,slideInterval)	计数数据流中的滑动窗口数
reduceByWindow(func, windowLength,slideInterval)	在滑动区间进行窗口聚合
reduceByKeyAndWindow(func,windowLength, slideInterval, [numTasks])	返回一个新的 DStream（K，V）对，其中每个键的值使用汇总给定的 reduce 函数，功能是在一个滑动窗口批次进行汇总。注意：numTasks 参数设置不同数量的任务，本地模式默认为 2，集群模式下由配置属性 spark.default.parallelism 确定，一般默认为 8

9.3.3　DStream 输出

当输出运算符被调用时，它将触发一个流的计算。DStream 的输出方法见表 9-3。

表 9-3 DStream 的输出方法

输 出 操 作	含　义
print()	打印在 DStream 中生成的每个 RDD 的前十个元素
foreachRDD(*func*)	最根本的输出操作符。应用一个函数，以便从流生成每个 RDD。这个函数应具有的作用，如打印输出，节省了 RDD 到外部文件，或记录通过网络到一个外部系统
saveAsObjectFiles(*prefix*, [*suffix*])	保存此 DStream 的内容序列化对象的 SequenceFile。基于前缀和后缀生成在每个批次间隔的文件名
saveAsTextFiles(*prefix*, [*suffix*])	保存此 DStream 的内容作为文本文件。基于前缀和后缀生成在每个批次间隔的文件名
saveAsHadoopFiles(*prefix*, [*suffix*])	保存此 DStream 的内容作为 Hadoop 的文件。基于前缀和后缀生成在每个批次间隔的文件名

9.3.4　持久化与序列化

类似于 RDD，DStream 一般将流的数据保存在内存中，也可以缓存在磁盘上。保存数据在内存中在某些情况下是十分有用的。

（1）DStream 的数据将被计算多次（例如，在相同的数据具有多个操作的情况下）时，这是很有用的。

（2）对于像 reduceByWindow、reduceByKeyAndWindow 和 updateStateByKey 等基于状态的操作和基于窗口的操作，这是必要的。因此，通过基于窗口的操作产生的 DStream 会自动保存在内存中，无需开发人员调用 persist。

（3）用于接收通过网络（如 Kafka、Flume、Socket 等）的数据输入流，默认持续并被设定为将数据复制到用于容错的两个节点。

【注意】DStream 默认持久化数据在内存中。

持久化级别的详细说明见 StorageLevel 类的定义及对象的创建，下面的这段代码是 Scala 源代码。

```
class StorageLevel private(
    private var useDisk_  : Boolean,
    private var useMemory_  : Boolean,
    private var useOffHeap_  : Boolean,
    private var deserialized_  : Boolean,
    private var replication_  : Int = 1)
```

StorageLevel 类中定义了属性：useDisk 使用磁盘，useMemory 使用内存，useOffHeap 使用堆外，deserialized 反序列化，replication 表示副本数量。RDD 根据 useDisk、useMemory、deserialized、replication 这 4 个参数的组合提供了 11 种存储级别。以下是 StorageLevel 的对象创建方式。

- StorageLevel. NONE 表示不存储。

```
val NONE = new StorageLevel(false, false, false, false)
```

- StorageLevel. DISK_ONLY 只存储在磁盘，默认副本数 1。

```
val DISK_ONLY = new StorageLevel(true, false, false, false)
```

- StorageLevel. DISK_ONLY_2 存储在磁盘上，副本数为 2。

```
val DISK_ONLY_2 = new StorageLevel(true, false, false, false, 2)
```

- StorageLevel. MEMORY_ONLY 只存储在内存，反序列化，默认副本数 1。

```
val MEMORY_ONLY = new StorageLevel(false, true, false, true)
```

- StorageLevel. MEMORY_ONLY_2 只存储在内存，反序列化，副本数 2。

```
val MEMORY_ONLY_2 = new StorageLevel(false, true, false, true, 2)
```

- StorageLevel. MEMORY_ONLY_SER 只存储在内存，默认副本数 1。

```
val MEMORY_ONLY_SER = new StorageLevel(false, true, false, false)
```

- StorageLevel. MEMORY_ONLY_SER_2 只存储在内存，副本数 2。

```
val MEMORY_ONLY_SER_2 = new StorageLevel(false, true, false, false, 2)
```

- StorageLevel. MEMORY_AND_DISK 存储在内存和磁盘，反序列化，默认副本数 1。

```
val MEMORY_AND_DISK = new StorageLevel(true, true, false, true)
```

- StorageLevel. MEMORY_AND_DISK_2 存储在内存和磁盘，反序列化，副本数 2。

```
val MEMORY_AND_DISK_2 = new StorageLevel(true, true, false, true, 2)
```

- StorageLevel. MEMORY_AND_DISK_SER 存储在内存和磁盘，默认副本数 1。

```
val MEMORY_AND_DISK_SER = new StorageLevel(true, true, false, false)
```

- StorageLevel. MEMORY_AND_DISK_SER_2 存储在内存和磁盘，副本数 2。

```
val MEMORY_AND_DISK_SER_2 = new StorageLevel(true, true, false, false, 2)
```

- StorageLevel. OFF_HEAP 堆外存储。

```
val OFF_HEAP = new StorageLevel(false, false, true, false)
```

数据的序列化格式大大减少数据序列化的开销。在 Spark Streaming 中主要有以下两种类型的数据需要序列化。

（1）输入数据

默认情况下，接收器收到的数据是以 StorageLevel.MEMORY_AND_DISK_SER_2 的存储级别存储到执行器（Executor）内存中的。也就是说，收到的数据会被序列化以减少 GC（Garbage Collection，垃圾回收）开销，同时保存两个副本以容错。同时，数据会优先保存在内存里，当内存不足时才吐出到磁盘上。很明显，这个过程中会有数据序列化的开销。接收器首先将收到的数据反序列化，然后再以 Spark 所配置的指定格式来序列化数据。

（2）Spark Streaming 算子所生产的持久化的 RDD

Spark Streaming 计算所生成的 RDD 可能会持久化到内存中。例如，基于窗口的算子会将数据持久化到内存，因为窗口数据可能会被多次处理。所不同的是，Spark 默认用 StorageLevel. MEMORY_ONLY 级别持久化 RDD 数据，而 Spark Streaming 默认使用 StorageLevel.MEMORY_ ONLY_SER 级别持久化接收到的数据，以便尽量减少垃圾回收开销。

不管是上面哪一种数据，都可以使用 Kryo 序列化来减少 CPU 和内存开销。

Spark Streaming 应用在集群中占用的内存量严重依赖于具体所使用的 Transformation 算子。例如，如果想要用一个窗口算子操纵最近 5min 的数据，那么你的集群至少需要在内存里保留 5min 的数据；另一个例子是 updateStateByKey，如果 Key 很多的话，相对应的保存的 Key 的 State 也会很多，而这些都需要占用内存。而如果你的应用只是做一个简单的 "映射-过滤-存储"（map-filter-store）操作的话，那需要的内存就很少了。一般情况下，Spark Streaming 接收器接收到的数据会以 StorageLevel.MEMORY_AND_DISK_SER_2 这个存储级别存到 Spark 中，也就是说，如果内存装不下，数据将被吐到磁盘上。数据吐到磁盘上会大大降低 Spark Streaming 应用的性能，因此还是建议根据应用处理的数据量，提供充足的内存。最好就是，先小规模地放大内存，再观察评估，然后再放大，再评估。

9.3.5 设置检测点

如果一个工作（job）在数据的多个批次，则需要保留状态。一个有状态的操作所涉及的数据可能含在数据流的 2 个批次。这包括所有基于窗口的操作和 updateStateByKey 操作。由于有状态的操作对数据的前一批次有依赖，它们不断积累的数据随着时间的推移会越来越多。要清除这些数据，可将它们存到 HDFS 支持周期性的检查点。需要注意的是，检查点也需保存到 HDFS，不过这可能导致相应的批处理需要更长的时间来处理。因此，所需检查点的时间间隔设置必须谨慎。在小数据量批次，比如 1s，检查点可显著降低操作的吞吐量，并且设置检查点会导致处理速度减慢，可能对任务的规模增长有不利影响。通常情况下，设置 5~10 倍的滑动时间间隔对 DStream 检查是很有利的。

为了启用检查点，开发人员必须提供 HDFS 路径，RDD 将被保存。这是通过使用下面的设置代码完成的。

```
ssc.checkpoint(hdfsPath)        // 假设 ssc 是 JavaStreamingContext 对象
```

可以用如下命令来设置一个 DStream 的检查点的时间间隔。

```
dstream.checkpoint(checkpointInterval)
```

DStream 的检查点间隔默认设置为 DStream 的滑动区间，使得其至少是 10s 的倍数。

9.4　Spark Streaming 案例

Spark Streaming 的 Java 程序需要以 JavaStreamingContext 作为程序的入口。它提供了从输入源创建 JavaDStream 和 JavaPairDStream 的方法。该类位于 org.apache.spark.streaming.api.java 包中。常用于创建 JavaStreamingContext 对象的构造方法如下。

```
//使用存在的 SparkConf 和批间隔时间来创建对象
JavaStreamingContext(SparkConf conf, Duration batchDuration)
```

其中参数 conf 表示 Spark 的配置参数，batchDuration 表示批次的时间间隔或者说批次的大小。在下面的代码中，创建的应用名称为 "NetworkWordCount"，启动了 2 个本地线程来处理程序（注意在 Spark Streaming 中，需要至少启动 2 个线程），且将批处理的时间间隔设置成了 1s。

```
SparkConf conf = new
                SparkConf().setMaster("local[2]").setAppName("NetworkWordCount");
JavaStreamingContext jssc = new JavaStreamingContext(conf, Durations.seconds(1));
```

设置合适的批次间隔是必须的。要想使 Spark Streaming 应用在集群上稳定运行，那么系统处理数据的速度必须能跟上其接收数据的速度。换句话说，批次数据的处理速度应该和其生成速度一样快。根据 Spark Streaming 计算的性质，在一定的集群资源限制下，批次间隔的值会极大地影响系统的数据处理能力。例如，在下面实例 9-1 所描述的 JavaNetworkWordCount 中，对于特定的数据速率，一个系统可能能够在批次间隔为 1s 时跟上数据接收速度，但如果把批次间隔改为 500ms，系统可能就处理不过来了。所以，批次间隔需要谨慎设置，以确保系统能够处理得过来。Java Streaming Context 类的常用方法如表 9-4 所示。

表 9-4　　　　　　　　　　JavaStreamingContext 类的常用方法

方　　法	作　　用
sparkContext()	调用底层的 JavaSparkContext
start()	数据流开始接收
stop()	数据流停止接收
socketTextStream(String hostname, int port)	从网络数据源 hostname:port 创建输入流
receiverStream(Receiver<T> receiver)	从接收器接收输入流
queueStream(java.util.Queue<JavaRDD<T>> queue)	创建 RDD 的查询输入流
awaitTermination()	等待终端执行结束
awaitTerminationOrTimeout(long timeout)	等待终端执行结束或者超时
checkpoint(String directory)	通过上下文中设置检查点，以达到 DStream 为 Master 的容错的能力

【注意】在 Spark Streaming 程序中，以下两行是需要的。Spark Streaming 只有在 JavaStreaming Context 对象启动后才能开始计算，在计算过程中，等待计算结束。

```
    jssc.start();                        // 启动 Spark Streaming，开始计算
    jssc.awaitTermination();             // 等待计算结束
```

【实例 9-1】编写程序，实时接收来自网络的文本数据，并实时进行单词的统计。

```
package com.test.streaming;
import java.util.Arrays;
import java.util.Iterator;
import java.util.regex.Pattern;
import scala.Tuple2;
import org.apache.spark.SparkConf;
import org.apache.spark.api.java.function.FlatMapFunction;
import org.apache.spark.api.java.function.Function2;
import org.apache.spark.api.java.function.PairFunction;
import org.apache.spark.api.java.StorageLevels;
import org.apache.spark.streaming.Durations;
import org.apache.spark.streaming.api.java.JavaDStream;
import org.apache.spark.streaming.api.java.JavaPairDStream;
import org.apache.spark.streaming.api.java.JavaReceiverInputDStream;
import org.apache.spark.streaming.api.java.JavaStreamingContext;

public final class JavaNetworkWordCount {
  private static final Pattern SPACE = Pattern.compile(" ");
  public static void main(String[] args) throws Exception {
    if (args.length < 2) {
      System.err.println("需要传入参数：主机名 端口号");
      System.exit(1);
    }
    // 设置拉取数据的频率，即批处理的时间间隔为1s
    //控制台上显示的是每隔1000 ms
    SparkConf sparkConf = new
        SparkConf().setAppName("JavaNetworkWordCount").setMaster("local[2]");
    JavaStreamingContext ssc = new
        JavaStreamingContext(sparkConf, Durations.seconds(1));
    //在指定的 IP 和端口上创建 JavaReceiverInputDStream
    //flatMap 是将每一行使用空格做分解
    JavaReceiverInputDStream<String> lines = ssc.socketTextStream(
        args[0], Integer.parseInt(args[1]), StorageLevels.MEMORY_AND_DISK_SER);
    JavaDStream<String> words = lines.flatMap(new FlatMapFunction<String, String>() {
      @Override
      public Iterator<String> call(String x) {
        return Arrays.asList(SPACE.split(x)).iterator();
      }
    });
    //此处的 reduceByKey 方法，每次只输出当次的操作记录，
    //不保留上次的记录信息。对应的就是只针对本次的 key 和 value
    //不保留前次的操作记录。相对应的方法就是 updateStateByKey
    JavaPairDStream<String, Integer> wordCounts = words.mapToPair(
      new PairFunction<String, String, Integer>() {
      @Override
      public Tuple2<String, Integer> call(String s) {
        return new Tuple2<>(s, 1);
      }
    }).reduceByKey(new Function2<Integer, Integer, Integer>() {
```

```
        @Override
        public Integer call(Integer i1, Integer i2) {
            return i1 + i2;
        }
    });

    wordCounts.print();
    ssc.start();
    ssc.awaitTermination();
    }
}
```

运行说明：该程序运行时需要传入参数（主机名和端口号），Spark Streaming 接收的其实是以数据拉取的方式获取的，来自指定主机名和端口号的数据。本例以 netcat 来模拟网络数据发送的终端。netcat（编写为 nc）是一个很实用的网络终端工具。

程序可以采用如下两种运行方式。

（1）第一种方式：spark-shell 运行。

打开一个终端，输入以下命令。

```
$ nc -lk 9999
```

便打开一个 nc 终端，如图 9-8 所示，光标闪烁，等待用户输入，如果不输入，则该程序只会每 1 秒打印一个时间戳。

图 9-8　启动 nc 终端

打开另一个终端，在 Spark 的安装目录下输入以下代码。

```
$ ./bin/run-example streaming.JavaNetworkWordCount localhost 9999
```

按 Enter 键运行程序，会看到图 9-9 所示的运行结果。注意，该结果只是每秒打印出一个时间戳，因为在指定的主机名和端口号并没有真正获得数据。

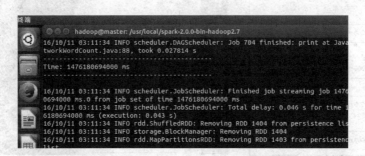

图 9-9　以 Spark-shell 方式运行的结果

（2）第二种方式：Eclipse 运行。

首先在 Eclipse 中，用鼠标右键单击 Run As→Run Configurations，在左侧树状目录中选择 JavaNetworkWordCount，或者在右侧的 Main 面板中选择 JavaNetworkWordCount 类，再在 Arguments 面板中输入 localhost 9999（该输入表示程序将接收来自主机名为 localhost，端口号为 9999 的数据），根据用户的设置，可接收来自任意主机和端口号的数据。运行配置如图 9-10 所示。设置完毕后单击"Run"按钮,程序开始运行。

接着,同第一种运行方式,开启 nc 端,光标闪烁,等待输入。其运行结果如图 9-11 所示。

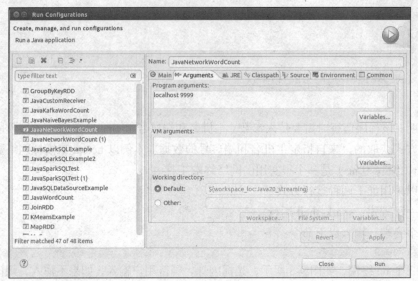

图 9-10　运行配置

在 nc 终端输入如下内容,如图 9-12 右侧所示。

```
Today is a fine day!
Let's go to the library.
```

按 Enter 键后,可以看到 Eclipse 中的控制台有了分词结果,如图 9-12 左侧所示。

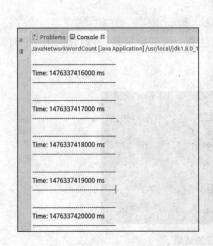

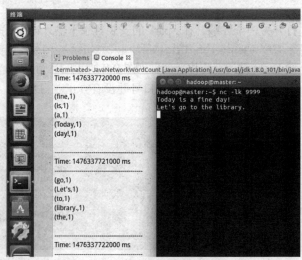

图 9-11　控制台打印时间戳　　　　图 9-12　终端输入行后控制台的分词结果

9.5　集群处理与性能

要获得 Spark Streaming 应用的最佳性能,可以使用集群,并进行一些参数的调整。总体上来说，Spark Streaming 要获得最佳性能主要应考虑以下两方面的事情。

- 设置合适的批次大小，以便使数据处理速度能跟上数据接收速度。
- 提高集群资源利用率，减少单批次处理耗时。

设置合适的批次大小，在前面已有介绍。本节将主要从提高集群的利用率，减少批次处理时间的角度进行阐述。

Spark Streaming 通过分布在各个节点上的接收器，缓存接收到的流数据，并将流数据包装成 Spark 能够处理的 RDD 的格式，输入到 Spark Streaming，之后由 Spark　Streaming 将作业提交到 Spark 集群进行计算。Spark　Streaming 根据时间段，将数据切分为 RDD，然后触发 RDD 的 Action 提交 Job，Job 被提交到 Job Manager 的 Job Queue 中由 Job Scheduler 调度，之后 Job Scheduler 将 Job 提交到 Spark 的 Job 调度器，然后将 Job 转换为大量的任务分发给 Spark 集群执行。如图 9-13 所示。

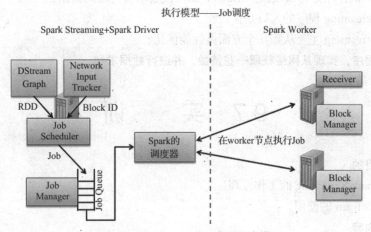

图 9-13　Spark Streaming 集群调度模型

集群处理需要注意以下 3 个方面的调整，它们对集群的性能有着较大的影响。

1. 数据接收并发度

需要注意的是，每个输入 DStream 只包含一个单独的接收器（Receiver），它运行在 Worker 节点，每个接收器单独接收一路数据流。所以，配置多个输入 DStream 就能从数据源的不同分区分别接收多个数据流。大多数接收器都会将数据合并成一个个数据块（数据块大小可通过配置参数 spark.streaming.blockInterval 来决定），然后保存数据块到 Spark 内存中。对于 map 类算子来说，每个批次中数据块的个数将会决定处理这批数据并行任务的个数，每个接收器每批次数据处理任务数约等于：批次间隔 / 数据块间隔。例如，对于 2s 的批次间隔，如果数据块间隔为 200 ms，则创建的并发任务数为 10。如果任务数太少，如少于单机 CPU 核个数，则资源利用不够充分。如需增加这个任务数，对于给定的批次间隔来说，只需要减小数据块间隔即可。不过，我们还是建议数据块间隔至少要 500 ms，否则任务的启动开销占比就太高了。另一种切分接收到的数据流的方法是，显式地将输入数据流划分为多个分区，使用 inputStream.repartition(<number of partitions>)。该操作会在处理前将数据散开，并重新分发到集群中多个节点上。

2. 数据处理并发度

在计算各个阶段（Stage）中，任何一个阶段的并发任务数不足都有可能造成集群资源不够用。例如，对于 reduce 类的算子，如 reduceByKey 和 reduceByKeyAndWindow，其默认的并发任务数是由 spark.default.parallelism 决定的。既可以修改这个默认值 spark.default.parallelism，也可以通过参数指定这个并发数量。

3. 任务启动开销

启动的任务数也不能过多。如果每秒启动的任务数过多，比如每秒 50 个以上，那么将任务发送给 Slave 节点的开销会明显增加，从而也很难达到亚秒级（sub-second）的延迟。

9.6　习　　题

一、简答题

1. Spark Streaming 是如何接收数据的？
2. DStream 的作用是什么？通过 DStream 如何接收来自网络的数据？
3. Spark Streaming 程序的入口是什么？
4. Spark Streaming 主要从哪几个方面做性能优化？

二、编写程序，实现从网络获取一些整数，并进行数据求和。

9.7　实　　训

一、实训目的

1. 熟悉 Spark Streaming 的工作原理。
2. 掌握 DStream 的使用。

二、实训内容

根据以下要求完成 Spark Streaming 的处理。完成后使用自己的学号保存并提交文件。

1. 客户端发送日志信息给 Spark Streaming 集群。
2. 设置 Spark Streaming 集群为本地启动 2 个线程，并设置 Duration 为 2s。
3. 选择合适的流接收类型，接收日志的文本流。
4. 统计文本流中在指定流接收期间共出现多少个 "error"。

第 10 章
Spark SQL 编程

本章目标：

- 了解 Spark SQL 的工作原理。
- 掌握 Spark SQL 中的 DataSet 与 DataFrame 类及其常用方法。
- 掌握常见数据源的获取与查询。

本章重点和难点：

- Spark SQL 中的 DataSet 与 DataFrame 类及其常用方法。
- 常见数据源的获取与查询。

生活中有来自不同地方的各种数据，例如，来自文本文件、媒体文件，或者关系数据库、非关系数据库等，它们就是数据源。Spark SQL 通过 RDD 编程模型提供了对结构化数据的交互式 SQL 查询，并支持多种数据源，如 Spark 内部 RDD、Parquet、JSON、Avro、Sequence File、Hive Table、JDBC/ODBC 的任意关系型数据库以及 Cassandra 等，并提供了多种数据源间的任意转换的功能。Spark SQL 以 Catalyst 为查询优化器优化了查询，加快了查询速度。

10.1 Spark SQL 概述

Spark SQL 是支持结构化数据处理的 Spark 模块。Spark SQL 通过几种方式进行交互，如 SQL、DataFrames API、Datasets API 等。在执行交互时都使用相同的 Spark 执行引擎，与使用的语言无关。这种统一意味着开发人员可以很容易地来回切换。

Spark SQL 的快速交互得益于 Catalyst 框架。Catalyst 框架是 Spark SQL 中的一套函数式关系查询优化框架。传统上认为，查询优化器是关系型数据库最为复杂的核心组件。在 Catalyst 的帮助下，Spark SQL 的开发者们只需编写极为精简直观的声明式代码即可实现各种复杂的查询优化策略，从而大大降低了 Spark SQL 查询优化器的开发复杂度，也加快了项目整体的迭代速度。

1. 查询优化器 Catalyst

使用 Catalyst 优化 Spark SQL 所有的查询，包括 spark sql 和 dataframe dsl。这个优化器的使用使得查询比直接使用 RDD 要快很多。Spark 在每个版本都会对 Catalyst 进行优化以便提高查询性能，而不需要用户修改它们的代码。Catalyst 是一个单独的模块类库，这个模块是基于规则（rule）的系统。这个框架中的每个规则都是针对某个特定的情况来优化的。比如，ConstantFolding 规则用于移除查询中的常量表达式。

在 Spark 的早期版本中，如果需要添加自定义的优化规则，需要修改 Spark 的源码。这在很多情况下是不太可取的，例如仅仅需要优化特定的领域或者场景。所以开发社区构思了可插拔的方式在 Catalyst 中添加优化规则。Spark 2.0 提供了这种实验式的 API，可以基于这些 API 添加自定义的优化规则。

Catalyst 主要的实现组件有以下 5 种。

（1）sqlParse。用于完成 SQL 语句的语法解析功能。目前只提供了一个简单的 SQL 解析器。

（2）Analyzer。主要完成绑定工作。将不同来源的 Unresolved LogicalPlan 和数据元数据如 Hive Metastore、Schema Catalog 进行绑定，生成 resolved LogicalPlan。

（3）optimizer。对 resolved LogicalPlan 进行优化，生成 optimized LogicalPlan。

（4）Planner。将 LogicalPlan 转换成 PhysicalPlan。

（5）CostModel。主要根据过去的性能统计数据，选择最佳的物理执行计划。

因此 Catalyst 处理查询语句的整个处理过程包括解析、绑定、优化、计划等几个阶段。Catalyst 查询优化器工作原理如图 10-1 所示。

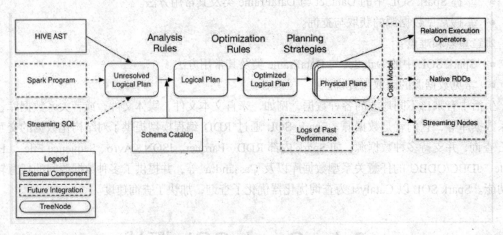

图 10-1　Catalyst 查询优化器工作原理

2．程序入口

Spark 1.x 中 Spark SQL 程序入口为：SQLContext 和 HiveContext。但在 Spark 2.0 中 SparkSession 替代了 SQLContext 和 HiveContext。尽管如此，Spark 是向低版本兼容的。

Spark 1.x 中，程序在 Spark 中的所有关系功能入口是 JavaSQLContext 类或者它的子类，需要一个 JavaSparkContext 来创建基本的 JavaSQLContext。该类在 org.apache.spark.sql.api.java 包中，Java 代码如下。

```
JavaSQLContext sqlContext = new JavaSQLContext(sc);
```

其中 sc 为存在的 JavaSparkContext 对象。Spark 2.0 的 Spark SQL 中，SparkSession 位于 org.apache.spark.sql.SparkSession 包中，其对象的创建代码如下。

```
SparkSession spark = SparkSession.builder().appName("Java Spark SQL Example").config
("spark.some.config.option", "some-value").getOrCreate();
```

有了 SparkSession 应用程序，就能从存在的 RDD 中，或者 Hive 表中，或者 Spark 的其他数据源中创建 DataFrame。例如，以下代码所表示的就是读取 JSON 文件创建 DataFrame。

```
import org.apache.spark.sql.Dataset;
import org.apache.spark.sql.Row;
Dataset<Row> df = spark.read().json("examples/src/main/resources/people.json");
df.show();
```

3. 常用类

在 Spark SQL 中有一些常用类，如表 10-1 所示。

表 10-1　　　　　　　　　　　　　　　Spark SQL 常用类

类	作　用
SparkSession	SparkSQL 程序的入口
DataSet	SparkSQL 最主要的类
Column	表示关系操作中一列
Row	表示关系操作中一行
Encoders	把 Java 对象类型转换到 Spark SQL 内部表示
DataFrameReader	从外部系统加载数据

4. SparkSession 常用方法

SparkSession 有一些重要的且常用的方法，如表 10-2 所示。

表 10-2　　　　　　　　　　　　　　Spark Session 常用方法

方　法	描　述
SparkContext　sparkContext()	获得 SparkContext 对象
Dataset<Row>　sql(String sqlText)	使用 Spark 执行 SQL 查询返回 DataFrame
DataFrameReader read()	读取非流数据
Dataset<Row>　createDataFrame(RDD<?> rdd, Class<?> beanClass)	将 schema 应用到 JavaBean 的 RDD
Dataset<Row>　Developer APIcreateDataFrame(JavaRDD<Row> rowRDD, StructType schema)	从给定的 schema 的行的 JavaRDD 中创建 DataFrame

5. SQL 查询

Spark SQL 语法与 SQL 语法有一定的相似性，用户可以使用 Spark SQL 的 API 接口做聚合查询等操作或者用"类 SQL"语句实现交互，但是都必须将 DataSet 注册为临时表（Temporary View）。注册临时表的方法如下所示的程序片段。

```
import org.apache.spark.sql.Dataset;
import org.apache.spark.sql.Row;
df.createOrReplaceTempView("people");                    //注册临时表 people
Dataset<Row> sqlDF = spark.sql("SELECT * FROM people"); //查询临时表 people
sqlDF.show();
```

10.2　DataFrame

10.2.1　DataSet 与 DataFrame

Spark 2.0 对 Spark SQL 做了精简，统一了 Scala 和 Java 中的 DataFrame 和 DataSet。DataSet 是 Spark 2.0 引入的一个新的特性，在 Spark 1.6 中属于 alpha 版本。DataSet 结合了 RDD 和 DataFrame 的优点。

在 Spark 2.0 中，DataFrame 仅仅是 Dataset 的一个别名。每个 Dataset 中未类型化（untyped）的视图（view）都称为 DataFrame。DataSet 可使用有类型（typed）的方法（如 map、filter、groupByKey）和无类型的方法（如 select）。新的 DataSet 也可以用于结构化的流中。

DataFrame 是一种以 RDD 为基础的分布式数据集，类似于传统数据库中的二维表格。DataFrame 与 RDD 的主要区别在于，前者带有 Schema 元信息，即 DataFrame 所表示的二维表数据集的每一列都带有名称和类型。所谓的 Schema 元信息，就是把行对象用一个 Schema 来描述行里面的所有列的数据类型。

Spark SQL 支持以下两种将 RDD 转换为 DataFrame 的方式。

（1）使用反射机制获取 RDD 内的 Schema。当已知类的 Schema 的时候，使用这种基于反射的方法会让代码更加简洁而且效果也很好。

（2）通过编程接口指定 Schema。通过 Spark SQL 的接口创建 RDD 的 Schema，这种方式会让代码比较冗长。

10.2.2 反射机制获取 RDD 内的 Schema

所谓"反射机制"就是在运行程序时允许程序透过反射取得任何一个类的内部信息，包括：正在运行中的类的属性信息、方法信息、构造信息、类的访问修饰符等。也就是说，"反射机制"能够动态获取类的实例信息，并动态调用其成员方法。Java 语言支持反射机制，大大增加了 Java 程序的灵活性。

以下代码就是反射机制的体现。

```java
import java.lang.reflect.Method;
public class DumpMethods {
    public static void main(String[] args) throws Exception {
        Class<?> classType = Class.forName(args[0]);              //语句（1）
        Method[] methods = classType.getDeclaredMethods();     //语句（2）
        for(Method method : methods){
            System.out.println(method);
        }
    }
}
```

语句（1）表示在运行时传入类名参数，是动态加载某类的过程。语句（2）表示动态获取类中声明的方法。在运行之前并不知道是哪个类被加载，任意类都是可以的，类的任意方法被调用也都是动态的。这个过程体现了反射机制的过程。

可以利用反射来推断包含特定类型对象的 RDD 的 schema。这种方法会简化代码，而且在已经知道 schema 的时候也非常适用。它的具体过程如下。

（1）先输入如下代码以创建一个 bean 类。

```java
public static class Person implements Serializable {
  private String name;
  private int age;
  public String getName() {
    return name;
  }
  public void setName(String name) {
    this.name = name;
  }
  public int getAge() {
```

```
      return age;
    }
    public void setAge(int age) {
      this.age = age;
    }
}
```

（2）然后将 RDD 转换成 DataFrame。

读取文件中的数据，并将数据封装成数据内容为 Person 对象的 Dataset 命令如下。

```
Dataset<Person> people = spark.read().parquet("...").as(Encoders.bean(Person.class));
```

使用 DataFrame 注册一个临时表 people，以便于交互式查询。命令如下。

```
people.registerTempTable("people")
```

在这个过程中，Spark SQL 读取了 parquet 内容，并将其反射为了特定类型对象 Person 的 RDD 的 schema。

Spark 2.0 还引入了新的概念 Encoder（编码器），当序列化数据时 Encoder 产生字节码与 off-heap（堆外，Java 虚拟机的堆外操作）进行交互，能够达到"按需访问"数据的效果，而不用反序列化整个对象。Encoder 将特定类型映射到 Spark 的内部类型系统。例如，给定类 Person 有两个字段：name（字符串类型）和 age（基本整型）。Encoder 用来告诉 Spark 运行生成代码以把 Person 的对象序列化为二进制结构，这种结构减少了内存占用，优化了 Spark 的执行效率。可以理解为：Encoder 是一种序列化方式，与 Kryo 或者 Java 序列一样。前面语句中的 Encoders.bean（Person.class）就是用于将 Person 的对象序列化，以便于 Spark 后续处理。

输入如下代码，对 Person 对象的 name 字段进行编码。

```
Dataset<String> names = people.map((Person p) -> p.name, Encoders.STRING));
```

【注意】DataSet 与 RDD 类似，可以使用 Transformation 和 Action 算子。例如，DataSet 可以使用转换操作形成新的 Dataset。

10.2.3　编程接口指定 Schema

当 JavaBean 不能被预先定义的时候，可以通过编程接口指定 Schema。采用该方式时将构造一个不存在的 Schema，并将其应用在已知的 RDD 上。编程创建 DataFrame 分为以下 3 步。

（1）从原来的 RDD 创建一个 Row（行）格式的 RDD。

（2）创建与 RDD 中 Rows 结构匹配的 StructType，通过该 StructType 创建表示 RDD 的 Schema。

（3）通过 SparkSession 提供的 createDataFrame 方法创建 DataFrame，以应用 Schema 到 RDD 的 Rows 结构中。

下面的程序片段演示了如何通过编程接口以指定 Schema 的方式创建 DataFrame。

```
// 读取文本文件，并创建 RDD
JavaRDD<String> peopleRDD = spark.sparkContext()
  .textFile("examples/src/main/resources/people.txt", 1)
  .toJavaRDD();
//定义 Schema 的元信息
String schemaString = "name age";
//基于字符串生成 schema
List<StructField> fields = new ArrayList<>();
for (String fieldName : schemaString.split(" ")) {
  StructField field = DataTypes.createStructField(fieldName, DataTypes.StringType,
true);
  fields.add(field);
```

```
}
StructType schema = DataTypes.createStructType(fields);
// 将 people (RDD) 中的记录转换为行
JavaRDD<Row> rowRDD = peopleRDD.map(new Function<String, Row>() {
  @Override
  public Row call(String record) throws Exception {
    String[] attributes = record.split(",");
    return RowFactory.create(attributes[0], attributes[1].trim());
  }
});
// 创建 DataFrame，应用 schema 到 RDD 中
Dataset<Row> peopleDataFrame = spark.createDataFrame(rowRDD, schema);
// 创建 DataFrame 的临时视图
peopleDataFrame.createOrReplaceTempView("people");
// 对 DataFrame 做 SQL 查询
Dataset<Row> results = spark.sql("SELECT name FROM people");
```

10.3 数　据　源

Spark SQL 通过 DataSet 与 DataFrame 支持多种数据源的 SQL 查询，并提供多种数据源间的任意转换。Spark SQL 通过将 DataFrame 注册为临时表，对该 DataFrame 执行 SQL 查询。本节将首先描述对 Spark 数据源执行加载和保存的常用方法，然后再介绍一些数据源的使用方法。

10.3.1 一般 load/save 方法

加载文件最简单的方式是调用 load 方法。load 方法默认加载的文件格式为 parquet，可以通过修改 spark.sql.sources.default 来指定默认的格式。也可以指定其他数据源，如 json、parquet、jdbc 等。Spark 能从 Parquet、JSON、Txt、Hive 等类型的文件中获取数据，也能将数据保存为这几种数据格式。以下代码是以默认格式加载和保存数据。

```
//表示加载数据源文件 users.parquet
Dataset<Row> usersDF = spark.read().load("examples/src/main/resources/users.parquet");
//表示选取 name 列和 favorite_color 列的内容，保存为文件 namesAndFavColors.parquet
usersDF.select("name", "favorite_color").write().save("namesAndFavColors.parquet");
```

保存操作时还可以指定保存模式。指定保存模式如表 10-3 所示。

表 10-3　　　　　　　　　　　　　　　　指定保存模式

Scala/Java	含　义
SaveMode.ErrorIfExists (default)	如果存在，则报错
SaveMode.Append	追加模式
SaveMode.Overwrite	覆盖模式
SaveMode.Ignore	忽略，类似 SQL 中的 CREATE TABLE IF NOT EXISTS

例如，将前面的保存语句表示为选取 name 列和 favorite_color 列的内容，追加保存在文件 namesAndFavColors.parquet 中时的代码如下。

```
usersDF.select("name","favorite_color").write().save(path="hdfs://path/to/data.
parquet",
```

```
        source="parquet",
        mode="append")
```

10.3.2　Parquet 数据集

Parquet 是面向分析型业务的列式存储格式，由 Twitter 和 Cloudera 合作开发，2015 年 5 月从 Apache 的孵化器里毕业成为 Apache 顶级项目。Spark SQL 提供了对 Parquet 文件的读写操作，是数据保存的默认格式。列式存储与行式存储相比有很大的优势：可以跳过不符合条件的数据，只读取需要的数据，降低 I/O 数据量等。其优势的详细体现如图 10-2 所示。

1	John	88
2	Alice	90
3	Mary	85

1	2	3
John	Alice	Mary
88	90	85

（a）行存储　　　　　　　　　　　　　　　　　（b）列存储

图 10-2　优势体现

- 压缩编码可以降低磁盘存储空间。由于同一列的数据类型是一样的，可以使用更高效的压缩编码（如 Run Length Encoding 和 Delta Encoding）以进一步节约存储空间。
- 只读取需要的列，支持向量运算，能够获取更好的扫描性能。

Parquet 适配多种计算框架。Parquet 是语言无关的，而且不与任何一种数据处理框架绑定在一起，可适配多种语言和组件。能够与 Parquet 配合的组件有以下几种。

- 查询引擎。Hive，Impala，Pig，Presto，Drill，Tajo，HAWQ，IBM Big SQL。
- 计算框架。MapReduce，Spark，Cascading，Crunch，Scalding，Kite。
- 数据模型。Avro，Thrift，Protocol Buffer，POJO。

以下程序片段展示了 Parquet 文件格式在 Spark SQL 中的使用。

```
//导入包
import org.apache.spark.api.java.function.MapFunction;
import org.apache.spark.sql.Encoders;
import org.apache.spark.sql.Dataset;
import org.apache.spark.sql.Row;
//读取 JSON 格式文件，然后把它保存为 Parquet 格式文件
    Dataset<Row> peopleDF = spark.read(). json("examples/src/main/resources/people.
json");
    PeopleDF.write().parquet("people.parquet");
//读取 Parquet 格式文件，并将它创建或替换为临时表
    Dataset<Row> parquetFileDF = spark.read(). parquet("people.parquet");
    parquetFileDF.createOrReplaceTempView("parquetFile");
//从临时表 parquetFile 中进行 SQL 查询
    Dataset<Row> namesDF =
    spark.sql("SELECT name FROM parquetFile WHERE age BETWEEN 13 AND 19");
//对名为 "namesDS" 的 DataFrame 进行 map 操作
Dataset<String> namesDS = namesDF.map(new MapFunction<Row, String>() {
    public String call(Row row) {
     return "Name: " + row.getString(0);
    }
}, Encoders.STRING());
//显示 map 后的内容
namesDS.show();
```

10.3.3　JSON 数据集

JSON（Java Script Object Notation）是一种轻量级的数据交换格式。Spark SQL 能自动引用 JSON 数据集并加载为 Dataset<Row>。可以通过 SparkSession.read.json()方法读取一个 JSON 字符串或者 JSON 文件。

【注意】这里的 JSON 文件并不是一个典型的 JSON 文件，它的每一行必须包含一个分隔符。

【实例 10-1】获取 JSON 文件数据源，并以表的形式显示信息。

```java
package com.test.javasparksql;
import org.apache.spark.sql.Dataset;
import org.apache.spark.sql.Row;
import org.apache.spark.sql.SparkSession;
public class TestSparkJson {
    public static void main(String[] args) {
        SparkSession spark = SparkSession
                .builder() .master("local")
                .appName("TestSparkJson")
                .getOrCreate();
        //读取 JSON 数据源
        Dataset<Row> df = spark.read()
.json("hdfs://192.168.228.200:9000/input/resources/people.json");
        df.show();
        df.printSchema();
    }
}
```

该程序是从 HDFS 的/input/resources/people.json 文件中读取数据并显示，需要提前将数据传到 HDFS 上。具体运行过程如下。

（1）数据准备

在 Spark 安装目录下的 examples/src/main/resourses 中自带了很多的数据文件，如 people.txt、people.json、users.parquet 等，如图 10-3 所示。本实例使用的就是自带的 people.json 数据文件。

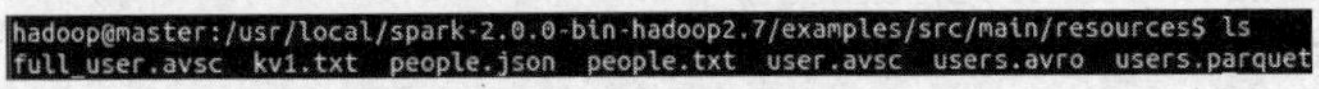

```
hadoop@master:/usr/local/spark-2.0.0-bin-hadoop2.7/examples/src/main/resources$ ls
full_user.avsc  kv1.txt  people.json  people.txt  user.avsc  users.avro  users.parquet
```

图 10-3　原始数据文件

使用 cat 命令查看 people.json，从图 10-4 可以看出，JSON 文件中存放了多条键值对的记录，并用","做了分隔。

（2）上传数据至 HDFS

Spark 可以读取来自不同数据源的数据，由于该实例是使用语句"spark.read().json("hdfs://192.168.228.200:9000/input/resources/people.json");"读取的数据，表明数据是位于 HDFS 中的，因此需要将 Spark 安装目录下的 examples/src/main/resourses 中自带的 people.json 文件上传至 HDFS 中。上传命令如下。

```
$ hadoop fs -put /usr/local/spark-2.0.0-bin-hadoop2.7/examples/src/main/resources
/input/
```

该行命令表示将 resourses 下的所有文件都上传至 HDFS 的 input 文件夹中，这也为后续需要用到 Spark 自带数据文件以运行的实例做好了数据准备。

也可以不从 HDFS 获取数据，而采用直接在本地系统中读取，比如把获取数据的语句替换为如下语句。

```
Dataset<Row> df = spark.read().json("/usr/local/spark-2.0.0-bin-hadoop2.7/examples/
src/main/resources/people.json");
```

运行效果是相同的。

HDFS 上传完毕后，可以使用以下命令查看。

```
hadoop fs -ls /input/resources
```

可以看到 HDFS 上的/input/resources 中保存了很多数据文件，包括 people.json 文件。

在 Eclipse 中选择 Run As→Java Application， 运行实例 10-1，结果如图 10-5 所示。

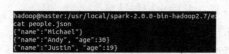

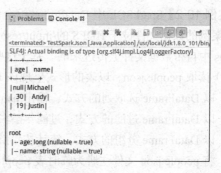

图 10-4　JSON 文件格式　　　　　　　　　　　图 10-5　运行结果

该运行结果表明，Spark SQL 读入 JSON 数据集并加载为数据集 Dataset<Row>后，便能以表的方式进行数据的呈现了。其中语句 df.show();呈现了表格形式的结果，而语句 df.printSchema();则打印了表的树状目录结果。

【注意】运行 Spark 的程序，必须在 Spark 启动的前提下。如果程序中用到了 HDFS，还必须先启动 Hadoop。

10.3.4　JDBC 数据集

JDBC（Java DataBase Connectivity，Java 数据库连接）是一种用于执行 SQL 语句的 Java API，可以为多种关系数据库提供统一访问，它由一组用 Java 语言编写的类和接口组成。在 Spark 中提供了一个 JdbcRDD 类，该 RDD 用于读取使用 JDBC 的数据源（如 MySQL、SQLServer 等关系型数据库），并将其中的数据转换成 RDD，之后就可以对该 RDD 进行各种操作了。使用 JDBC 时需要设置的属性见表 10-4。

表 10-4　　　　　　　　　　　　　　JDBC 数据源主要属性设置

属　　　性	含　　　义
url	连接的 JDBC URL（必需）
dbtable	需要读取的 JDBC 表（必需）
driver	JDBC Driver 的类名
partitionColumn、lowerBound upperBound、 numPartitions	若这些属性中的一个被指定，那么它们全部都必须被指定。这些属性描述了当从多个工作节点并行读取表时，如何进行分区
fetchSize	JDBC 驱动一次抓取数据的大小

以下程序片段以 MySQL 数据库为例。已知数据库服务器的用户名为 root，密码为 123。

Spark 读取 MySQL 服务器上的 test 数据库内 student 表中的数据。

```
Map<String, String> options = new HashMap<>();
options.put("url", "jdbc:mysql://10.181.176.226:3306/test");  //url 设置
options.put("dbtable", "student");                            //表名设置
options. put ("user","root");                                 //用户名设置
options. put ("password","123");                              //密码设置
Dataset<Row> jdbcDF = spark.read().format("jdbc"). options(options).load();
```

10.3.5　DataFrame 的案例

【实例 10-2】SparkSQL 中 DataFrame 综合使用案例。

本案例的数据文件位于 HDFS 的/input/resources/中，是 Spark 安装目录下的 examples/src/main/resourses 中自带数据文件上传过来的。基于这些数据文件，可以完成以下功能。

（1）读取 people.json，以表的形式呈现该 JSON 文件的内容。

- 以 DataFrame 选取列的方式，输出 name 字段值和 age+1 后的字段值。
- 以 DataFrame 过滤的方式，过滤年龄>21 的字段，并输出运行结果。
- 以 DataFrame 分组的方式，统计按年龄分组的人数，并输出。
- 将 people.json 文件注册为临时表 people，进行类 SQL 语句查询该表，查询所有记录。

（2）读取 people.txt，将该文件编码为 Person 类，并进行 Spark SQL 查询操作。

- 程序中定义一个名为 Person 的 JavaBean 类，该 Person 类封装了姓名和年龄，并进行序列化。
- 将 people.txt 文本文件映射为 Person 类，创建其 RDD，并以该 RDD 创建 DataFrame。
- 注册 DataFrame 为一张临时视图，通过 Spark 提供的方法使用 SQL 语句，查询年龄在 13 ~ 19 岁之间的记录。

本案例的源代码如下。

```
package com.test.javasparksql;

import java.io.Serializable;
import org.apache.spark.api.java.JavaRDD;
import org.apache.spark.api.java.function.Function;
import org.apache.spark.sql.Dataset;
import org.apache.spark.sql.Row;
Map org.apache.spark.sql.SparkSession;
import static org.apache.spark.sql.functions.col;

public class JavaSparkSQLExample2 {

    //定义 Person 类，该类封装了姓名和年龄，并进行了序列化

public static class Person implements Serializable {
    private String name;
    private int age;
    public String getName() {
      return name;
    }
    public void setName(String name) {
      this.name = name;
    }
```

```
    public int getAge() {
      return age;
    }
    public void setAge(int age) {
      this.age = age;
    }
  }

//主方法，创建程序入口，并进行方法的调用
  public static void main(String[] args) {
    // 初始化 SparkSession，创建程序的入口
    SparkSession spark = SparkSession
      .builder().master("local")
      .appName("Java Spark SQL Example")
      .config("spark.some.config.option", "some-value")
      .getOrCreate();

    //方法调用
    runBasicDataFrameExample(spark);
    runInferSchemaExample(spark);
    spark.stop();
  }

  private static void runBasicDataFrameExample(SparkSession spark) {
    Dataset<Row> df = spark.read().json("hdfs://192.168.228.200:9000/input/resources/
people.json");
    System.out.println("\n-------------------------------------------");
    System.out.println("\nrunBasicDataFrameExample 的运行结果:");
    System.out.println("\ndf.show()运行结果:");
    df.show();
    System.out.println("\ndf.printSchema()运行结果:");
    df.printSchema();
    System.out.println("\nname 字段值和 age+1 后的字段值运行结果:");
    df.select(col("name"), col("age").plus(1)).show();
    System.out.println("\n 年龄>21 的字段值运行结果:");
    df.filter(col("age").gt(21)).show();
    System.out.println("\n 按年龄分组统计的人数运行结果:");
    df.groupBy("age").count().show();
    df.createOrReplaceTempView("people");
    Dataset<Row> sqlDF = spark.sql("SELECT * FROM people");
    System.out.println("\n sqlDF.show()运行结果:");
    sqlDF.show();
  }

  private static void runInferSchemaExample(SparkSession spark) {
    // 创建来自文本文件的 Person 对象的 RDD
    //将文本文件映射为 Person 类进行查询
    JavaRDD<Person> peopleRDD = spark.read()
    .textFile("hdfs://192.168.228.200:9000/input/resources/people.txt")
    .javaRDD()
    .map(new Function<String, Person>() {
      @Override
      public Person call(String line) throws Exception {
```

```
        String[] parts = line.split(",");
        Person person = new Person();
        person.setName(parts[0]);
        person.setAge(Integer.parseInt(parts[1].trim()));
        return person;
      }
    });

    // 应用 schema 至 JavaBean 的 RDD 中以获得一个 DataFrame
    Dataset<Row> peopleDF = spark.createDataFrame(peopleRDD, Person.class);
    // 注册 DataFrame 为一张临时视图
    peopleDF.createOrReplaceTempView("people");
    // 通过使用 Spark 提供的 sql 方法以执行 SQL 语句
    Dataset<Row> teenagersDF = spark.sql("SELECT name,age FROM people WHERE age
BETWEEN 13 AND 19");
    System.out.println("\n-------------------------------------------\n");
    System.out.println("\nrunInferSchemaExample 的运行结果\n");
    System.out.println("\n查询年龄在 13 到 19 的记录：\n");
    teenagersDF.show();
  }
}
```

该程序的运行结果如图 10-6 ~ 图 10-11 所示。

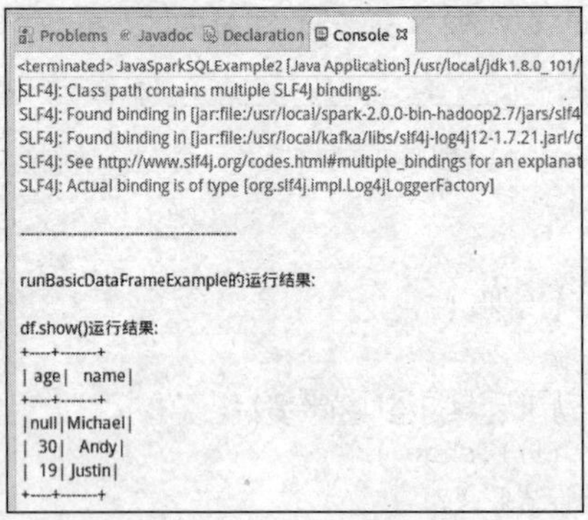

图 10-6 runBasicDataFrameExample 的运行结果

图 10-7 printSchema()与字段值查询结果

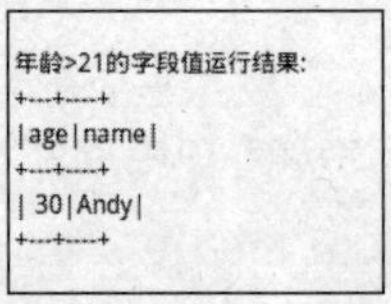

图 10-8 年龄>21 的字段值运行结果

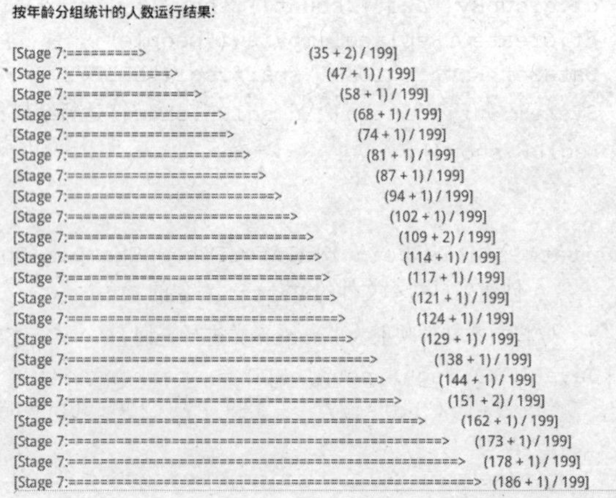

图 10-9 按年龄分组统计的人数运行结果

```
[Stage 7:=========================
                            +----+----+
| age|count|
+----+----+
|  19|    1|
|null|    1|
|  30|    1|
+----+----+


sqlDF.show()运行结果:
+----+-------+
| age|   name|
+----+-------+
|null|Michael|
|  30|   Andy|
|  19| Justin|
+----+-------+
```

图 10-10　分组统计与 show 方法运行结果

图 10-11　查询年龄在 13 ~ 19 岁之间的记录

10.4　Spark Streaming 与 Spark SQL 综合案例

本案例综合运用了 Spark Streaming 和 Spark SQL 的知识。该案例实现的功能是：通过 Spark Streaming 从指定 IP 和端口号接收流文本数据，该数据来自于流数据发送端，数据的一行表示一个用户基本信息（姓名、年龄、性别），模拟网络中用户基本信息的输入；保存该数据信息到文件系统（本地文件系统或者 HDFS）中。保存的数据表示网络用户基本信息。请通过所学知识，完成以下功能。

- 使用 netcat 网络工具模拟流客户端，接收数据，并保存数据于文件系统中。
- 通过 Spark SQL 对保存数据进行 SQL 的查询。
- 查询并显示所有用户信息。
- 查询并显示年龄在 18 ~ 30 岁之间的用户。
- 索引姓名列。

具体实现过程如下。

（1）流数据接收端

本案例以 netcat 作为流数据发送端，因此流数据发送端不需要编写程序。流数据接收端采用了 Spark Streaming，编程步骤如下。

① 初始化 Spark 配置并设置 2 个线程，即创建 SparkConf 对象 conf。

② 设置批间隔为 60 s，并创建 Spark Streaming 程序的入口对象 ssc。

③ 设置流数据发送端的 IP 和端口号，并以 socketTextStream 流的方式接收数据。流数据模拟了用户基本信息。

④ 将获得的流数据拆分为单词。

⑤ 合并数据分区并保存为（本地文件系统或 HDFS）文本文件。示例程序将数据保存在本地文件系统中。由于保存文件的方法 saveAsTextFile 会按照执行 Task 的数量生成多个文件。（比如 part00-part0n，n 就是 Task 的个数，也是最后的 stage 的分区数），这样一个批间隔内就有可能产生分区文件。数据分布于这些文件中，给后面的数据查询带来了不便。因此采用了合并分区的方式，将其合并为了一个分区。

⑥ 启动 Spark Streaming，等待客户端的数据。

流数据接收端源代码如下。

```java
package com.integrate;
import java.util.Arrays;
import java.util.Iterator;
import java.util.List;
import org.apache.spark.SparkConf;
import org.apache.spark.api.java.function.FlatMapFunction;
import org.apache.spark.api.java.StorageLevels;
import org.apache.spark.streaming.Durations;
import org.apache.spark.streaming.api.java.JavaDStream;
import org.apache.spark.streaming.api.java.JavaReceiverInputDStream;
import org.apache.spark.streaming.api.java.JavaStreamingContext;

public class ReceiveAndSave {
    public static List<String> data;
    public static void main(String[] args) throws Exception {

        if (args.length < 2) {
          System.err.println("需要传入参数：主机名 端口号");
          System.exit(1);
        }
        SparkConf conf = new SparkConf()
                .setAppName("ReceiveAndSave ")
                .setMaster("local[2]");
        //时间片设置为60s
        JavaStreamingContext ssc = new JavaStreamingContext(conf, Durations.seconds
(60));

        System.out.println("请在客户端输入用户的信息, 格式如: 姓名,年龄,性别（1 表男，0 表女），
每个用户信息输入完毕按回车! ");
            //在指定的 IP 和端口上创建 JavaReceiverInputDStream, flatMap 是对每一行使用空格做分解
            JavaReceiverInputDStream<String> lines = ssc.socketTextStream(
                    args[0],Integer.parseInt(args[1]),StorageLevels.MEMORY_AND_DISK_SER);

        JavaDStream<String> words = lines.flatMap(new FlatMapFunction<String, String>()
{
            public Iterator<String> call(String x) {
                    return Arrays.asList(x).iterator();
             }
          });
        System.out.println("当前接收的输入信息是:");
        words.print();
        Long nowTime= System.currentTimeMillis();
        System.out.println("写入数据时间: "+nowTime);
        //将数据合并到一个分区并存为文本文件
        //保存在本地文件系统/home/hadoop/，即编者的主目录中
        //生成名为"userformnet+时间戳.saprk"的文件夹  words.dstream().repartition(1).
saveAsTextFiles("/home/hadoop/userformnet", "spark");
        ssc.start();
         ssc.awaitTermination();
        }
    }
```

（2）定义网络用户的 Java 类 NETUser

从 netcat 来的数据被模拟成网络用户数据，因此对应该数据，NETUser 类封装了用户的姓名、年龄和性别信息。

```java
package com.integrate;
import java.io.Serializable;
public class NETUser implements Serializable {
    private String name;
    private int age;
    private  int sex;

    public String getName() {
      return name;
    }

    public void setName(String name) {
      this.name = name;
    }

    public int getAge() {
      return age;
    }

    public void setAge(int age) {
      this.age = age;
    }

     public int getSex() {
         return sex;
    }

    public void setSex(int sex) {
         this.sex = sex;
    }
 }
```

（3）采用 DataSet 和 SQL 查询文本文件

编程步骤如下。

① 初始化 SparkSession，创建 Spark SQL 的程序入口。

② 给 part-0000 数据文件，加上后缀.txt。这是因为 Spark Streaming 中经过合并保存的分区为 part-0000，虽然是文本数据但却不是文本文件。

③ 从 part-0000.txt 中按行读取数据，并将每行的数据按 "," 拆分为单词，依次填充于 NETUser 的对象中，形成 NETUser 的值对象。

④ 同时构建 NETUser 的 JavaRDD 对象。

⑤ 创建 DataFrame 做查询。

⑥ 用 DataFrame 的对象创建 NETUser 的临时视图，做 SQL 查询。

```java
package com.integrate;
import java.io.File;
import org.apache.spark.api.java.JavaRDD;
import org.apache.spark.api.java.function.Function;
import org.apache.spark.api.java.function.MapFunction;
import org.apache.spark.sql.Dataset;
import org.apache.spark.sql.Row;
import org.apache.spark.sql.Encoder;
```

```java
import org.apache.spark.sql.Encoders;
import org.apache.spark.sql.SparkSession;

public class SQLText {
  public static void main(String[] args) {
    // 初始化 SparkSession.
    SparkSession spark = SparkSession
      .builder().master("local")
      .appName("SQLText")
      .config("spark.some.config.option", "some-value")
      .getOrCreate();
    //调用方法对文本做查询
    queryFromText(spark);
    //停止 Spark
    spark.stop();
  }

  private static void queryFromText(SparkSession spark) {
    String filePath;
    File file;
    String srcFilePath="/home/hadoop/userformnet-1477491180000.spark/part-00000";
    File srcFile;
    srcFile = new File(srcFilePath);
    file=new File(srcFilePath+".txt");
    srcFile.renameTo(file);
    System.out.println(file.getPath());

      //读取文本文件的内容
      //映射为 NETUser 的一个 RDD 对象
    JavaRDD<NETUser> NETUserRDD = spark.read()
      .textFile(file.getPath())
      .javaRDD()
      .map(new Function<String, NETUser>() {
       @Override
       public NETUser call(String line) throws Exception {
         String[] parts = line.split(",");
         NETUser person = new NETUser();
         person.setName(parts[0]);
         person.setAge(Integer.parseInt(parts[1].trim()));
         person.setSex(Integer.parseInt(parts[2].trim()));
         return person;
       }
      });

      //将表应用到 NETUser 的 RDD 中, 以得到一个 DataFrame
    Dataset<Row> df= spark.createDataFrame(NETUserRDD, NETUser.class);
    System.out.println("1.数据集方式显示所有用户信息: ");
    df.show();

    //将 DataFrame 注册为一个临时视图, 视图名可自定义为 NETUser
     df.createOrReplaceTempView("NETUser");

    //通过 Spark 提供的 SQL 方法运行 SQL 语句
```

```
System.out.println("2.SQL 查询方式显示所有用户信息：");
Dataset<Row>  df1= spark.sql("SELECT  *  from NETUser");
df1.show();

System.out.println("3.SQL 查询方式显示年龄在 18 ~ 30 岁之间的用户：");
Dataset<Row> teenagersDF = spark.sql("SELECT * FROM NETUser WHERE age BETWEEN 18
AND 30");
teenagersDF.show();

// 通过字段下表来索引列
//System.out.println("4.通过字段索引姓名列：");
Encoder<String> stringEncoder = Encoders.STRING();
Dataset<String> teenagerNamesByIndexDF = teenagersDF.map(new MapFunction<Row,
String>() {
  @Override
  public String call(Row row) throws Exception {
    return "姓名: " + row.getString(1);
  }
}, stringEncoder);
teenagerNamesByIndexDF.show();
  }
}
```

（4）案例运行过程

① 首先运行 ReceiveAndSave.java，如图 10-12 所示，此时 Spark Streaming 在等待流数据的
到来。

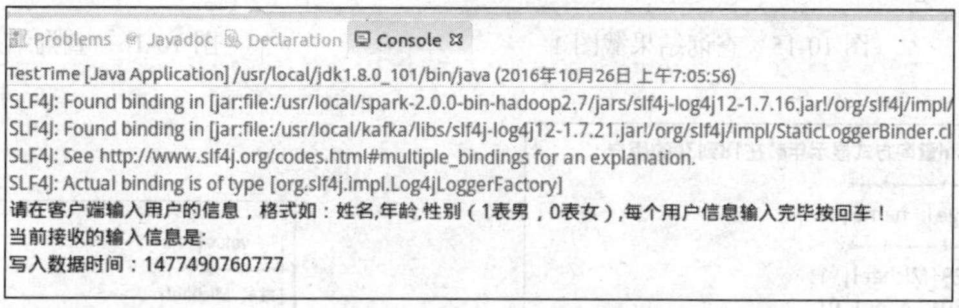

图 10-12 等待流数据的到来

② 新打开一个终端，输入 "nc –lk 9999" 后按 Enter 键。在光标处输入一下信息，注意用 ","
隔开，并每行按 Enter 键。此时会看到控制台打印出的接收到的数据。如图 10-13 所示。

图 10-13 输入并获取

③ 执行保存语句后，会看到在目录/home/hadoop/下生成了 userformnet+时间戳.spark 的文件夹。例如，userformnet-1477491180000.spark，命名方式是由 ReceiveAndSave.java 中的语句" words.dstream().repartition(1).saveAsTextFiles("/home/hadoop/userformnet", "spark");" 决定的。在该文件夹下有保存数据的分区文件 part-0000，其中的数据为保存的数据，如图 10-14 所示。此时可停止 ReceiveAndSave.java 的执行，以便对数据进行查询。

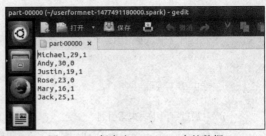

图 10-14　保存在 part-0000 中的数据

④ 运行 SQLText.java。SQLText 完成了以数据集方式显示所有用户信息，结果如图 10-15 所示；以 SQL 查询方式显示所有用户信息，结果如图 10-16 所示；查询并显示年龄在 18～30 岁之间的用户，结果如图 10-17 所示；通过字段索引姓名列，结果如图 10-18 所示。

```
SLF4J: See http://www.slf4j.org/codes.html#multiple_bindings for an explanation.
SLF4J: Actual binding is of type [org.slf4j.impl.Log4jLoggerFactory]
/home/hadoop/userformnet-1477491180000.spark/part-00000.txt
1.数据集方式显示所有用户信息：
+---+-------+---+
|age|   name|sex|
+---+-------+---+
| 29|Michael|  1|
| 30|  Andy|  0|
| 19| Justin|  1|
| 23|   Rose|  0|
| 16|   Mary|  1|
| 25|   Jack|  1|
+---+-------+---+
```

图 10-15　查询结果截图 1

图 10-16　查询结果截图 2

```
3.sql查询方式显示年龄在18到30的用户：
+---+-------+---+
|age|   name|sex|
+---+-------+---+
| 29|Michael|  1|
| 30|  Andy|  0|
| 19| Justin|  1|
| 23|   Rose|  0|
| 25|   Jack|  1|
+---+-------+---+
```

图 10-17　查询结果截图 3

```
+----------+
|     value|
+----------+
|姓名: Michael|
|  姓名: Andy|
| 姓名: Justin|
|   姓名: Rose|
|   姓名: Jack|
+----------+
```

图 10-18　查询结果截图 4

10.5　习　　题

一、简答题

1. Spark SQL 的查询优化器是什么？它的作用是什么？

2. Spark SQL 支持哪些数据源？

二、编程题

1. 读取 HDFS 中表示学生信息的 JSON 文件，并查询成绩及格的学生。

10.6　实　　训

一、实训目的

1. 掌握 Spark Streaming 与 Spark SQL Java API 的编程方法。

2. 理解 Spark 统一编程模型的思想。

二、实训内容

编程实现，流数据的实时处理与查询。

（1）从网络中读取流数据，流数据模拟的信息为学生的信息（各科成绩）。流式输入格式如下。

```
Jack,85,90,67
Rose,98,66,77
Mary,69,92,87
```

（2）通过 Spark Streaming 接收数据，保存数据到 HDFS 中，并将流数据中的信息进行计算，计算结果为姓名及平均成绩的具体信息。将处理后的结果保存到 HDFS 文件中。

（3）通过 Spark SQL 查询平均分及格的学生并输出。

参考文献

[1] 怀特 (Tom White). Hadoop 权威指南(第 3 版)〔M〕. 北京：清华大学出版社，2015.

[2] Arun C.Murthy，等. Hadoop YARN 权威指南〔M〕. 北京：机械工业出版社，2015.

[3] Jonathan R.Owens, 等. Hadoop 实战手册〔M〕. 北京：人民邮电出版社，2014.

[4] 刘刚. Hadoop 应用开发技术详解〔M〕. 北京：机械工业出版社，2014.

[5] Viktor Mayer-Schönberger, 等. 大数据时代:生活、工作与思维的大变革〔M〕. 浙江：浙江人民出版社，2013.

[6] 麦肯锡 (McKinsey & Company). 麦肯锡大数据指南〔M〕. 北京：机械工业出版社，2016.

[7] 卡劳 (Holden Karau),等. Learning Spark〔M〕. 南京：东南大学出版社，2015.

[8] 彭特里思 (Nick Pentreath). Spark 机器学习〔M〕. 南京：东南大学出版社，2016.

[9] [美] 卡劳[美] 肯维尼斯科[美] 温德尔[加] 扎哈里亚 (作者), 王道远 (译者). Spark 快速大数据分析〔M〕. 北京：人民邮电出版社，2015.

[10] 里扎 (Sandy Ryza), 等. Spark 高级数据分析〔M〕. 北京：人民邮电出版社，2015.

[11] 高彦杰，倪亚宇. Spark 大数据分析实战〔M〕. 北京：机械工业出版社，2016.

[12] 于俊，向海，代其锋，马海平. Spark 核心技术与高级应用〔M〕. 北京：机械工程出版社，2016.